Roth
Wetterkunde
für alle

D1844309

Günter D. Roth

Wetterkunde für alle

Wolkenbilder und andere Wetterphänomene, Großwetterlagen, Wettervorhersage

Siebte, durchgesehene Auflage

BLV

Die Deutsche Bibliothek – CIP-Einheitsaufnahme

Roth, Günter D.:
Wetterkunde für alle: Wolkenbilder und andere Wetterphänomene, Großwetterlagen, Wettervorhersage / Günter D. Roth. [Zeichn.: Barbara von Damnitz]. – 7., durchges. Aufl. – München; Wien; Zürich: BLV, 1995
ISBN 3-405-14608-9

BLV Verlagsgesellschaft mbH
München Wien Zürich
80797 München

Das Werk einschließlich aller seiner Teile ist urheberrechtlich geschützt. Jede Verwertung außerhalb der engen Grenzen des Urheberrechtsgesetzes ist ohne Zustimmung des Verlags unzulässig und strafbar. Das gilt insbesondere für Vervielfältigungen, Übersetzungen, Mikroverfilmungen und die Einspeicherung und Verarbeitung in elektronischen Systemen.

© 1995 BLV Verlagsgesellschaft mbH, München

Zeichnungen: Barbara von Damnitz, München
Titelfotos: J. Chard/tony stone worldwide (Fond), Mauritius – Westlight (3 Einklinker)
Grafiken auf der Rückseite des Umschlages: Barbara von Damnitz

Lektorat: Dr. Friedrich Kögel

Gedruckt auf chlorfrei gebleichtem Papier

Satz und Druck: Georg Appl, Wemding
Bindung: Ludwig Auer, Donauwörth

Printed in Germany · ISBN 3-405-14608-9

Inhaltsverzeichnis

Das Wetter geht uns alle an

Jahraus, jahrein erleben wir eine in unseren Breiten meist recht wechselhafte Witterung. Die Jahreszeiten sorgen für Abwechslung: Schnee, Matsch und Glatteis im Winter, im Frühjahr das bekannte »Aprilwetter« mit Kälteeinbrüchen und schauerartigen Niederschlägen, oft als Schnee. Dann kommt der Sommer, häufig mit weniger Badewetter, als es sich die meisten von uns wünschen. Dafür mit unbeständigem Gewitterwetter, das die Bergwanderer oft schon mittags überrascht, nachdem ein blauer Himmel am Vormittag falsche Hoffnungen geweckt hatte. Auch Landregen ist im Sommer in West- und Mitteleuropa gar nicht so selten, bestimmen doch in dieser Jahreszeit viele Westwetterlagen die Witterung. Der »Altweibersommer« im September dagegen verspricht etwas länger sonniges Wetter und ist nicht selten die Einleitung für den »Goldenen Oktober«. Aber die Tage sind bereits recht kurz, die Sonneneinstrahlung läßt spürbar nach. Die Tage im Herbst können klar sein, bringen aber auch gefürchtete Bodennebellagen und tagsüber andauernden Hochnebel. Die Herbststürme sind auf dem Meer und an der Küste eine Gefahr für die Schiffahrt. Sie tragen das Regenwetter und erste Schneeschauer ins Binnenland.

Beim Wettergeschehen ist man nie sicher vor Außergewöhnlichem. »Sintflut von den Alpen bis zum Meer« überschrieb eine Tageszeitung ihren Bericht über die schweren Unwetter in der Schweiz, in Frankreich und Italien im Oktober 1993. In vielen Ortschaften stand nach Wolkenbrüchen das Wasser bis zu zwei Meter hoch. Es folgten das Weihnachts-Hochwasser 1993 von Mosel und Rhein und die Hochwasserkatastrophe vom Januar 1995 mit extremen Wasserständen von Main, Mosel, Rhein und Maas. 250000 Niederländer mußten wegen Deichbruchgefahr vorübergehend evakuiert werden.

Im Juni 1992 verlief eine Wetterscheide mitten durch Deutschland. Im Süden war das Wetter zu naß und zu sonnenscheinarm, im Norden zu trocken und zu sonnenscheinreich. An der Küste gab es nirgendwo mehr als 10 mm Regen im ganzen Monat. In Bad Kissingen dagegen fielen allein am 20. Juni 1992 73 mm! Solche Abnormitäten sind aber nicht unbedingt ein Indiz für Klimaänderungen.

Extreme Witterung ist keineswegs eine Erfindung des 20. Jahrhunderts. Um beim Beispiel Hitze und Trockenheit zu bleiben: im Jahr 1473 stand der Harz während eines Rekordsommers in Flammen. 1615 konnte man die Weser zu Fuß durchwaten – so niederschlagsarm war das Jahr. In alten Aufzeichnungen wird berichtet, daß im Raum Osnabrück im Jahr 1719 vom 26. Mai bis zum 1. Oktober kein Tropfen Regen fiel. Der heißeste Tag in Mitteleuropa in unserem Jahrhundert war der 23. Juli 1911. Damals stieg das Thermometer auf 39,9 °C!

Zwei Beispiele dafür, in welchen Grenzen sich die Extreme bewegen: Im trockensten Sommer dieses Jahrhunderts (bis 1993) fielen 1911 in Deutschland im Durchschnitt 154 Liter Regen pro Quadratmeter. Im nassesten Sommer, 1965, waren es 391 Liter. 2300 Stunden schien die Sonne im sonnenreichsten Jahr 1959 auf deutsche Lande. Im sonnenärmsten Jahr, 1912, strahlte die Sonne nur 900 Stunden. »Verrücktes Wetter« macht Schlagzeilen in den Zeitungen. Aber wir müssen vorsichtig sein, in einem verregneten Sommer oder einer Hitzewelle das Signal für unheilvolle Veränderungen von Dauer zu sehen. So ist es gut, etwas über die Wetterelemente und ihre Variationsbreiten zu wissen, bevor man voreilig Schlüsse zieht.

Das Wetter ist das Geschehen in der Atmosphäre während eines Tages. Die Witterung in Berlin, Zürich oder Wien charakterisiert die atmosphärischen Zustände innerhalb eines Jahres über diesen Städten. Witterung sagt also etwas aus z. B. über das jahreszeitliche Geschehen in der Atmosphäre über einem Ort oder einer bestimmten Landschaft. Und wenn es ans Klima geht, meinen die Meteorologen die aufgrund von Beobachtung und Messung ermittelte durchschnittliche Witterung wenigstens von zehn Jahren.

Ein vieldiskutiertes Thema sind mögliche Klimaveränderungen. Die Ursachen dafür können sowohl von der menschlichen Zivilisation als auch von der Erde (Vulkanausbrüche) und der Sonne ausgehen. Viel mehr Beobachtungen sind notwendig, um Endgültiges dazu zu sagen. Wer sich aber eingehend mit dem Wettergeschehen abgibt, wird sich dazu seine eigenen Gedanken und vielleicht auch die eine oder andere Beobachtung machen. Anregungen dazu findet er in diesem »Wetterführer«.

Daß sich das Klima auf der Erde bereits mehrmals geändert hat, bestätigen die geologischen, paläobotanischen, paläozoologischen und glaziologischen Forschungen. Das bekannte Beispiel sind die Eiszeiten. Ob wir heute auf eine Klimaänderung großen Stils zusteuern, bedarf noch der eingehenden Überprüfung. Auf jeden Fall kann man nicht von zugegebenermaßen oft extremen Witterungsunterschieden, wie sie in den letzten Jahrzehnten registriert wurden, auf eine neue Eiszeit oder Trockenzeit in Europa schließen. »Jahrhundert-Hurrikane«, wie im August 1992 der Orkan »Andrew« über Florida, häufen sich aber. Auch im europäisch-atlantischen Raum nehmen sehr stark entwickelte Orkantiefs zu und tragen Stürme einer Stärke ins Binnenland (»Vivian« und »Wiebke« 1990), wie sie bisher unbekannt war.

Es deutet manches darauf hin, daß zivilisatorische Maßnahmen des Menschen viel mehr den Zustand des Klimas angreifen, als man zunächst angenommen hat. Ein Beispiel ist die starke Zunahme der künstlich versiegelten Böden im Gefolge der Besiedelung. Von 1950 bis 1977 wurden in der Bundesrepublik Deutschland Tag für Tag 94 Hektar zubetoniert, 1981 bis 1985 waren es 120 Hektar Land pro Tag. Das Stadtklima breitet sich aus. Kennzeichen: Verdunstung von Niederschlägen wird verhindert, Regenwasser läuft ab, größerer Bewölkungsgrad, mehr Staub und Dunst, weniger Sonne, starke Temperaturunterschiede über Beton.

Ein anderes Beispiel ist der Vormarsch der Wüsten in denjenigen Gebieten,

in denen übermäßig viel Wald gerodet oder in denen die landwirtschaftliche Nutzfläche ungenügend genutzt wird.
So sind in Südostkenia (Afrika) die Monsunregen seit einem Jahrzehnt in wesentlich geringerem Umfang gefallen als man das gewohnt war. Die Viehweide geht zurück und der Lebensunterhalt der Bevölkerung wird bedroht. Um sich kurzfristig zu helfen, werden naheliegende Wälder gerodet, das Holz verkohlt und die Holzkohle nach Saudiarabien verkauft. Aber wo keine Bäume mehr stehen, fällt noch weniger Regen und der Wind fängt an, fruchtbaren Boden zu verwehen. Der Grundwasserspiegel sinkt, und eine neue Wüste bedroht bald das Leben der Menschen. Wissenschaftler meinen, daß die Rodungen in Afrika, Südamerika und Asien einen Klimawechsel auf der Erde nicht eingeleitet haben, ihn aber beschleunigen.
Aber nicht nur die extremen Lagen und die vielen Überraschungen sind es, die die Beschäftigung mit Wetter und Klima reizvoll machen. Soll man am Morgen, wenn man ins Büro fährt, den Schirm zu Hause zu lassen oder nicht? Wie wird das Wetter am Wochenende oder gar im Urlaub? Auf solche und ähnliche Fragen sucht jeder von uns immer wieder eine Antwort. Sie wird leichter und sicherer kommen, wenn man zusätzlich zur amtlichen Wettervorhersage einen eigenen Erfahrungsschatz hat und weiß, auf was es bei der Beobachtung des Wetters ankommt. Dabei soll dieses Buch jedermann ein Helfer sein.
Nicht ohne Stolz sind heute die Meteorologen auf ihre Wettervorhersagen: »Aufwärts geht es, wenn Konjunkturprognosen wenigstens die Qualität von Wettervorhersagen erreicht haben« (Mitteilungen Deutsche Meteorologische Gesellschaft, April 1984). Der Deutsche Wetterdienst berechnet gegenwärtig eine 6-Tages-Prognose. Demnächst soll die 10-Tages-Prognose erreicht werden. Heute werden täglich 100000 Daten von 5000 Wetterstationen auf der ganzen Welt ausgewertet. Das Zeitalter der Wettersatelliten begann am 1. April 1960 mit dem Start von TIROS 1. Die Trefferquote in der 24stündigen Vorhersage hat sich auf 87% verbessert, für 72 Stunden liegt sie bei 75%. Monats- und Jahreszeitenvorhersagen sind immer noch utopisch, obwohl hier die Versuche nicht fehlen. Dem Wetterdienst und der Wettervorhersage ist in diesem Buch ein eigenes Kapitel gewidmet.
Zum Schluß ein herzlicher Dank des Autors an alle, die bei der Planung und Herstellung dieses Buches geholfen haben, voran die Mitarbeiter des Verlages und die Fotografen. Besonders zu erwähnen ist die gute Zusammenarbeit mit Barbara von Damnitz, die alle Grafiken in diesem Buch angefertigt hat. Für die Überlassung von Vorlagen und Informationsmaterial wird auch an dieser Stelle dem Zentralamt des Deutschen Wetterdienstes (M. Giebel, U. Wesp), Offenbach (Main), dem Seewetteramt des Deutschen Wetterdienstes, Hamburg, dem Meteorologischen Observatorium Hohenpeißenberg, der EUMETSAT (Information Division), Darmstadt, der Deutschen Meteorologischen Gesellschaft (S. Theunert), Traben-Trarbach, der Münchener Rückversicherungs-Gesellschaft (R. Küppers), München, der Max-Planck-Gesellschaft, München, der Deutschen Forschungsanstalt für Luft- und

Aufnahme der Erde vom Wettersatelliten METEOSAT aus am 6. Juli 1991, 11 Uhr 55 Weltzeit. Der Satellit ist über dem Äquator auf 0 Grad Länge positioniert. Aus einer Höhe von 36 000 km erfassen die Kameras ungefähr ein Drittel der Erdoberfläche. Pro Tag entstehen 48 Aufnahmen von Wolkenbildern in maximal drei Spektralkanälen: Der sichtbare Kanal für Wolkenbilder bei Tageslicht (Bild), der Infrarot-Kanal für Wolkenbilder bei Tag und Nacht (vgl. Foto S. 220). Sie werden häufig für Bildfolgen in der Fernsehwettervorhersage verwendet. Der Wasserdampf-Spektralkanal zeigt die Verteilung von Feuchtigkeit in wolkenfreien Gebieten der Atmosphäre (vgl. Foto S. 221).

Raumfahrt, Institut für Physik der Atmosphäre (M. E. Reinhardt), Oberpfaffenhofen, und dem Max-Planck-Institut für Aeronomie (E. Keppler), Katlenburg-Lindau, Dank abgestattet.

Günter D. Roth

Kräfte, die das Wetter machen

Das Wetter hat viele Gesichter. Wer über einige Zeit hinweg das Wettergeschehen aufmerksam verfolgt, stellt verschiedenartige und oft sehr rasch wechselnde Zustände fest: Sonnenschein, Wolkendurchzug, Luftbewegungen, Niederschläge. Alles spielt sich in dem Raum über der Erdoberfläche ab, in der Lufthülle unseres Planeten Erde.
Tatsächlich ist die Atmosphäre der Schauplatz aller Wetterveranstaltungen, die das Jahr begleiten. Der Planet Erde besitzt eine verhältnismäßig dichte Atmosphäre, die auch eine Voraussetzung für die Entstehung des Lebens auf dem Planeten gewesen ist. Menschen, Tiere und Pflanzen benötigen den in der Atmosphäre vorhandenen Sauerstoff zur Atmung. Und aus dem ebenfalls in der Atmosphäre vorhandenen Kohlendioxid bauen die Pflanzen mit Hilfe der Sonnenenergie in der Assimilation ihre Substanz auf. Für das Wettergeschehen bestimmend ist schließlich der unterschiedlich große Gehalt der Luft an Wasserdampf, maximal sind 4% möglich.
So setzt sich die Atmosphäre zusammen:

78% Stickstoff
21% Sauerstoff
1% verschiedene Gase (z. B. Argon, Kohlendioxid).

Stickstoff wirkt hauptsächlich als Verdünner, der die Aktivität des Sauerstoffs ausgleicht. Wasserdampf wird von den Wasserflächen, von den mit Schnee und Eis bedeckten Gebieten der Erdoberfläche und auch von den Vegetationsgebieten durch Verdunstung ständig an die Atmosphäre abgegeben, wo es dann zur Bildung von Wolken kommt. Ebenfalls eine variable Komponente der Lufthülle ist das wichtige Ozon, das sich bilden kann, wenn zuvor atomarer Sauerstoff durch Spaltung von O_2 entstanden ist. In der Atmosphäre besteht eine Sperrschicht aus Ozon, die die gefährliche Ultraviolett-Strahlung absorbiert. Diese Funktion führt zum Zerfall des Ozons, das immer wieder neu gebildet werden muß.
Bestandteile der Atmosphäre sind weiter Staubteilchen sowie chemische und organische Partikel, die von der Erdoberfläche und aus dem Weltraum stammen. Diese Teilchen haben eine besondere Aufgabe bei der Niederschlagsbildung (Regen, Schnee, usw.). Schwebeteilchen von Staub, Ruß und anderen »Luftverschmutzungen« machen sich hauptsächlich in den unteren Schichten der Atmosphäre bemerkbar.
Starke Luftverschmutzung behindert die Sonnenstrahlung auf die Erdoberfläche. Als Dauerzustand kann das zur Abkühlung und zu unerfreulichen Klimaänderungen führen. Auf der anderen Seite wird die Energieproduk-

◁ Der Fixstern Sonne versorgt die Erde mit der notwendigen Energie. Klima und Wetter sind von der Sonnenenergie abhängig.

tion der Menschen von Jahr zu Jahr größer. Sie gibt zusätzlich große Mengen Kohlendioxid in die Luft ab. Ein steigender Anteil von Kohlendioxid blokkiert die Rückstrahlung von der Erdoberfläche in den Weltraum (»Treibhauseffekt«), was zu einer Erwärmung führt. Aber genauso wie die Abkühlung, löst auf die Dauer gesehen eine Erwärmung der Erdoberfläche Klimaänderungen aus, die das menschliche Dasein gefährden können.
So wie sich die Schwebeteilchen der Luftverschmutzung auf die unteren Schichten der Atmosphäre konzentrieren, sind Zusammensetzung und Dichte der Atmosphäre von der Höhe abhängig. Dabei ist die chemische Zusammensetzung der Lufthülle bis in 100 Kilometer Höhe sehr gleichmäßig. Und erst ab etwa 1000 Kilometer Höhe entmischen sich die leichteren und schwereren Bestandteile der Luft. Gase wie Helium und Wasserstoff sind hier stärker vertreten, während diese in den unteren Luftschichten nur spurenweise vorkommen.
Obwohl also die Zusammensetzung der Luft über einen weiten Bereich gleichmäßig ist, beobachten wir in verschiedenen Höhen Luftschichten mit sehr charakteristischen Eigenschaften. Die Bildung dieser Schichten hängt zusammen mit dem Umfang der Luftdurchmischung, die wiederum abhängig ist von vertikalen Luftströmungen. In der bis 15 Kilometer Höhe reichenden **Troposphäre** ist die Luftmischung besonders stark ausgeprägt. Sie ist der Raum für das Wettergeschehen. Hier bilden sich die Wolken und die Niederschläge. Ganz anders die Situation in der darüber anschließenden **Stratosphäre,** in der es keine vertikale, wohl aber eine kräftige horizontale Durchmischung gibt.
Bergsteiger und Flieger wissen aus Erfahrung, daß die Luft mit zunehmender Höhe dünner und kälter wird. Mit der Höhe nimmt auch der Luftdruck ab. An der Erdoberfläche ist der Luftdruck beträchtlich.
Die ersten barometrischen Luftdruckmessungen hat ein Schüler Galileis vorgenommen: Torricelli benützte ein u-förmig gekrümmtes Glasrohr, um festzustellen, daß der Luftdruck in Meereshöhe in der Lage ist, einer Quecksilbersäule von 760 mm Höhe das Gleichgewicht zu halten. Quecksilber ist verhältnismäßig schwer.
Luftdruckmessungen mittels eines Quecksilberbarometers erfordern zusätzliche Maßnahmen, um Fehler zu vermeiden. Quecksilber dehnt sich bei Erwärmung aus. Also muß bei der Messung auch die Temperatur angegeben oder die Messung auf 0° C reduziert werden. Die Erde ist ein sich drehender Körper. Die nach außen wirkende Zentrifugalkraft vermindert die Massenanziehung zum Erdmittelpunkt hin. Ganz stark macht sich das am Äquator bemerkbar, während am Nord- und Südpol davon nichts zu spüren ist. So ist aber das Gewicht der Quecksilbersäule an verschiedenen Punkten der Erdoberfläche verschieden.
Die Weltorganisation für Meteorologie (WMO) hat beschlossen, daß ab 1. Januar 1985 als Einheit für meteorologische Luftdruckangaben nur noch Hektopascal (hPa) als Einheit verwendet werden. 1 Pascal entspricht dem Druck, den die senkrecht auf eine Fläche von 1 Quadratmeter wirkende

Der Aufbau der Erdatmosphäre

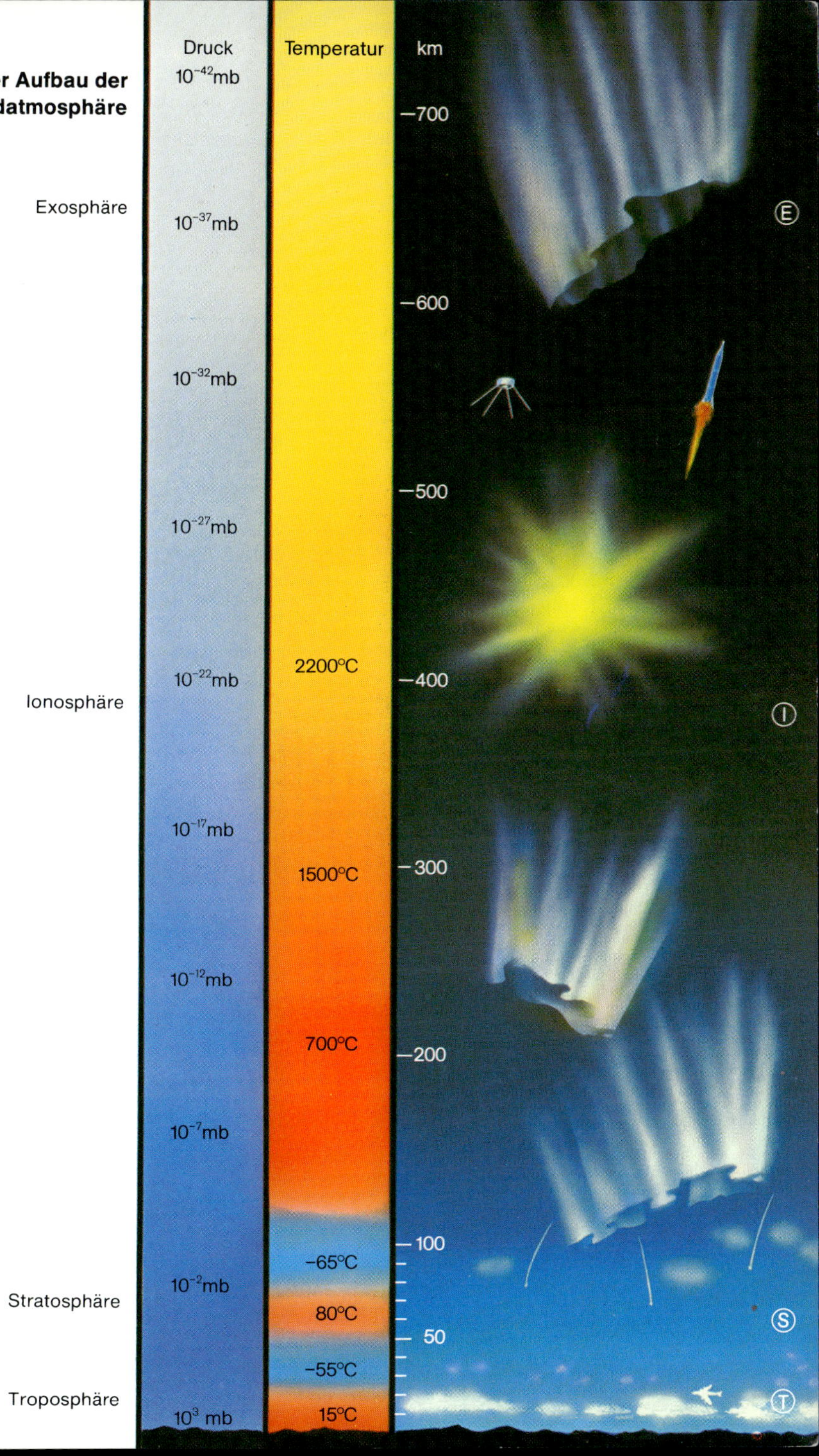

Kraft von 1 Newton (N) ausübt. Physikalisch entsprechen 100 Pascal (das ist ein Hektopascal!) einem Millibar (mbar). Angaben auf Skalen und in Tabellen mit der Bezeichnung mbar bleiben gleich. Es tritt nur an die Stelle von mbar die Bezeichnung hPa.

760 mm Quecksilbersäule = 1013,2 mbar = 1013,2 hPa

Die Luftsäule wird kürzer mit zunehmender Höhe und damit sinkt der Luftdruck. Das Gewicht der Luft wird kleiner. Dabei spielt die Temperatur eine wichtige Rolle. Im Durchschnitt können wir mit zunehmender Höhe folgende Druckabnahme erwarten:

Höhe (m)	**Druck (hPa)**	**Temperatur (° C)**	**Dichte (kg/m³)**
0	1013	15,0	1,225
111	1000	14,3	1,212
988	900	8,6	1,113
1949	800	2,3	1,012
3012	700	– 4,6	0,908
4206	600	–12,3	0,802
5574	500	–21,2	0,692
16180	100	–56,5	0,161

Die Beziehung zwischen Barometerstand und Höhe schafft die Voraussetzung für Luftdruckmessungen mit dem Höhenmesser.
Die barometrische Höhenformel, wonach auf je 5,5 Kilometer Höhenzunahme der Luftdruck auf jeweils die Hälfte sinkt, gilt nicht bis an das Ende der Atmosphäre. Auch die beobachtete Abkühlung setzt sich in großen Höhen nicht fort. Dabei werden die Unregelmäßigkeiten in der Dichteverteilung in den obersten Stockwerken der Lufthülle vom Temperaturverlauf beeinflußt. Der unterschiedliche Temperaturverlauf hängt ab von der verschiedenartigen Absorption verschiedener Anteile der Sonnenstrahlung.

Lufttemperatur	in 10 km Höhe	−60° C	in 80 km Höhe	−90° C
	in 50 km Höhe	0° C	in 150 km Höhe	+1000° C

Die Schichtung der Atmosphäre veranschaulicht die Abbildung auf Seite 15. Die Raketen- und Satellitenforschung hat der Wissenschaft Auskunft über den Zustand der oberen Schichten der Atmosphäre gegeben. Insbesondere über die **Ionosphäre,** die bei etwa 60 Kilometer Höhe beginnt und bis 2000 Kilometer Höhe reicht. Es ist der Gesamtbereich der Atmosphäre, in dem sich Ionisationsvorgänge abspielen, an denen die Sonnenstrahlung entscheidenden Anteil hat. Für jedermann beobachtbare Ionisationsvorgänge sind Polarlichter (»Nordlicht«, »Südlicht«). Auch die Tatsache, daß ionisierte

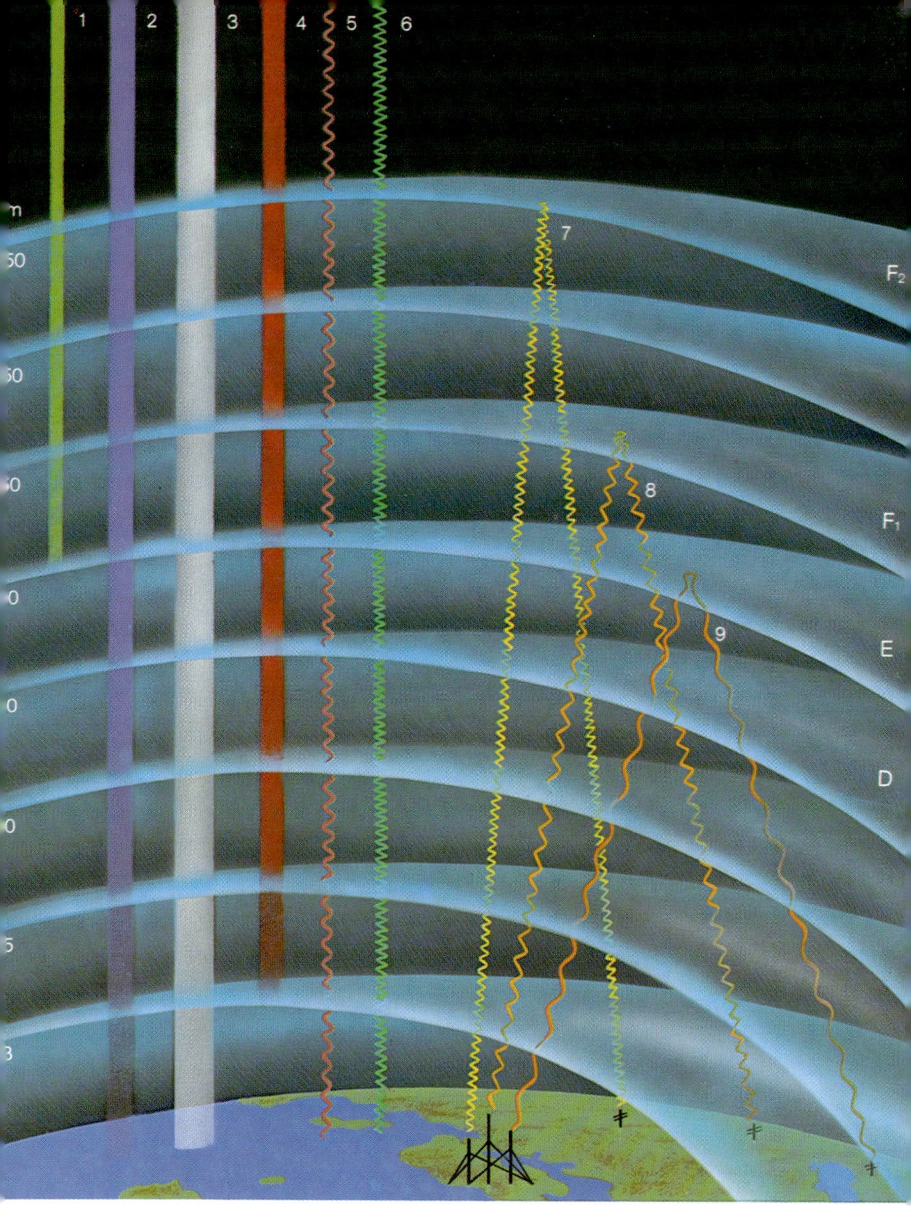

Die Schichten der Atmosphäre und ihre Durchlässigkeit für Strahlen

1 Röntgenstrahlung 2 Ultraviolettstrahlung 3 Sichtbares Licht (»Optisches Fenster«) 4 Infrarotstrahlung 5 Radiowellenstrahlung aus dem Kosmos (»Radio-Fenster«) 6 UKW-Radiowellen 7 Kurzwellenradiowellen 8 Mittelwellenradiowellen 9 Langwellenradiowellen

Schichten die kurzwelligen Radiowellen reflektieren und damit die Übertragung von Kurzwellensendungen über Tausende von Kilometern möglich machen, ist hier zu erwähnen. In zunehmendem Umfang übernehmen jetzt allerdings Nachrichtensatelliten diese Funktion, weil sie einen störungsfreieren Empfang garantieren.
Auch wenn sich das Wettergeschehen auf die Luftschichten bis zu 15 Kilometer Höhe konzentriert, verdient die höhere Schichtung große Aufmerksamkeit. Sie sind die »Kontaktstellen« zu der aus dem Weltraum kommenden Strahlung, in erster Linie der Sonnenstrahlung. Diese Schichten reagieren in typischer Weise auf die ankommende Strahlung und tragen mit zu ihrer Dosierung bei. Das bekannteste Beispiel hierfür ist die Ozonschicht, die die gesamte Ultraviolett-Strahlung der Sonne (»UV-Strahlung«) unterhalb einer Wellenlänge von 300 nm (Nanometer, millionstel Millimeter) absorbiert. Auch die von der Sonne kommende Röntgenstrahlung wird in einer höheren Schicht der Atmosphäre völlig absorbiert. Die in diesen Höhen so dünne Luft wirkt trotzdem so zuverlässig wie eine mehrere Meter dicke Bleiplatte.
Ist die Lufthülle der Erde der Raum, in dessen unterem Teil das Wettergeschehen abläuft, so stellt die Sonne die Energiequelle dar, die das Wettergeschehen anheizt. Deshalb muß man sich mit der Sonnenstrahlung näher beschäftigen, wenn es um die Kräfte geht, die das Wetter machen.

Zustandsgrößen der Sonne

Radius 696000 km (entspricht 109 Erdradien)
Oberfläche $6.087 \cdot 10^{12}$ km^2 (entspricht 11930 Erdoberflächen)
Volumen $1.412 \cdot 10^{18}$ km^3 (entspricht 1304000 Erdvolumen)
Masse $1.98 \cdot 10^{30}$ kg (entspricht 333000 Erdmassen)
Mittlere Dichte 1.41 g/cm^{-3} (entspricht 0,26 Erddichte)
Temperatur (Oberfläche) 5785 K
Energieabstrahlung (Oberfläche) 63500 kW m^{-2}
Spektraltyp G2V
Siderische Rotationsdauer 25, 38 Tage
Synodische Rotationsdauer 27, 27 Tage

Die Strahlung der Sonne gelangt nur zum Teil auf die Erdoberfläche. Auf dem Weg durch die Atmosphäre wird diese von der Strahlung nur unwesentlich angewärmt. Die zur Erdoberfläche durchkommende Strahlung wird dort absorbiert. Dadurch erwärmt sich die Erdoberfläche und heizt die Lufthülle von unten her an. Ein Vorgang, der sich fast so abspielt wie das Heißmachen einer Pfanne auf dem Kochherd, vereinfacht dargestellt.
Die einzelnen Gegenden auf der Erde bekommen unterschiedlich Energie von der Sonne zugestrahlt. Geographische Breite, Tages- und Jahreszeit nehmen darauf Einfluß:

Die äquatornahen Breiten bekommen viel mehr Sonnenstrahlung als die polnahen Breiten.

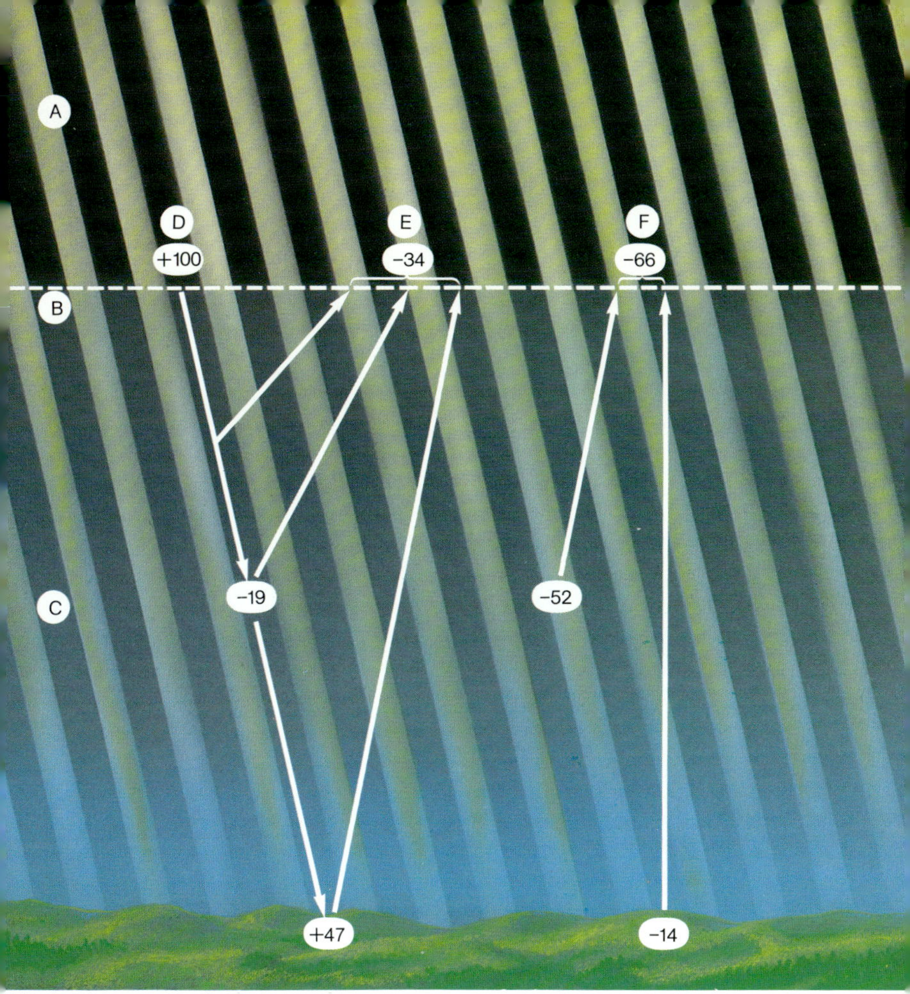

Strahlungsbilanz der Erdatmosphäre

Streuung, Absorption und Reflexion schwächen die Sonnenstrahlung bereits in der Ionosphäre und in der Stratosphäre. Von 100 Prozent Strahlung, die die Tropopause erreichen, werden 34 Prozent zerstreut und reflektiert. Weitere 19 Prozent werden von Wasserdampf und Kohlendioxid absorbiert. 47 Prozent gelangen zum Erdboden. Von der langwelligen Ausstrahlung der Erde gehen nur etwa 14 Prozent verloren, da Wasserdampf und Kohlendioxid viel Strahlung absorbieren und zur Erde zurückstrahlen (Glashauswirkung!). Insgesamt sieht die Strahlungsbilanz mit 33 Prozent auf der Erdoberfläche positiv aus. Diese Energie gibt die Erdoberfläche wieder in die Luft ab. Auch benötigt die Atmosphäre Wärme von unten, weil sie ständig nach oben und unten ausstrahlt (52 Prozent der langwelligen Ausstrahlung). A = Stratospäre, B = Tropopause, C = Troposphäre, D = Gesamteinstrahlung, E = Verluste durch Absorption, Reflexion und Streuung, F = Ausstrahlung von der Erdoberfläche und den troposphärischen Luftschichten.

Besonders am Morgen- und am Abendhimmel beim Übergang zwischen Tag und Nacht entstehen durch Reflexion und Streuung der Sonnenstrahlen in der Atmosphäre farbenprächtige Dämmerungserscheinungen (»Morgenrot«, »Abendrot«).

Im Sommer ist die Zustrahlung größer als im Winter. Dem Sommer auf der Nordhalbkugel der Erde entspricht der Winter auf der Südhalbkugel, und umgekehrt.

Der Effekt der Zustrahlung von Sonnenenergie auf die Erdoberfläche hängt aber auch ab von der Beschaffenheit der Oberfläche. Hauptsächliche Unterschiede im Absorptionsvermögen bestehen zwischen Festland und Meer. Das Festland erwärmt sich rasch und gibt am Tag viel Wärme an die Luft ab. Die Abkühlung bei Nacht kann beträchtlich sein. Dadurch kühlen die unteren Luftschichten stark ab. Am wirksamsten sind diese Vorgänge bei kahlem, trockenem Boden. Mit Wiese oder Wald bestandener Boden erwärmt sich langsamer und kühlt auch langsamer aus. Die sehr mannigfaltige Beschaffenheit der Erdoberfläche bringt es mit sich, daß teilweise auf kleinster Fläche bemerkenswerte Temperaturunterschiede zu registrieren sind. Dort, wo Eis und Schnee das Land bedecken, mindern das hohe Reflexionsvermögen dieser Substanzen und der Einsatz der zugeführten Energie zum Schmelzen die Erwärmung des Bodens und der Luft. Deshalb sinkt die Temperatur einer Schneedecke in klarer Nacht schnell ab, stärker als bei blankem Boden. Am Tag kommt dann das Thermometer nicht über die Null-Grad-Marke hinauf.

Hingegen erfüllen die Weltmeere eine wichtige Funktion als Wärmespeicher. Die Sonnenstrahlung dringt in das Wasser viel tiefer ein als in festen Boden. Die erwärmte Masse ist so viel größer. Der Temperaturanstieg erfolgt langsamer als auf dem Festland und erreicht auch nicht so hohe Werte. Nachts und im Winter kühlt es über dem Wasser nicht so kräftig ab wie über festem Land. Das durch Wärmeabgabe erkaltete Wasser sinkt ab und wärmeres Wasser steigt aus der Tiefe an die Oberfläche. Beträchtliche Wärme wird mit der Verdunstung abgegeben, ohne daß dadurch die Luft sofort erwärmt wird. Erst wenn es zur Wolkenbildung kommt, gibt der Wasserdampf diese Wärme ab. Übrigens wirken auch größere Binnengewässer ähnlich.

> Das unterschiedliche Verhalten bei Erwärmung und Abkühlung zwischen Festland und Wasserfläche ist eine wesentliche Größe im Wettergeschehen (Landklima! Seeklima!).

Sonnenstrahlung wird nicht nur an der Erdoberfläche unterschiedlich absorbiert, sie wird auch teilweise gleich wieder reflektiert. Noch bevor Sonnenstrahlung auf die Erde gelangt, sind es Wolken, die eine hochreflektierende

Die Luft ist das Medium für Flugzeuge, Drachenflieger und Ballone.

Jahreszeiten und Sonnenstand

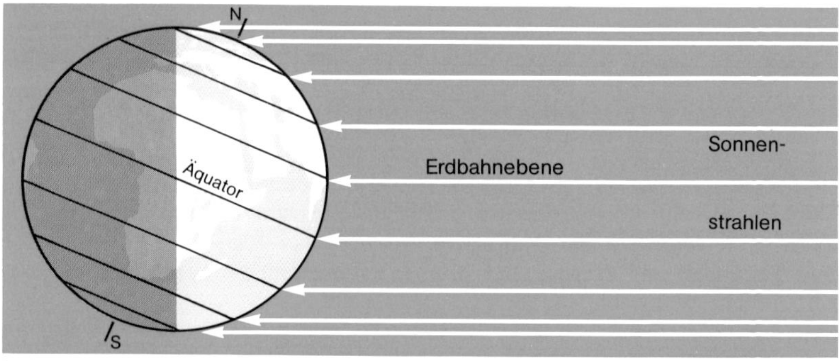

Stellung der Erde zur Sonne am 22. Juni. Sommersanfang auf der Nordhalbkugel der Erde. Die mittlere Sonnenscheindauer beträgt in 47° nördl. geogr. Breite 15h 50^m, in 53° nördl. geogr. Breite 16h 52^m, am Nordpol 24 Stunden. Auf der Südhalbkugel beginnt der Winter.

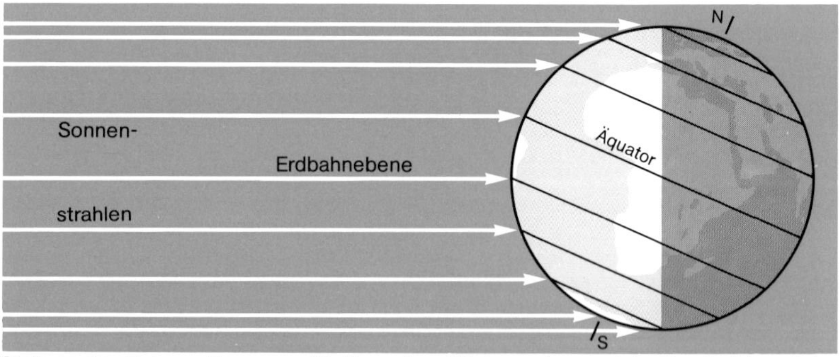

Stellung der Erde zur Sonne am 22. Dezember. Wintersanfang auf der Nordhalbkugel der Erde. Die mittlere Sonnenscheindauer beträgt in 47° nördl. geogr. Breite 8h 26m, in 53° nördl. geogr. Breite 7h29m, am Nordpol 0 Stunden. Auf der Südhalbkugel beginnt der Sommer. – N = Nordpol, S = Südpol.

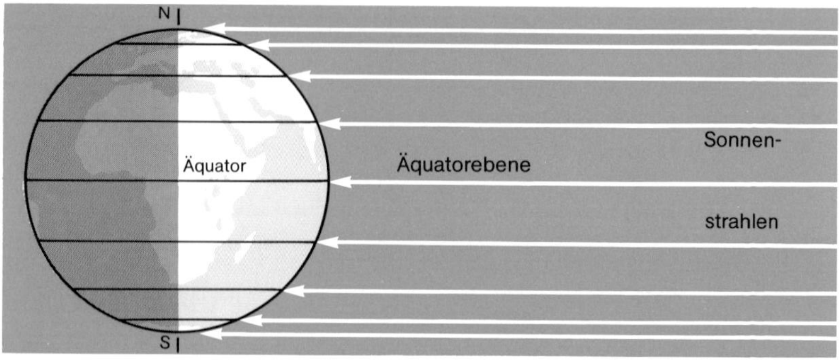

Stellung der Erde zur Sonne am 21. März und 23. September. Frühjahrsanfang bzw. Herbstanfang auf der Nordhalbkugel der Erde. Die mittlere Sonnenscheindauer beträgt in allen geographischen Breiten der Nord- und Südhalbkugel 12 Stunden. Auf der Südhalbkugel beginnt am 21. März der Herbst und am 23. September das Frühjahr.

Schicht bilden können. Auf Berggipfeln oder vom Flugzeug aus sieht man gelegentlich geschlossene Wolkendecken und ihr auffälliges Weiß, das den hohen Reflexionsgrad verrät.
Das optische Verhalten von Licht verschiedener Wellenlängen ist bei Absorption, Reflexion und Streuung sehr verschieden. Die Sonnenstrahlung hat ein Spektrum von Wellenlängen, das von Ultraviolett bis Infrarot reicht. Die Stärke der Strahlung in den einzelnen Spektralbereichen gibt Anhaltspunkte bezüglich der Strahlungstemperatur. Die Sonnenstrahlung entwickelt ihre größte Intensität bei einer Wellenlänge von 470 nm (Nanometer). Dabei beträgt die Strahlungstemperatur etwa 6000 K.
Neben der wärmewirksamen Strahlung gehen von der Sonne noch andere Strahlungsarten aus. Es gibt außer der kurzwelligen UV- und Röntgenstrahlung auch eine aus Elektronen und Protonen bestehende atomare Korpuskularstrahlung. Letztere ist vergleichbar mit der Kosmischen Strahlung, die ebenfalls aus dem Weltraum kommend in die Erdatmosphäre eindringt. Auf die Funktion verschiedener Schichten in der Atmosphäre, die das weitere Eindringen dieser für Organismen gefährlichen Strahlungsarten verhindern, wurde bereits hingewiesen.
Beim Durchdringen der Luft in der Troposphäre unterliegt die ankommende Strahlung der Absorption, der Reflexion und der Streuung. Wolkenbildung

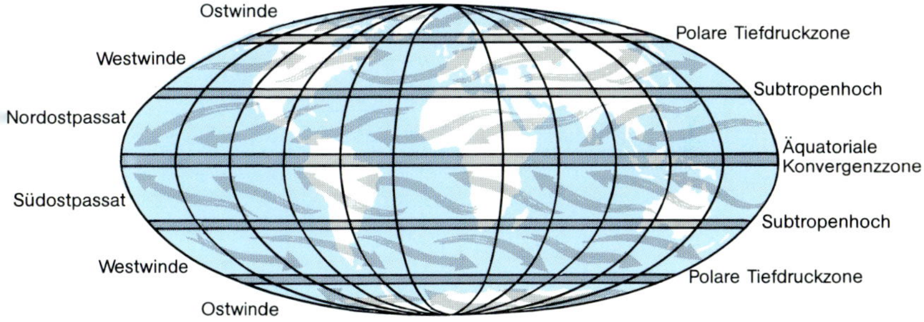

Windsysteme

und Kohlendioxidgehalt der Luft beeinflussen die Absorption und die Reflexion. Die Streuung ist eine Richtungsänderung der einfallenden Strahlung an den Luftmolekülen. Der blaue Teil des Spektrums (kurzwelliger Bereich) wird erheblich stärker zerstreut als der rote Teil des Spektrums (langwelliger Bereich).

> Die Streuung bewirkt den blauen Himmel und die roten Sonnenauf- und -untergänge bei wolkenlosem Wetter.

Die Streuung des Sonnenlichts durch die Moleküle des Stickstoffs und Sauerstoffs in der Lufthülle bewirkt auch noch, daß dem direkten Sonnenlicht der blaue Anteil, der ja zerstreut wird, verloren geht. Deshalb ist das Sonnenlicht

auch nicht völlig weiß, vielmehr erscheint es dem Beobachter auf der Erde gelb.
Absorption, Reflexion und Streuung zusammengenommen verursachen noch in der Lufthülle einen Strahlungsverlust von etwas über der Hälfte des eingestrahlten Sonnenlichts. Nur 47 Prozent der Sonnenstrahlung erreichen endlich die Erdoberfläche. Auch hier wird nur ein Teil absorbiert. Durch Ausstrahlung verliert die Erdoberfläche sofort wieder Energie. Daß diese Ausstrahlung nicht zu groß wird, dafür sorgen Wasserdampf und Kohlendioxid in den unteren Luftschichten, die zurückgestrahlte Energie auffangen und wieder zur Erdoberfläche reflektieren. Hier macht sich im großen das bemerkbar, was der Gärtner im kleinen im Treibhaus ausnützt. Anstelle der Glasscheiben im Treibhaus wirken Wasserdampf und Kohlendioxid in der Atmosphäre.
Zieht man alle Verluste ab, so verbleibt rund ein Drittel der von der Sonne geschickten Strahlung auf der Erdoberfläche zum Anheizen des Wettergeschehens. Die Energie dieser Strahlung wird dabei wieder an die Atmosphäre abgegeben. Jedenfalls der weitaus größte Teil. Eine ständige Zunahme der Energie auf der Erdoberfläche würde ja auch die Temperaturen derart erhöhen, daß organisches Leben schnell zu Schaden käme.
Das Anheizen der Atmosphäre von der Erdoberfläche geschieht auf zweierlei Art. Da ist einmal der Temperaturausgleich mit Hilfe von sich aufwärts und abwärts bewegenden Luftmassen. Erwärmte Luft steigt auf, abgekühlte Luft sinkt nach unten. Und dann ist da die Abkühlung durch Verdunstung. Etwa 75 Prozent der Erdoberfläche bestehen aus Wasser. Dieser Prozentsatz macht deutlich, welche wichtige Rolle der Verdunstungsprozeß beim Wärmetransport vom Boden hinauf in die Lufthülle der Erde spielt.

> 33 Prozent der Sonnenstrahlung erwärmen die wetterwirksamen unteren Luftschichten und halten den Wasserkreislauf in Bewegung.

Die Atmosphäre selbst kühlt rasch aus. Ohne den ständigen Transport von Wärme von der Erdoberfläche her würde sich die Lufthülle ständig abkühlen.
Auf die Idee, daß die Sonnenstrahlung die Windsysteme auf der Erde in Bewegung hält, kamen bereits die alten Griechen. Aber es waren moderne physikalische Kenntnisse notwendig, um den ganzen Mechanismus genau zu erklären.

> Das Wettergeschehen ist ein physikalischer Prozeß, der sich in den unteren Luftschichten (bis 15 km Höhe) abspielt und seine Energie von der Sonne bezieht.

Für die Zustandsbeschreibung des Wetterablaufs gibt es ein paar wichtige Daten. Es sind meteorologische Elemente, die heute von den Wetterstationen ständig überwacht und gemessen werden.

Zwei Aufnahmen vom gleichen Tag mit einer Stunde Unterschied. Großer St. Bernhard-Paß (2459 m). Oberes Bild: Alpennordseite (Wallis). Unteres Bild: Alpensüdseite (Aosta-Tal). Unterschiedliche Wetterlagen diesseits und jenseits von Gebirgskämmen kann man immer wieder beobachten. Gebirge, voran die Alpen, stellen gewaltige Hindernisse für die anströmenden Luftmassen dar. Berge heben die Luft an, lenken sie um oder stauen sie. Das bleibt nicht ohne Folgen auf die Wetterentwicklung.

> Die meteorologischen Elemente sind Luftdruck, Lufttemperatur, Wind, Luftfeuchte und Luftdichte.

Im einzelnen werden die meteorologischen Elemente auf Seite 95 genau beschrieben. Die Verarbeitung dieser Elemente, zusammen mit mathematisch-physikalischen Modellen zur Erklärung der Vorgänge in der Atmosphäre, zu kurz-, mittel- und langfristigen Wetterprognosen ist ein komplexer Vorgang. Wettersatelliten und elektronische Datenverarbeitung haben in jüngster Zeit erhebliche Erleichterungen für die Beobachtung und Auswertung gebracht. Sie haben auch die Prognosegenauigkeit beträchtlich verbessert.

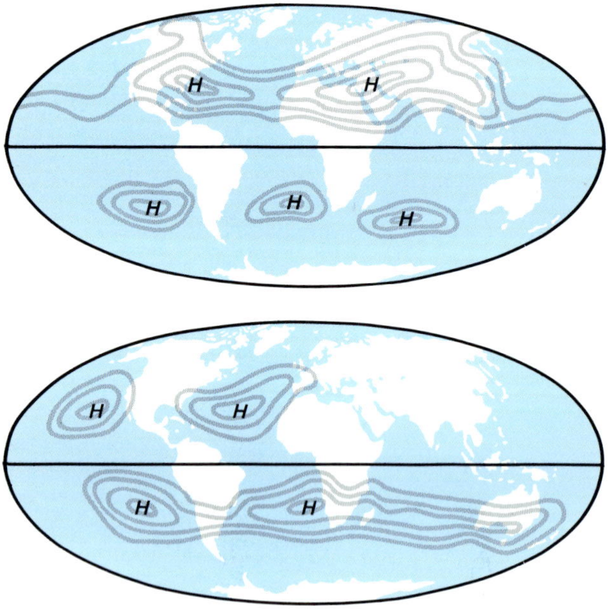

Luftdruck im Januar (oben) und im Juli (unten)

Die Meteorologen beobachten den Zustand der Atmosphäre an einem bestimmten Ort nicht nur ein paar Tage oder Wochen, um Unterlagen für die Wettervorhersage zu bekommen. Genauso wichtig sind langjährige Beobachtungsreihen, die erlauben, Tages-, Monats- und Jahresmittel für den Luftdruck usw. an einem Ort anzugeben. So wird es möglich, den »durchschnittlichen« Witterungsablauf einer bestimmten Gegend festzulegen. Man kann dazu auch sagen: das Klima. Zu den Klimaelementen gehören neben den meteorologischen Elementen noch eine Reihe weiterer Daten, so z. B. Sonnenscheindauer, geographische Koordinaten, Vegetation, usw.

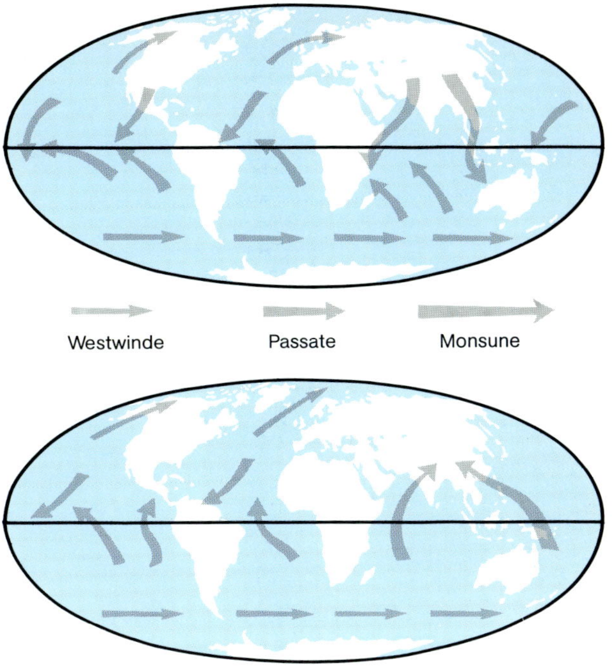

Wichtigste Windrichtungen im Januar (oben) und im Juli (unten)

Die geographische Breite ist von überragender Bedeutung. Sie charakterisiert das Verhältnis von Ein- und Ausstrahlung, also den Haushalt der zur Verfügung stehenden Sonnenstrahlung.

Viel wird heute über die künstliche Beeinflussung des Klimas und Klimaschwankungen diskutiert. Beobachtungen weisen darauf hin, daß z. B. Siedlungsbau, Stauseen oder Kahlschlag von Wäldern das regionale Klima beeinflussen. Eine verbindliche Aussage über eine nachhaltige Klimaänderung auf der ganzen Erde als Folge der Eingriffe des Menschen in die Natur ist derzeit noch nicht möglich. Beobachtete Klimaschwankungen können verschiedene Ursachen haben: Schwankungen der Erdachse und damit zusammenhängende Änderungen des Verhältnisses von Ein- und Ausstrahlung können ebenso Einfluß nehmen wie klimawirksame Spurengase, deren steigender Anteil in der Atmosphäre auf zivilisatorisches Tun der Menschen zurückgeführt wird. Wenige Grade Temperaturveränderung genügen, um nachhaltige Änderungen auszulösen: wird es in mittleren Breiten im Mittel nur um ein Grad kälter, schrumpft die Wärmeperiode, die hier für das Reifen von Getreide nötig ist, um eine Woche. Umgekehrt können sich bei Temperaturerhöhung von einigen Graden Trockenzonen im nördlichen Afrika um einige 100 km nach Norden in den Mittelmeerraum verlagern.

Vielfältig ist die Erscheinungsform der Wolken. Föhnwolken über dem bayerischen Voralpenland. Aufgetürmte Haufenwolken über der Hardangervidda in Norwegen.

Was wir beobachten

Anregungen, selbst nach dem Wetter zu schauen

In Wort und Bild werden auf den folgenden Seiten Naturerscheinungen vorgestellt, die in Verbindung mit Wetter und Klima eine Rolle spielen:

Extraterrestrische Erscheinungen: Mondschein 28, Sonnenstrahlung 30, Sternenlicht 32.
Atmosphärische Erscheinungen: Blauer Himmel 34, Farbige Dämmerungserscheinungen 36, Halo-Erscheinungen 38, Höfe um Sonne und Mond 40, Polarlichter 42, Regenbogen 44, Blitz 46, Dunst 48.
Luftströmungen (Wind): Föhn 50, Höhenströmung 52, Land- und Seewind 54, Wind 56, Seegang 58.
Luftmassen und Wetterfronten: Hochdruckgebiet 60, Gewitter 62, Inversion 64, Rückseitenwetter 66, Tiefdruckgebiet 68, Wetterfronten 70.
Wolkenarten: Federwolken 72, Haufenwolken 74, Leuchtende Nachtwolken 76, Nebel 78, Schichtwolken 82.
Niederschlag und Wasserkreislauf: Eis 84, Feuchtigkeit 86, Hagel 88, Regen 90, Schnee 92.

Unter dem Stichwort »Beobachtung« wird das Erscheinungsbild beschrieben, so wie es jeder von uns von Fall zu Fall immer wieder beobachten kann. Unter dem Stichwort »Physik« eine kurze Zusammenfassung dessen, was über die Entstehung des Phänomens und physikalische Zusammenhänge wissenswert ist. Zur weiteren Information siehe auch die Abschnitte Seite 95 und Seite 168, sowie die auf Seite 274 angegebene Literatur. Unter dem Stichwort »Wettergeschehen« erfolgt die Einordnung der Erscheinung in den Ablauf der Witterung. Unter dem Stichwort »Prognose« finden sich Angaben für die Beurteilung der künftigen Entwicklung des Wetters unter Berücksichtigung des beschriebenen Naturphänomens. Zu beachten ist, daß für das Wettergeschehen immer mehrere Faktoren zusammenwirken und dementsprechend eine einzelne Erscheinung nur Tendenzen anzeigen kann. Mancher wird seine Wetterbeobachtungen ergänzen wollen durch eigene Messungen der wichtigsten meteorologischen Elemente, z. B. Luftdruck und Temperatur. Dazu gibt es einfache und preiswerte Geräte. Ein paar Anregungen bezüglich des in Frage kommenden Instrumentariums siehe auf Seite 110. Für regelmäßige Wetteraufzeichnungen gibt dieses Buch auf Seite 260 eine weitere Anregung. Über die Auswertung systematischer Beobachtungsreihen oder die Anlage solcher Reihen unterhält sich der ernsthaft interessierte Leser am besten mit einem Meteorologen des nächstgelegenen Wetteramts (siehe Seite 235).

Mondschein

Beobachtung Bei klarem Wetter beobachten wir im Verlauf von rund vier Wochen die verschiedenen Phasen des Erdmonds am Himmel, beginnend als schmale Sichel am westlichen Abendhimmel. Der Mond nimmt zu: Erstes Viertel (»Halbmond«) und schließlich Vollmond (dabei ist der Mond die ganze Nacht über zu sehen). Mit abnehmendem Mond verlagert sich die Sichtbarkeit mehr und mehr nach Mitternacht und an den Morgenhimmel. Wegen seiner scheinbaren Helligkeit sieht man den zu- und abnehmenden Mond auch am Tag. Nahe Neumond beobachten wir das sogenannte »Aschgraue Licht« (die dunklen Teile werden durch das von der Erde reflektierte Sonnenlicht schwach aufgehellt). Bei schwacher Bewölkung bilden sich um den Mond Halo- und Hof-Erscheinungen. Tritt der Vollmond in den Schattenkegel der Erde ein, kommt es zu Mondfinsternissen. Charakteristisch ist die eigenartig kupferrote Färbung des Mondes bei einer totalen Mondfinsternis.

Physik Der Mond ist der der Erde am nächsten befindliche Himmelskörper. Er umläuft die Erde innerhalb eines Monats. Die Mondphasen hängen von der Stellung Sonne–Mond–Erde ab: Neumond, wenn der Mond die gleiche Länge wie die Sonne hat (Mond steht zwischen Sonne und Erde), Erstes und Letztes Viertel, wenn sich die Länge des Mondes um 90 Grad von der der Sonne unterscheidet, Vollmond, wenn sich die Länge um 180 Grad unterscheidet (Erde steht zwischen Sonne und Mond). Die Mondphasen zeigen, daß der Mond Sonnenlicht zurückstrahlt. Da die Umdrehungsdauer des Mondes gleich seiner Umlaufzeit um die Erde ist, wendet er der Erde stets die gleiche Seite zu. Neue Forschungen zeigen, daß der Mond die Erdachse stabilisiert und so chaotische Klimaschwankungen verhindert. Der wichtigste Einfluß des Mondes auf die Erde spiegelt sich in den Gezeiten wider. Die Gezeiten sind rhythmische Schwankungen des Meeresspiegels, der Erdoberfläche und auch des Luftdrucks. Sie entstehen unter dem Eindruck der gezeitenerzeugenden Kräfte, die von den Gestirnen (Mond und Sonne) ausgehen und die Schwerkraft der Erde periodisch stören. Der Mond hat einen Durchmesser von 3470 km und befindet sich im Mittel 384 400 km von der Erde entfernt (die Entfernung schwankt zwischen 363 300 und 405 500 km).

Wettergeschehen Der immer wieder vorgebrachte Hinweis auf die Bewölkungsabnahme bei zunehmendem oder Vollmond beruht auf einem Trugschluß: Die Wolken lösen sich nicht auf, weil der Mond scheint, sondern weil sich die Wolken aufgelöst haben, sehen wir den Trabanten. Vorausgesetzt, daß nicht gerade Neumond ist. Auch das Argument, der Mond begünstigt Frostwetter, ist eine Verwechslung von Ursache und Wirkung: Klares Wetter im Winter ist eine Voraussetzung für Strahlungsfrost. Und wenn das Wetter klar ist, sieht man auch den Mond – wenn er gerade scheint. Übrigens ist die gerade zu beobachtende Mondphase in derselben Nacht rund um die Erde zu sehen. Doch das Wettergeschehen ist keineswegs an jedem Punkt der Erdoberfläche gleich. Auch sind die Mondgezeiten in der Atmosphäre (Luftdruckänderung) viel zu gering, um das Wettergeschehen zu steuern oder auch nur zu beeinflussen.

Prognose Die volkstümlichen Regeln, daß bei zunehmendem Mond das Wetter schön wird, daß das Wetter bei Vollmond wechselt, daß bei abnehmendem Mond das Wetter schlecht wird, können bestenfalls psychologisch gedeutet werden. Eine reale Beziehung zwischen Mondschein und Wettergeschehen in dieser Form besteht nicht. Etwas anderes hat es mit den vom Mondschein verursachten atmosphärisch-optischen Erscheinungen auf sich. Hier gelten die für Hof und Halo gemachten Ausführungen (siehe Seiten 40 und 38). Auch die Färbung des Mondlichts geht auf optische Erscheinungen in der Erdatmosphäre zurück (siehe Seite 36). Rückschlüsse auf die Wetterentwicklung sind möglich.

Mond mit Föhnbewölkung ▷

Sonnenstrahlung

Beobachtung Licht- und Wärmestrahlung, die vom Zentralstern unseres Sonnensystems ausgeht. Die Intensität ist abhängig vom Grad der Bewölkung, vom Stand der Sonne über dem Horizont am Beobachtungsort und von der Jahreszeit. Auch ohne besondere Instrumente wahrnehmbare Nebenwirkungen: besondere Intensität mit zunehmender Höhe des Beobachtungsortes (Ultraviolettstrahlung im Gebirge, Sonnenbrand!). Eine erhebliche Beeinflussung der Strahlungsintensität entsteht beim Durchgang durch die irdische Atmosphäre. Rötliche Färbung der Sonne beim Auf- und Untergang. Dunst und Verschmutzung der Atmosphäre bewirken Nachlassen der Strahlungswirksamkeit.

Physik Die Sonne, von der diese Strahlung ausgeht, ist ein Fixstern (siehe Seite 16). Ohne Absorption ist das Licht der Sonnenstrahlung rein weiß. Es ist eine Mischung der Spektralfarben von Rot bis Violett und der Lichtwellenlängen von 800 bis 400 nm (Nanometer). Strahlungsschwerpunkt im Bereich des Gelbgrünen (550 nm). Die Sonnenstrahlung hat – neben dem sichtbaren Licht – eine langwellige Komponente im unsichtbaren Infrarot (etwa die Hälfte der Strahlungsenergie) und eine kurzwellige Komponente (Ultraviolett- und Röntgenstrahlung). Wesentliche Teile der kurzwelligen Sonnenstrahlung werden in oberen Schichten der Erdatmosphäre absorbiert (siehe Seite 15). Den Mittelwert für die an der Oberschicht der Atmosphäre einfallende Sonnenstrahlung gibt die Solarkonstante an:

$0{,}1368$ Watts cm^{-2}.

Wegen der elliptischen Gestalt der Erdbahn schwankt die Sonnenstrahlung um rund 3,5% um den Mittelwert.

Wettergeschehen Die Sonnenstrahlung liefert die gesamte für das Wettergeschehen in der Erdatmosphäre notwendige Energie. Es wird vermutet, daß die physikalisch-chemischen Prozesse auf der Sonne die Strahlungsintensität und damit das Wettergeschehen auf der Erde beeinflussen. Der mehr oder weniger schräge Einfall der Sonnenstrahlen auf die Erdoberfläche bedingt sowohl die verschiedenen Klimazonen der Erde als auch den Wechsel der Jahreszeiten. Die Sonnenstrahlung ist dort am stärksten, wo sie senkrecht oder fast senkrecht auftrifft: zweimal jährlich steht die Sonne zwischen den beiden Wendekreisen im Zenit. In den gemäßigten Breiten fällt die Sonnenstrahlung immer schräg ein: im Sommer steiler, im Winter flacher. In den Polargebieten geht die Sonne im Winter überhaupt nicht auf, im Sommer nicht unter. Im Polarsommer treffen die Strahlen aber auch nur sehr flach auf und sind damit von geringer Intensität.

Auch im Gebirge wird die Strahlungsintensität jahreszeitlich zusätzlich verändert: Berge schirmen im Winter die Sonneneinstrahlung in Täler ab (dadurch Verschärfung von Winterwetterlagen und Verlängerung des Winters).

Beeinflussung der Sonnenscheindauer durch das Wetter (Bewölkungsgrad). In subtropischen Trockengebieten (Ägypten, Arizona) beträgt die mittlere relative Sonnenscheindauer 80–90%. In Mitteleuropa liegt der Durchschnitt im Mai bis August bei 40–50% und im November bis Januar bei 10–20%.

Prognose Die Schwebeteilchen in der Luft (Wasserdampf und feste Körper) schwächen die Einstrahlung. Der Zustand der Eintrübung läßt Rückschlüsse auf den Ablauf des Wettergeschehens zu (siehe Seite 48). Für langfristige Wettervorhersagen hat man Beziehungen zur Sonnenfleckenstatistik hergestellt, die aber in der Wissenschaft nicht unumstritten sind.

Nordseekanal bei Ijlmuiden ▷

Sternenlicht

Beobachtung Nach Einbruch der Dunkelheit kommt nach und nach der Sternhimmel zur Geltung. Einzelne Fixsterne, Sternansammlungen (Milchstraße!), dazu fallweise der Erdmond (siehe Seite 28) und Planeten sind die wichtigsten Objekte, die der Beobachter auch ohne Fernrohr wahrnimmt. Der Grad der Sichtbarkeit des Sternhimmels ist einmal abhängig von der Dunkelheit (Dämmerung, siehe Seite 36), zum anderen vom Grad der Durchsicht durch die Erdatmosphäre. Bei völlig bewölktem Himmel sind keine Sterne zu sehen. Aber auch Dunst, Nebel und Luftunruhe mindern die Sicht auf die Sterne, wie jeder Beobachter selbst immer wieder feststellen kann. Besonders die Sichtbarkeit einiger heller Sternhaufen ist geeignet, zu prüfen, wie dunstig die Atmosphäre ist (mehr dazu im BLV-Himmelsführer »Sterne und Planeten«). Das unruhige Flackern heller Sterne (Szintillation) ist bei kräftigem Auftreten auch für den ungeübten Beobachter nicht zu übersehen.
Physik Örtliche Unterschiede der Dichte und Temperatur innerhalb der Atmosphäre verursachen das Zittern der Sternbildchen, das besonders beim Beobachten mit dem Fernrohr auffällt. Kommt nun noch eine starke Luftströmung dazu, wird die Erscheinung so intensiv, daß man sie auch mit bloßen Augen wahrnimmt. Die Stärke der Luftunruhe ist in der Regel in Horizontnähe größer als im Zenit. Auch eine Abhängigkeit von der Tageszeit ist festzustellen. So ist die Luftunruhe mittags am größten, am geringsten kurz vor Sonnenaufgang und kurz nach Sonnenuntergang. Das Licht der Sterne muß die Erdatmosphäre durchdringen. Damit unterliegt es auch den turbulenten Strömungen innerhalb der Atmosphäre. So erleidet das Sternenlicht kurzperiodische Richtungs- und Helligkeitsschwankungen, die das Zittern und Funkeln der Sterne bedingen. Neben der Luftunruhe (Szintillation) unterliegt das Sternenlicht noch einer Abschwächung oder totalen Absorption, da die Strahlung der Sterne nicht gleichmäßig durch die Atmosphäre durchdringen kann. Man spricht in diesem Fall von Extinktion. Schließlich erfährt das Sternenlicht noch eine Strahlenbrechung (Refraktion) innerhalb der Atmosphäre. Extinktion und Refraktion des Sternenlichts nehmen zum Horizont hin zu. Bei der Extinktion des Sternenlichts spielt der atmosphärische Dunst eine nicht unerhebliche Rolle, vor allem in städtischen Ballungsgebieten.
Wettergeschehen Es ist erwiesen, daß die Luftbewegungen bei einem von einem Tiefdruckgebiet beeinflußten Wettergeschehen größer sind als bei Hochdruckeinfluß. Es ist durchaus möglich, den Sternenhimmel während einer unter Tiefdruckeinfluß stehenden Wetterlage zu sehen. Kurzfristige Aufheiterungen kennzeichnen ja geradezu die Westwetterlagen in Europa. Die Szintillation wird während dieser Aufheiterungen immer besonders stark sein. Allerdings ist zu beachten, daß hohe Luftfeuchtigkeit beruhigend auf die Luftunruhe einwirkt. Das gilt z. B. bei Nebellagen (sofern der Sternenhimmel vom Boden aus noch zu erkennen ist). Die geringste Luftunruhe herrscht in ausgedehnten Hochdrucklagen. Bei der Ausbildung bzw. dem Abbau dieser Hochdrucklage jedoch ist teilweise mit kräftiger Luftunruhe zu rechnen.
Prognose Das Glitzern und Funkeln der Sterne am nächtlichen Himmel deutet auf turbulente Vorgänge in der Erdatmosphäre hin. Tritt diese Erscheinung nach einer einige Tage währenden Schönwetterperiode auf, weist sie auf eine Umschichtung der Luft hin, die zuerst in größeren Höhen einsetzt. Kommt zur Unruhe eine schlechte Durchsicht, die auf Dunst in der Atmosphäre schließen läßt, ist ein weiterer Anhaltspunkt für die Annahme gegeben, daß ein Wetterumschwung einsetzt. Häufig ist mit der Turbulenz in der Atmosphäre auch eine Zunahme der Windtätigkeit in Bodennähe verbunden. Ruhiges Sternenlicht und gute Durchsicht deuten auf eine stabile Wetterlage hin, die in der kälteren Jahreszeit zu Frostlagen führt (Ausstrahlung!).

Kleinbildaufnahme der Milchstraße ▷

Blauer Himmel

Beobachtung Immer wieder eindrucksvoll ist das folgende Erlebnis im Gebirge: An einem windstillen und wolkenlosen Tag erscheint das Blau des Himmels von kräftiger Intensität und absoluter Reinheit, im Winter meistens noch stärker als im Sommer. Kommen wir dann wieder ins Tal, so ist der blaue Himmel, obwohl noch schönes Wetter und Sonnenschein, schon viel blasser. Und in der Stadt hat man an schönen Tagen oft mehr den Eindruck eines fahlen Weißblau oder Graublau als jenes tiefblauen Farbtons. Aber auch auf Reisen stellt man Unterschiede in der Blautönung fest, z. B. in den Tropen. Überhaupt muß der südliche Himmel nicht stets so blau sein, wie er besungen wird. Um das festzustellen, genügt eine Fahrt ins Tessin oder nach Italien.
Physik Der blaue Himmel ist das Ergebnis des Zusammenwirkens von Sonnenlicht und Atmosphäre. Ohne Atmosphäre hätten wir einen dunklen Taghimmel und könnten neben der Sonne auch Sterne sehen. Die Sonnenstrahlen werden an den Molekülen der Luft und an den in der Atmosphäre befindlichen Staubpartikeln und Wassertropfen nach allen Richtungen hin zerstreut. Wie kommt es zum Farbton blau? Wenn unsere Augen von allen Farben des Spektrums getroffen werden, sehen wir weiß. In der Atmosphäre werden an den Molekülen, Partikeln und Tropfen bevorzugt die kurzwelligen, blauen Strahlen zerstreut. Es ist der blaue Anteil des Sonnenlichts, der in der Atmosphäre auf diese Weise viel stärker zur Geltung kommt als das rote, gelbe oder grüne Licht.
Auch für die wechselnde Kraft der Blautönung gibt es einen ebenso einfachen wie wichtigen Grund: die die Atmosphäre trübenden Elemente sind die Staubteilchen und die Wassertropfen. Je mehr sie in der Luft vorhanden sind, umso blasser wird das Blau. Der Himmel erscheint dann auch bei trockenem, schönem Wetter manchmal sogar mehr weiß und grau als blau. Umgekehrt verstärkt das Fehlen von Staubteilchen und Wassertropfen die Blaufärbung (Beispiel Hochgebirge!).
Wettergeschehen Nicht immer ist blauer Himmel mit einer Hochdrucklage (Schönwetter) gekoppelt. Vorübergehende Aufheiterungen (Zwischenhoch!) bringen oft ebenso tiefblauen Himmel wie Föhnwetter im Voralpenland. Bei diesen Wetterlagen ist die Fernsicht oft ausgezeichnet. Manchmal tritt auch vor dem Eintreffen einer Warmfront (siehe Seite 70) – nach vorangegangener Eintrübung – plötzlich ein kurzfristiges Aufreißen der Wolkendecke ein, und man ist verblüfft über die kräftige, fast »unwirkliche« Blaufärbung des Himmels. Das Wettergeschehen ist instabil und von der Tiefdrucklage beherrscht. Umgekehrt ist häufig während einer sommerlichen Hochdrucklage das Himmelsblau auffallend blaß – ein Zeichen für zunehmende Anreicherung der Luft mit Staub. Die Fernsicht ist gering, in Horizontnähe ist es ausgesprochen dunstig. Hierbei gibt es jahreszeitlich Unterschiede: das Himmelsblau während Hochdrucklagen in Frühjahr und Herbst ist in der Regel intensiver als während der Sommermonate. Obwohl Hochdruck herrscht, ist das Himmelsblau im Winter während einer Inversion (siehe Seite 64) von Staubteilchen geschwächt. Erst von höheren Beobachtungsorten aus nimmt die Intensität der Blaufärbung zu.
Prognose Der Grad der Blaufärbung des Himmels kann ein Indikator für das kommende Wettergeschehen sein. Für das Flachland gültig sind drei Faustregeln:

1. Extremes dunkles Blau, verbunden mit fast überscharfer Fernsicht, weist auf eine labile Wetterlage hin. Eine plötzliche Wetterverschlechterung mit Wind (Sturm) und Niederschlag ist nicht ausgeschlossen.
2. Mittleres bis leuchtendes helles Blau deutet auf Fortdauer einer Schönwetterlage.
3. Zunehmender Übergang von Blau nach Weiß oder Grau, verbunden mit Dunst, weist auf Wetterumschlag hin (Tiefdruck).

Blauer Himmel mit einzelnen Cirruswolken ▷

Farbige Dämmerungserscheinungen

Beobachtung Kurz nach Sonnenuntergang am Westhimmel und kurz vor Sonnenaufgang am Osthimmel beobachten wir farbige Dämmerungserscheinungen. Am bekanntesten sind die Morgen- und Abendröte. Bei klarem Wetter ein roter Schein, der je nach dem Vorhandensein von Dunst und Bewölkung Tönungen bis in Gelb und Grau annehmen kann. Oft kommen außergewöhnliche Rottönungen der Wolken vor. Der aufmerksame Beobachter wird am »Gegenhorizont« (am Abend im Osten und am Morgen im Westen) eine eigenartige blaßgrüne oder orangegelbe Färbung wahrnehmen können. Es ist die »Gegendämmerung«. In den Bergen beobachtet man an den nach Westen ausgerichteten Wänden in der Abenddämmerung einen eigenartig rötlichen Widerschein, das Alpenglühen. Farbige Dämmerungserscheinungen werden auch von Vulkanausbrüchen bewirkt. Es entstehen gewaltige Dunstwolken aus Schwefelsäuretröpfchen in der Stratosphäre.

Physik Durch Reflexion und Streuung der Sonnenstrahlen in höheren atmosphärischen Schichten entsteht nach Sonnenuntergang bzw. vor Sonnenaufgang die sogenannte Dämmerung:

Art der Dämmerung	Sonne unter dem Horizont	Dauer in + 50° geogr. Breite
Bürgerliche D.	6 Grad	30 bis 40 Minuten
Nautische D.	12 Grad	60 bis 80 Minuten
Astronomische D.	18 Grad	ca. 2 Stunden

Während bei der Bürgerlichen Dämmerung bei wolkenlosem Himmel das Licht noch so hell ist, daß man lesen kann (»Büchsenlicht«), ist bei Eintritt der Astronomischen Dämmerung keine Spur von gestreutem Sonnenlicht mehr am Beobachtungsort wahrnehmbar. Wegen der steilen Sonnenbahn ist die Dämmerung in den Tropen sehr kurz. Farbenreich und lange dauernd ist die Dämmerung in der Polarzone. In der geographischen Breite von +49 Grad beginnt die Zone der »Weißen Nächte« (Mitternachtsdämmerung), da hier die Sonne im Sommer nie tiefer als 18 Grad unter dem Horizont steht. Bei etwa 3–4 Grad Sonnentiefe treten bei wolkenlosem Himmel das sogenannte Hauptpurpurlicht (15–30 Minuten nach Sonnenuntergang bzw. vor Sonnenaufgang) und die Gegendämmerung am gegenüberliegenden Horizont auf. Bei etwa 8–10 Grad Sonnentiefe bildet sich das blasse Nachpurpurlicht. Die beiden Purpurlichter lösen an Wolken und Bergwänden die bekannten farbigen Dämmerungserscheinungen aus (z. B. Alpenglühen). Die verwaschene Grenze zwischen dem noch hellen und dem bereits dunklen Teil des Himmels ist der Dämmerungsbogen.

Wettergeschehen Rein und unverfälscht treten die farbigen Dämmerungserscheinungen bei wolkenlosem Himmel auf. Farbveränderungen, besonders ins Rosa-Gelbliche oder Gelbgraue, deuten auf eine Anreicherung der Atmosphäre mit Staubteilchen und auch Luftfeuchtigkeit. Farbige Dämmerungserscheinungen treten bei noch verhältnismäßig kräftiger Bewölkung auf. Tiefhängende Wolken bilden einen eindrucksvollen Kontrast. Sie erscheinen auf der ostwärts gerichteten Seite (abends) schwarz bzw. dunkel, während der Hintergrund ein oft grelles Farbengemisch von Rot, Gelb und Weiß bietet. Das ist z. B. der Fall bei den kurzfristigen Aufheiterungen nach dem Durchzug einer Wetterfront (siehe Seite 66) oder auch nach einem Gewitter.

Prognose Jede Verfärbung der Dämmerungserscheinungen ins Gelbe oder Weiße deutet auf eine beginnende Eintrübung hin. Befinden sich gar noch Wolken in den unteren Luftschichten, so ist mit einer Wetterverschlechterung zu rechnen. Das Abendrot, das schönes Wetter verspricht, ist nur dann ein zuverlässiger Anzeiger, wenn es am wolkenlosen Himmel erscheint und frei von Verfärbungen ist.

Abenddämmerung mit Altocumuli ▷
Dämmerungsfärbung dichter Cirruswolken

Halo-Erscheinungen

Beobachtung Streifen und Bogen in der Nähe der Sonne oder des Mondes, zum Teil mit Kreisbildung um diese Himmelskörper herum. Die Lichtringe mit Sonne oder Mond im Mittelpunkt haben in der Regel an der Innenseite eine matte rote Färbung und manchmal an der Außenseite einen violetten Farbsaum. Man kann auch senkrecht oberhalb und unterhalb von Sonne und Mond eine weiße Lichtsäule beobachten sowie horizontal links und rechts von Sonne oder Mond die sogenannten Nebensonnen (Nebenmonde), meist als Lichtflecke. Alle diese Erscheinungen treten nur bei schwacher, hoher Bewölkung auf. In manchen Fällen hat man sogar den Eindruck, daß eine Bewölkung nahezu fehlt.

Physik Das Wort Halo stammt aus dem Griechischen und heißt soviel wie Kreis oder Rundung. Die Halo-Erscheinungen sind atmosphärisch-optische Erscheinungen, die recht formenreich auftreten und die alle ihre Entstehung der Lichtbrechung und Lichtspiegelung an Eiskristallen in der Atmosphäre verdanken. Die Eiskristalle gehören zu den hohen Cirruswolken (siehe Seite 82). Diese Wolken sind meist sehr zart und der blaue Himmel scheint durch die Wolkenschleier hindurch. Das Eis kristallisiert hexagonal. So entstehen sechsseitige Prismen mit sechseckigen Querschnitten und glatten, rechtwinklig abgeschnittenen Grundflächen. Die Wege, die das Sonnenlicht durch das Eiskristall nehmen kann, führen zu den Ablenkungswinkeln von 22 und 46 Grad. Deshalb haben auch die Ringe um Sonne oder Mond immer die Halbmesser von 22 und 46 Grad (der »kleine« und der »große« Halo). Die Figurationen hängen von der Lage der Eiskristalle im Raum ab. Die wichtigsten Halos sind:

Bezeichnung	Dimension	Sichtbarkeit
Kleiner Ring	22 Grad Halbmesser	Häufig
Nebensonnen (Nebenmonde) zum Kleinen Ring	22 Grad links und rechts von Sonne oder Mond	Häufig. Treten auch ohne Kleinen Ring auf
Oberer und unterer Berührungsbogen zum Kleinen Ring	Genau über und unter Sonne oder Mond im Abstand von 22 Grad	Häufig, besonders der obere Berührungsbogen. Er ist auch oft recht farbenprächtig
Nebensonnenkreis (Horizontalkreis)	Umschließt als weißes, farbloses Spiegelband horizontal in Höhe der Sonne oder des Mondes den ganzen Himmel	Recht seltene Erscheinung. Mit ihm zusammen treten noch zwei Nebensonnen unter 120 Grad Abstand von der Sonne oder dem Mond auf
Lichtsäule	Senkrechter Lichtstreifen über und unter dem Ort der Sonne oder des Mondes	Häufig bei sehr tief stehender oder bei untergegangener bzw. noch nicht aufgegangener Sonne zu beobachten
Großer Ring	46 Grad Halbmesser	Nicht so häufig wie der Kleine Ring. Besonders farbenprächtig der obere Berührungsbogen
Zirkumzenitalkreis	Über Sonne oder Mond im Abstand von 46 Grad	Entspricht dem oberen Berührungsbogen des Großen Rings. Sehr selten zu sehen

Immer wieder werden »zusammengesetzte Halo-Erscheinungen« beobachtet, bei denen verschiedene der vorstehend genannten Phänomene gleichzeitig sichtbar sind.

Teil eines Halo-Rings

Wettergeschehen Halo-Erscheinungen sind an eine dünne, hoch gelegene Bewölkung gebunden. Es sind die Cirruswolken, reine Eiswolken, die es nur in den höheren Schichten der Troposphäre gibt. Der Grad der Bewölkung kann aber recht unterschiedlich sein: Halo-Erscheinungen treten genauso auf in einem hauchzarten Cirrenschleier während einer Hochdrucklage, wie in der Phase nach einer Schönwetterperiode, in der Cirrostratus aufzieht und als geschlossene Wolkendecke den ganzen Himmel bedeckt. Halo-Erscheinungen kann man zu jeder Jahreszeit beobachten.
Prognose Halo-Erscheinungen liefern keinen eindeutigen Beweis für eine Wetterverschlechterung. Die Cirruswolken sind keine Regenwolken und ein vorübergehender Cirrenschleier ist auch während einer Schönwetterlage möglich. Das Auftreten der Cirrenwolken gibt aber Aufschluß über Luftströmungen in der Troposphäre, insbesondere dann, wenn eine rasche Verdichtung eintritt und eine Cirrostratus-Bewölkung am Himmel erscheint. Dann ist ein Anzeichen für den Übergang in Altostratus (siehe Seite 78) gegeben und damit für den Durchzug eines Niederschlagsgebiets.

Höfe um Sonne und Mond

Beobachtung Wir beobachten um Sonne oder Mond eine kreisförmige weiße oder gelbe Fläche, die nach außen gelegentlich von einem braunvioletten Rand begrenzt ist. Eine Verwechslung mit Halo-Erscheinungen ist fast ausgeschlossen (siehe Seite 38). Im Gegensatz zum Halo also kein Lichtring, vielmehr eine »Lichtscheibe« von erheblich geringerem Durchmesser als der häufig zu beobachtende »Kleine Ring« bei Halo-Erscheinungen. Manchmal können Höfe, vor allem diejenigen um die Sonne, farbiger erscheinen und haben dann das allerdings nicht so ausgeprägte Farbenspiel des Regenbogens (siehe Seite 44), wobei die rote Farbe an der Außenseite erscheint. Dadurch bekommt die »Lichtscheibe« kreisförmige Streifenstruktur. Zum Unterschied zur Halo-Erscheinung um den Mond erscheinen die Farben zur Zeit des Vollmonds bei einem Hof deutlich sichtbar. Bei der Beobachtung eines Hofs um die Sonne ist es ratsam, nicht direkt in die Sonne zu schauen. Die Beobachtung ist für die Augen schonender, wenn man z. B. hinter ein Gebäude tritt und mit diesem die Sonne abdeckt. Übrigens gibt es auch Höfe um Planeten (Venus!) und helle Fixsterne (Sirius!).

Physik Nicht nur im Aussehen sind die Höfe anders als die Halo-Erscheinungen. Sie verdanken ihre Entstehung auch anderen physikalischen Begleitumständen. Während das Halo seine Entstehung der Brechung und Beugung von Sonnenlicht an Eiskristallen in mittleren und höheren Lagen der Troposphäre verdankt, entsteht der Hof durch die Beugung von Sonnen- oder Mondlicht an den Wassertropfen mittelhoher Schichtwolken (siehe Seite 82). Die Wassertropfen sind dabei die Hindernisse, die die sich ausbreitenden Lichtwellen, ausgehend von Sonne, Mond, Planet oder Fixstern, nicht durchlassen. Da wir es im Fall der Wassertropfen mit kleinen Teilen zu tun haben, spricht man auch von der Streuung des Lichtes.

Wettergeschehen Ausgehend von der Tatsache, daß es sich bei der Hofbildung um Beugungserscheinungen an Wassertropfen handelt, scheiden sehr hohe Wolken, die praktisch nur aus Eiskristallen bestehen (»Eiswolken«) zum Zeitpunkt der Entstehung aus. Das sind also Federwolken (siehe Seite 72), aber auch Cirrostratus- und Cirrocumuluswolken (siehe Seiten 82 und 74). Für die Hofbildung empfehlen sich vielmehr Altostratuswolken, dünne Schichtwolken bestehend aus Wassertropfen und Eiskristallen, und Altocumuluswolken. Letztere bestehen überwiegend aus Wassertropfen und sind sehr flache Haufenwolken. Treten Aufquellungen deutlich hervor, spricht man von »Schäfchenwolken«. Altocumuli treten aber auch fasrig und diffus auf und wirken dann eher als Schichtwolken. In ihnen treten die Beugungsfarben besonders schön auf (»irisierende Wolken«). Das Auftreten sowohl der Altostratus- wie auch der Altocumuluswolken ist in der Regel mit einem von einem Tiefdruckgebiet beeinflußten Wettergeschehen verbunden.

Prognose Ähnlich wie die Halo-Erscheinung, so sagt auch das Auftreten eines Hofs um Sonne, Mond oder ein anderes helles Gestirn etwas über die Feuchtigkeit in der Luft aus. Die Wetterveränderung ist im Vergleich zur Erwartung beim Auftreten einer Halo-Erscheinung noch rascher zur Stelle: das Auftreten des Hofs in einer mittelhohen Wolkenschicht weist darauf hin, daß die mit Feuchtigkeit übersättigte Luft bereits in tiefere Schichten abgesunken ist. Beim »idealen« Aufzug einer Warmfront ist kurzfristig mit Niederschlagstätigkeit zu rechnen. Im Winter ist es durchaus möglich, daß die Bildung eines Hofs noch bei verhältnismäßig beständigem Frostwetter auftritt. Trotzdem deutet die Erscheinung auf einen Wetterumschlag hin, der ein Ende der Kälte bringt, vielleicht auch gleich Tauwetter, unter Umständen aber zunächst recht ergiebigen Schneefall.

Hohe Schichtwolken erzeugen einen Hof um den Mond. ▷

Polarlichter (Nord- und Südlichter)

Beobachtung Es sind ohne Zweifel prachtvolle Phänomene, die der Beobachter auf der Nordhalbkugel der Erde am nördlichen Himmel garnicht so selten zu sehen bekommt: flammende Wellen von Licht rollen vom Horizont nach oben gegen den Zenit. Oder leuchtende Bögen über dem Horizont mit vielfältigen Einzelstrukturen (z. B. Strahlen nach allen Richtungen). Und das alles in roter Färbung, die in höheren geographischen Breiten von Grüngelb beherrscht wird. Dazwischen bläuliche und silberfarbene Schattierungen. Die Zone größter Nordlichthäufigkeit liegt in Europa etwa auf der Linie des »Nördlichen Polarkreises« (Island – Nordnorwegen – Lappland). »Während man im langjährigen Durchschnitt in der Zone größter Nordlichthäufigkeit mit mehr als 100 Nordlicht-Nächten im Jahr rechnen kann,« schreibt Werner Sandner im »Handbuch für Sternfreunde« zur Beobachtung dieser Erscheinungen, »beträgt deren Zahl in Schottland immerhin noch rund 30, in Norddeutschland 3, in Süddeutschland 1 pro Jahr, aber bereits in Süditalien nur noch ein Nordlicht in 10 Jahren.« Die Intensität ist sehr verschieden. Sie reicht von einer fahlen Aufhellung des nördlichen Himmels bis hin zur Helligkeit des Vollmondes. Man kann dann sogar groß Gedrucktes im Schein des Polarlichtes lesen!

Physik Die Polarlichter sind Leuchterscheinungen in der hohen Atmosphäre. Helligkeit, Farbe und Form sind von größter Vielfalt. Die Polarlichter sind in der Ionosphäre angesiedelt, das heißt in einer Höhe von 100 bis etwa 400 Kilometern. Obwohl Polarlichter bereits in einer Höhe von 70 Kilometern registriert werden, ebenso wie in 1000 Kilometer Höhe, treten sie am häufigsten in Höhen zwischen 100 und 150 Kilometern auf. Wissenschaftler haben festgestellt, daß das Auftreten von Nordlichterscheinungen an eine 11jährige Periode gebunden ist und Parallelen zur Fleckentätigkeit der Sonne zeigt. Man erklärt heute das Zustandekommen eines Nordlichts so: von der Sonne ausgehende Elektronen und Protonen treffen auf die Erdatmosphäre, dringen ein und regen den atmosphärischen Stickstoff und Sauerstoff so an, daß es zu Leuchterscheinungen kommt. Die solaren Teilchen werden bei ihrem Eindringen in die Atmosphäre wahrscheinlich noch beschleunigt. Sie kommen bereits mit Geschwindigkeiten zwischen 1000 bis 2000 Kilometern pro Sekunde auf die Erde zu, was ungefähr einer Reisezeit Sonne–Erde von 20 bis 40 Stunden entspricht. Das Magnetfeld der Erde bewirkt, daß diese Teilchen überwiegend an den oder nahe den magnetischen Polen der Erde tiefer in die Atmosphäre eindringen. Dabei treten Ionisationsvorgänge und elektrische Stromsysteme auf, die u. a. zu Störungen des Rundfunkempfangs im Kurzwellenbereich führen.

Wettergeschehen Man bezeichnet das Stockwerk der Atmosphäre, in dem die Polarlichterscheinungen auftreten, als Ionosphäre. Ihre Untergrenze liegt bei ungefähr 60 Kilometern Höhe, die Obergrenze dehnt sich bis 2000 Kilometer und erreicht die äußersten Schichten der irdischen Lufthülle. Bereits in 50 Kilometern Höhe beträgt der Luftdruck nur noch ein Tausendstel des Wertes an der Erdoberfläche, etwa ein Hektopascal (hPa). Die Verdünnung der Luft hat also bereits enorm stark zugenommen. Unmittelbare Ereignisse, die das Wettergeschehen kennzeichnen, spielen sich in diesem Raum nicht mehr ab. Das für den Alltag bedeutsame Wettergeschehen vollzieht sich in den untersten Luftschichten bis in die Höhe von maximal 15 Kilometern. Trotzdem wird von Wissenschaftlern die Auffassung vertreten, daß man den von der Sonne ausgehenden Zustrom von Teilchenstrahlung für das Wettergeschehen nicht ganz außer acht lassen soll. Beziehungen zur Bildung von ausgedehnten Tiefdruckgebieten, z. B. über dem nördlichen Pazifischen Ozean, können noch nicht exakt belegt, aber immerhin vermutet werden.

Ausgeprägte Farben kennzeichnen Polarlichter ▷

Regenbogen

Beobachtung Ein in den Spektralfarben leuchtender Bogen von rund 42 Grad Radius, wenn die hinter dem Beobachter stehende Sonne eine vor dem Beobachter befindliche Regenwolke (Regenwand) bescheint. Violett liegt innen, Rot außen. Häufig beobachtet man auch noch einen zweiten, sogenannten Nebenregenbogen, der eine geringere Intensität und einen Radius von 51 Grad hat. Beim Nebenregenbogen liegt Violett außen und Rot innen. Es werden gelegentlich bis zu sechs »sekundäre Bögen« beobachtet, die sich am inneren, violetten Rand des Hauptbogens anschließen. Nur von einem hohen Berg aus oder im Flugzeug kann man den Regenbogen als vollen Kreis ausmachen.
Auch bei Mondschein wird zuweilen der Regenbogen beobachtet. Er ist nicht farbig, sondern weiß und fahl mit gelegentlich blaßrotem Rand.
Physik Der Regenbogen ist eine optische Erscheinung in der Erdatmosphäre. Weder bei vollkommen klarem noch bei vollkommen bedecktem Himmel erscheint der Regenbogen. Voraussetzung für die Bildung eines Regenbogens ist ein örtliches Regengebiet, das von der Sonne beschienen wird. Anstelle des Regens erzeugt auch eine von der Sonne entsprechend beschienene Wasserfontäne (Wasserfall!) das Phänomen. Es entsteht als Folge von Brechung und Reflexion der Sonnenstrahlen in den einzelnen Wassertropfen. Beim Ein- und Austritt findet Brechung statt, die das weiße Sonnenlicht in die Spektralfarben zerlegt. Durch Reflexion werden die Strahlen in die Augen des Beobachters gelenkt. Da die einzelnen Tropfen nicht zu unterscheiden sind, erscheint der Regenbogen als kontinuierliches Band. Die einmalige Reflexion erzeugt den Hauptregenbogen, die zweimalige den Nebenregenbogen. Entscheidend für die Stärke der Farben und die Breite des Bogens ist die Größe der Wassertropfen. So gibt es bei Nieselregen (Wassertropfen 0,05 mm) nur noch einen sehr blassen, fast farblosen Regenbogen.
Wettergeschehen Je größer die Regentropfen, umso farbprächtiger der Regenbogen. So treten die schönsten Regenbögen in Zusammenhang mit kräftigen Regenschauern auf, die z. B. während eines Gewitters niedergehen. Auch die ergiebigen Niederschläge bei Westwetterlagen produzieren Regentropfen von genügend großen Durchmessern für die Bildung deutlicher Regenbögen. Die kurzfristigen Aufheiterungen sorgen dafür, daß immer wieder Sonnenlicht auf die Wolken mit starkem Regen fällt. Sehr häufig kommt es nur zur Bildung von Bruchstücken eines Regenbogens. Das hat seinen Grund, weil die Bewölkung aufreißt und der Regen ungleichmäßig ausfällt. Bei Schneefall kommt es nicht zur Bildung des Regenbogens. Der günstigste Sonnenstand für die Regenbogenbildung ist im Frühjahr und im Herbst. Je steiler die Sonne am Himmel hochsteigt, umso mehr wird der Regenbogen auf frühe Vormittags- und späte Nachmittagsstunden verdrängt.
Der nahezu weiße »Nebelbogen« entsteht bei Nebel oder sogenanntem Nebelnässen. Man kann ihn z. B. am Vormittag beobachten, wenn Sonneneinstrahlung zur Erwärmung des Bodens und damit Auflösung von Bodennebel führt.
Prognose Am Vormittag steht der Regenbogen im Westen, am Nachmittag im Osten. Die Beobachtung am Vormittag weist auf ankommende Regenschauer aus dem Westen hin. Eine Wetterbesserung ist kurzfristig kaum zu erwarten. Der am Nachmittag zu beobachtende Regenbogen weist auf Regenwolken im Osten, die in vielen Fällen abziehen (z. B. nach einem Gewitter). Auch bei einer Westwetterlage ist ein zumindest kurzfristiger Aufheiterungsabschnitt nicht ausgeschlossen, z. B. in Verbindung mit einem Zwischenhoch.

Einfacher Regenbogen

Doppelter Regenbogen

Blitz

Beobachtung Funkenentladung während eines Gewitters (siehe Seite 62). Oft bizarre Lichtspuren unterschiedlicher Ausdehnung. Blitze bilden einfache Linien, aber auch Verästelungen, teils nach oben, teils nach unten. Es gibt Blitze, die nur als Aufhellung der Wolkenfläche in Erscheinung treten. Der »Perlschnurblitz« vermittelt für einige Zehntelsekunden das Bild einer leuchtenden Perlenkette. Selten sind Kugelblitze, die als »Feuerkugeln« an der Erdoberfläche beobachtet werden. Häufig ergeben sich nach kräftigen Blitzentladungen besonders starke Niederschläge.

Physik Jeder Blitz ist eine elektrische Entladung, die ein sehr starkes elektrisches Feld notwendig macht, das sich in der Gewitterwolke bildet. Ein Spannungsunterschied kann sich in der Wolke, zwischen Wolken, zwischen Wolke und Erdoberfläche und zwischen Wolke und höheren Schichten der Atmosphäre aufbauen. Gewöhnlich geht dem Blitz eine schwächere Vorentladung voraus, auf die die Hauptentladung folgt, die aus mehreren Teilentladungen bestehen kann. Die Spannungsunterschiede erreichen einige 100 Millionen Volt. Man schätzt die im Durchschnitt bei einem Blitz umgesetzte Energie auf 100 Kilowattstunden. Der Ausgleich erfolgt in kürzester Zeit (im Mittel $\frac{1}{50}$ s). Dabei treten Stromstärken bis zu 200000 Ampere auf. Die häufigste Blitzform ist der Linienblitz. Der Flächenblitz ist ein nicht direkt sichtbarer Blitz, der die Wolken aufhellt. Jeder Blitz bewegt sich in einem Blitzkanal. Verlöscht dieser Kanal unregelmäßig, so entstehen Blitze, die das Aussehen von Perlschnüren haben. Der von »Geheimnissen« umwitterte Kugelblitz ist physikalisch nicht befriedigend erklärbar. Es wird von »elektrischen Staubwolken« gesprochen, auch vom langsamen Verbrennen eines Luft-Kohlenstoff-Gemischs. Oder einer im Blitzkanal aufgebauten leuchtenden, ionisierten Gasmasse. Die Zahl der einschlagenden Blitze ist im Vergleich zur Gesamtzahl der Blitze sehr gering. Sie wachsen sowohl von der Gewitterwolke zur Erde, als auch umgekehrt von der Erdoberfläche zur Wolke. Kommt es beim Blitzschlag zur Zündung, so handelt es sich um einen Blitz mit niedriger Stromstärke, aber lang andauerndem Strom. Sehr kurze Blitze sind kalte Schläge, obwohl sie für Augenblicke Temperaturen von einigen 10000 °C haben. Aber die Zeit ist zu kurz, um zu zünden.

Wettergeschehen Der Blitz tritt sowohl bei Wärme- wie bei Frontgewittern auf. Bei einem weit entfernten Gewitter hört man den Donner nicht mehr. Die zu beobachtenden Blitze erscheinen als Wetterleuchten am Horizont. Die Erfahrung, daß nach einem Blitz Regen oder gar Hagel besonders stark niedergeht, hat ihren Ursprung in der Physik des Blitzes. Gerade die großen Eis- oder Regenpartikel werden nach der Entladung nicht mehr durch das Feld nach oben gezogen, sondern fallen rasch nach unten. Bei großer Erwärmung kann es zu einem »trockenen Gewitter« kommen: der Regen wird im Fallen durch wärmere Luftmassen verdunstet und erreicht den Erdboden nicht. Wo wird der Blitz einschlagen? Eine Rolle spielt die Leitfähigkeit der Erdoberfläche. Feuchte Böden sind gefährdeter als trockene. Gefährdet sind Bäume und hochgelegene Gebäude. In dem Metallaufbau eines Autos ist man relativ sicher. Das gilt auch für eiserne Schiffe. Sportboote aus Holz sichert man mit Hilfe eines Massebands, das von den Wanten bis zum Wasserspiegel reicht.

Prognose Kräftige Blitzentladungen lassen ergiebige Niederschläge während des Gewitters erwarten. Wetterleuchten am westlichen und südwestlichen Himmel deutet auf eine ankommende Gewitterfront hin. Wetterleuchten am östlichen und nordöstlichen Himmel läßt ein Gewitter am Beobachtungsort seltener erwarten. Wetterleuchten während einer hochsommerlichen Hochdrucklage läßt auf örtliche Wärmegewitter schließen. Eine durchgreifende Wetterverschlechterung ist nicht zu befürchten.

Dunst

Beobachtung Bei schönem Wetter, besonders während einer länger andauernden Schönwetterperiode, beobachten wir in Richtung auf den Horizont eine schmutziggelbe bis manchmal sogar rötliche Schicht, die bei dunklem Hintergrund Blautöne annimmt. Auch höher am Himmel läßt das Himmelsblau (siehe Seite 34) nach und der Himmel wirkt wie mit einem grauweißen Schleier überzogen. Sowohl die Verfärbung am Horizont als auch der Schleier am Himmel vermitteln den Eindruck einer Trübung. Sehr eindrucksvoll kann diese Trübung im Winter bei hohem Luftdruck und Inversion (siehe Seite 64) werden. Diese Trübung setzt die Fernsicht mehr oder minder stark herab. Der Dunst, so wird diese Trübung genannt, tritt stark in städtischen und industriellen Ballungsgebieten auf und verhindert, bei sonst wolkenlosem Wetter, eine klare Sonneneinstrahlung. Mit zunehmender Dichte der Dunstschicht beobachten wir nicht nur eine weitere Herabsetzung der Sichtweite. Es überwiegen auch die Grautöne und man hat das Gefühl, daß bald Nebel (siehe Seite 78) herrscht. Tatsächlich tritt Dunst oft als Vorläufer von Nebel mit nachfolgendem Niederschlag auf.
Physik Es wird unterschieden zwischen dem »trockenen Dunst« und dem »feuchten Dunst«. Trockener Dunst besteht aus einer Mischung von Staub, Rauch, Sand und Schmutzteilchen, die von der Erdoberfläche in untere Schichten der Atmosphäre gewirbelt werden. Die Trübung als Folge von trockenem Dunst kann auch ausgelöst werden durch bestimmte landschaftstypische Vorgänge (z. B. Sandstürme in der Wüste) oder durch Ereignisse, die mit der Zivilisation, der Technik und dem Wirtschaftsleben zusammenhängen: Waldbrände, Rauchgase der Industrie, Abgase des Verkehrs. Meistens mischen sich natürlich und künstlich erzeugte Staubteilchen und bilden Dunst. Für die Wetterkunde ist wichtig, daß diese Schwebeteilchen in der Luft sogenannte Kondensationskerne für den Niederschlag abgeben. Sind die Voraussetzungen gegeben, lagert sich Wasserdampf der Luft an die Schwebeteilchen an und es kann zu Niederschlägen kommen. Eine Trübung der Luft und der Sicht können aber auch Wassertropfen hervorrufen, wenn sie von winziger Größe in entsprechender Dichte in der Atmosphäre auftreten. Man spricht dann vom feuchten Dunst, der sich schnell zu Nebel auswachsen kann. In der Regel genügt eine geringfügige Abkühlung, um die Dunsttropfen weiter wachsen zu lassen. Solange die Sichtweite einen Kilometer und mehr beträgt, spricht man von Dunst; unter 1000 Meter beginnt Nebel.
Wettergeschehen Der trockene Dunst, der meistens schon mit etwas Wasserdampf angereichert ist, bildet sich häufig während Schönwetterlagen. Relativ geringe Windbewegung begünstigt die Anlagerung von Staubteilchen verschiedenster Herkunft in den untersten Schichten der Luft. Man spricht deshalb auch vom »Schönwetterdunst«. Etwas anderes ist es, wenn sich im Gefolge einer Tiefdrucklage wasserdampfreiche Warmluft abkühlt und dabei zunächst einmal einen noch durchsichtigen Schleier von Dunst bildet. Damit ist ein Anfang gemacht für die nachfolgende Nebel- oder Wolkenbildung.
Prognose Die Art des Dunstes und der Grad der Dunstbildung sind für die Beurteilung kommenden Wetters aufschlußreich. Solange die Luftfeuchtigkeit gering ist und damit der Dunst relativ trocken, bedeutet auch eine stärkere Dunsttrübung keinen Abbau einer herrschenden Hochdrucklage. Besondere Aufmerksamkeit ist der Eintrübung bei Einfließen warmfeuchter Meeresluft zu schenken. Gerade das allmähliche Dunstigwerden und die Zunahme des Grauschleiers, womöglich in Verbindung mit Anzeichen für die Bildung von Schichtwolken (siehe Seite 82) weist auf einen Wetterumschwung hin, der in der Regel Niederschläge erwarten läßt. Bei der Beurteilung der Art des Dunstes spielen die Dämmerungsfarben eine Rolle (siehe Seite 36).

Typische Dunstbildung im Gebirge mit herabgesetzter Fernsicht ▷
Dunst über dem Meer. Am Himmel Haufenwolken (Cumuli)

Föhn

Beobachtung Plötzliches Auftreten von oft sturmartigen Winden von den Höhen der Alpen her in die nordseitigen Alpentäler und in das Alpenvorland hinein. Damit verbunden ein auffälliger Temperaturanstieg zwischen 10 und 20 °C, extrem klare, durchsichtige Luft und am blauen Himmel eigenartig linsenförmige Wolkenbildungen. Besonders wirksam im Winter: sozusagen über Nacht herrscht Frühlingswetter und der Schnee schmilzt. Der Föhnwind in den Tälern und im Vorland ist trocken und warm.

Ähnliche Beobachtungen kann man nicht nur auf der Alpennordseite und in Süddeutschland machen. Auch auf der Alpensüdseite tritt in Gestalt eines stürmischen Nordwinds ein dem Föhn vergleichbarer Fallwind auf. Auf Grönland und Spitzbergen gibt es Fallwinde und in Japan. Östlich der Rocky Mountains weht der Fallwind als stürmischer Westwind, ebenso östlich der Cordilleren in Südamerika.

Physik Voraussetzung für die Ausbildung des Föhns und anderer Fallwinde ist das Vorhandensein eines hohen Gebirges. Das Gebirge, im Fall des Föhns die Alpen, zwingt die anströmende Luft zum Aufsteigen bis zur Kammhöhe. Von dieser Höhe sinkt sie wieder talwärts ab. Beim Aufsteigen gelangt die Luft unter niedrigeren Luftdruck und kühlt ab (»adiabatische Abkühlung«), im Durchschnitt um 1 °C je 100 Meter (ohne Wolkenbildung). In der angehobenen Luft ist aber noch der Wasserdampf. Mit der Abkühlung muß ein Teil dieses Wasserdampfs verschwinden: es kommt zur Wolkenbildung und zu Niederschlägen (Regen, Schnee). Dabei wird Wärme frei und erwärmt die Luft. Die adiabatische Abkühlung wird so »gebremst«, im Mittel auf 0,5 °C je 100 Meter. Nach Übersteigen der Kammhöhe lösen sich die Wolken rasch auf, da die wärmere Luft mehr gasförmigen Wasserdampf aufnimmt. Die Luft strömt talabwärts und erwärmt sich dabei adiabatisch im vollen Umfang, also um 1° C pro 100 m. Bei einer Gebirgshöhe von 3000 m sieht die Rechnung so aus:

adiabatische Abkühlung 1°/100 m bis 1500 m	=	15° C
ab 1500 m Wolkenbildung und Abkühlung 0,5°/100 m	=	7,5° C
adiabatische Erwärmung talwärts	=	30° C
Wärmeüberschuß	=	7,5° C

Die Herkunft der Luft spielt bei diesem Prozeß keine Rolle. Der Föhn ist also kein »warmer Südwind«, sondern bezieht seine Erwärmung aus dem erläuterten Prozeß.

Wettergeschehen Beobachtungen in den Alpen zeigen, daß bei Föhn am Alpenkamm windiges und niederschlagsreiches Wetter herrscht. Auch auf der Anströmseite der Luft (im Fall des Föhns die Alpensüdseite) ist das Wetter kühl und regnerisch. Vom nördlichen Vorland der Alpen her gesehen steht über dem Alpenkamm die »Föhnmauer«, die Spitze des Wolkenstaus an der Alpensüdseite. Starker Föhn kann einige Tage dauern. Den Abbau der Föhnlage in Süddeutschland leitet in der Regel die Kaltluftfront eines Tiefdruckgebiets ein. Dabei wird kühle Luft an der Alpennordseite gestaut.

Typisch für die Föhnlage sind Wolkenstreifen, die sich parallel zum Gebirge erstrecken. Ihr Aussehen hat ihnen den Namen Linsenwolken (lat. lenticularis) gegeben. Am tiefblauen Himmel sind sie eindrucksvolle Objekte. Sie werden auch »Moaza-Gotls Wetterwolken« genannt, nach dem schlesischen Schäfer Gottlieb Matz, der sie am Nordosthang des Riesengebirges beobachtete und für Wettervorhersagen benützte. Ein Beispiel, daß auch an den Mittelgebirgen föhnige Wetterlagen auftreten, gemildert freilich entsprechend der geringeren Höhe der Berge.

Föhneinwirkung führt zur Bildung von wogenförmigen Verformungen der Altocumuli

Prognose Föhn zeigt keine beständige Wetterlage an. Bei den häufigen Westwetterlagen löst der Luftdruckfall den »Föhn-Mechanismus« aus, der das Tief für einige Tage von Süddeutschland fern hält. In der Regel setzt sich dann aber die Kaltluft des Tiefs durch. Begünstigt wird das durch die Anreicherung der ursprünglich trockenen Föhnluft mit Feuchtigkeit (Wasserdampf). Lediglich bei ausgeprägten Südwetterlagen mit stationärem Hoch über Osteuropa und Tief über dem Atlantik herrscht in Mitteleuropa Schönwetter, das noch verstärkt wird, weil die Warmluft aus dem Mittelmeerraum über die Alpen transportiert wird und dabei den »Föhn-Mechanismus« verstärkt.

Höhenströmung

Beobachtung Am blauen, sonst wolkenlosen Himmel entdeckt der aufmerksame Beobachter dann und wann zarte, federartige Wölkchen. Es handelt sich hierbei um Cirruswolken, auch Federwolken (siehe Seite 72) genannt. Oft stehen diese weißen »Federn« scheinbar bewegungslos am Himmel und lassen kaum eine Veränderung ihrer feinen Struktur erkennen. Manchmal aber sehen sie auch aus, als ob sie kräftig vom Wind gezaust werden würden. Die Cirruswolken schauen aus wie vom Winde verweht. Oder sie bekommen ein eigenartiges gestreiftes Aussehen und an einem Ende hakenförmige Ablenkungen. Auch der unbefangene Beobachter hat den Eindruck, daß hier eine Bewegung stattfindet, daß eine Luftströmung am Werk ist. Eine andere, ähnliche Beobachtung kann man bei einem Cirrostratusaufzug (siehe Seite 82) machen, der gewöhnlich mit der Ankunft einer Warmfront (siehe Seite 189) in Verbindung steht. Der Cirrostratusaufzug läßt die Sonne bereits milchig am Himmel erscheinen. Gelegentlich sind nun diese schleierartigen Schichtwolken bandartig in die Länge gezogen. Teilweise zeigen diese Bänder wirbelartige Struktur. Auch hier hat es allen Anschein, als ob eine kräftige Luftströmung diese hohen Schichtwolken in Bewegung hält.

Physik Das Wettergeschehen wird nicht nur von den bodennahen Luftmassen gestaltet. Auch in 5 und 10 Kilometer Höhe prallen Kaltluft und Warmluft aufeinander. Hier sind jedoch die Temperatur- und Luftdruckunterschiede erheblich ausgeprägter als in den bodennahen Luftschichten. Folglich kommt es zu höchst kraftvollen Luftströmungen mit erstaunlich hohen Windgeschwindigkeiten. Man hat oberhalb 5 Kilometer Höhe Windgeschwindigkeiten von 300 und 400 Stundenkilometer gemessen. Das wurde besonders von dem Augenblick an bedeutsam, als die Luftfahrt daran ging, diese Höhen zu nutzen. Die Luftströmungen in den oberen Schichten der Troposphäre (»Strahlströme«, »Jet-Streams«) sind so stark, daß sogar in den Flugplänen darauf Rücksicht genommen werden muß. Bei Flügen zwischen Europa und Nordamerika bestehen zwischen Hin- und Rückflug Zeitunterschiede von rund einer Stunde, die durch diese Strahlströme bedingt sind. Die Höhenströmung ist der Motor für einen Luftkreislauf zwischen bodennaher Luft und der Luft in den höheren Schichten der Troposphäre. Aus Tiefdruckgebieten aufwärts strömende Luft gelangt in die Höhenströmung, von der Luft wiederum mit der im Hochdruckgebiet abwärts strömenden Luft in Bodennähe gelangt.

Wettergeschehen Die für Europa wichtige Höhenwindstraße führt Luft von West nach Ost etwa über der Linie Irland – England – Norddeutschland – Polen. Man hat festgestellt, daß Tiefdruckgebiete über weite Strecken mit der Höhenströmung ziehen. Dabei ist zu berücksichtigen, daß die Höhenströmung nicht streng der »Windstraße« folgt. Plötzliche Richtungsänderungen treten immer wieder auf, was sich natürlich auch auf die Zugrichtung der Tiefdruckgebiete auswirkt. Für das Wettergeschehen bedeutsam ist ferner die von der Höhenströmung ausgehende Sogwirkung. Besonders kräftige Tiefdruckwirbel sind die Folge, entsprechend Wetterlagen mit intensiver Wind- und Niederschlagstätigkeit.

Prognose In der Bewegung und Formveränderung der Federwolken und hohen Schichtwolken macht sich die Höhenströmung bemerkbar. Diese hohen Wolken markieren insbesondere beim Herannahen eines Tiefdruckgebiets die Zugrichtung der wetterbestimmenden Höhenwinde. Während also die Federwolken von West nach Ost driften, beobachtet man bei den tieferliegenden Wolken eine noch gegensätzliche Zugrichtung. Dabei ist genau auf die zu beobachtenden Zugrichtungen zu achten: in der Regel kommt es am Beobachtungsort zu einer Schlechtwetterlage nur, wenn die

Die Bewegung zarter Federwolken markiert die Höhenströmung.

Federwolken die Zugrichtung mittelhoher oder tiefer Schicht- und Haufenwolken von links nach rechts schneiden. Der Beobachter steht dabei mit dem Rücken zum Bodenwind. Kommt der Beobachter zur Feststellung, daß die Cirren die Zugrichtung der tieferen Wolken, die identisch mit dem Bodenwind ist, von rechts nach links kreuzen, deutet das auf ein abziehendes Tiefdruckgebiet hin. Die dritte Möglichkeit: eine Wetterveränderung steht nicht ins Haus, wenn Boden- und Höhenströmung gleichgerichtet miteinander oder gegeneinander ziehen.

Land- und Seewind (Berg- und Talwind)

Beobachtung Wer Urlaub am Meer macht, beobachtet an sonnigen Tagen nach Mittag das Aufkommen eines angenehm abkühlenden Windes, der von der See herein aufs Land weht. Die kühlere Seeluft schiebt sich unter die wärmere Landluft. Die Warmluft steigt nach oben und es bilden sich kleine Haufenwolken (»Schönwetter-Cumuli«), die rasch wieder vergehen. Auch im Gebirge kann man Ähnliches beobachten: vom Tal streicht bei schönem Wetter am späteren Vormittag und vor allem nachmittags der sogenannte Talwind bergwärts. Man spricht auch vom »Hangaufwind«. Hierbei können sich ebenfalls lockere Haufenwolken entwickeln, die sich im Laufe des Tages wieder auflösen.

Zurück zum Meer. Der Seewind flaut in den Abendstunden allmählich ab. Im Laufe der Nacht aber kommt abermals ein Wind auf, dieses Mal jedoch vom Land hinaus auf das Meer streichend. Wer vor Sonnenaufgang aufsteht, kann diesen Landwind ganz kräftig verspüren. Im Gebirge beobachten wir ebenfalls ein Abflauen des Talwindes am späten Nachmittag. Doch schon am frühen Abend spürt man einen kühlen Wind von den Bergen ins Tal, den Berg- oder Hangabwind. Eine weitere Windströmung entwickelt sich in Bodennähe des Tals. In der zweiten Nachthälfte bis in die späteren Morgenstunden bläst ein mitunter steifer Wind talauswärts.

Physik Meer und Festland erwärmen sich ungleich und kühlen auch wieder ungleich ab. Mit dem Land- und Seewind bzw. dem Berg- und Talwind beobachten wir grundsätzliche Erscheinungen, die für das Wettergeschehen wichtig sind. Mit dem Hohersteigen der Sonne erwärmt sich das Festland stärker, als das draußen auf dem Meer der Fall ist. Die Erwärmung der unteren Luftschichten über Land führt zu einem Luftdruckfall. Es entsteht ein Druckgefälle vom Meer zum Festland hin – und der Seewind tritt in Aktion. Im Gebirge entsteht ein Druckgefälle dadurch, daß sich der Talboden im Sonnenschein stärker erwärmt als die Bergoberseite. Die über dem Talboden erwärmte Luft strömt aufwärts.

Nachts hingegen kühlt das Festland stärker ab als das Meer. Über dem Meer bildet sich eine Zone tiefen Luftdrucks – der Landwind weht von der Küste hinaus auf die See. Im Gebirge wird es mit untergehender Sonne kühler, kühle Luft sinkt nach unten ins Tal – der Bergwind weht. Während der Nacht kühlt sich die Luft des Talbodens weiter ab und es entsteht ein neues Druckgefälle hin zum Talausgang. Das Vorgebirgsland liegt tiefer und ist wärmer. Dieses Druckgefälle löst in der Zeit nach Mitternacht den zweiten Abwind, den Talabwind aus.

Diese Windtätigkeit bei schönem Wetter an der Küste und im Gebirge ruht dann, wenn die Temperaturgegensätze zwischen Meer und Festland, zwischen Tal und Berg einigermaßen ausgeglichen sind. Das ist in der Regel in den Stunden nach Sonnenaufgang und in den Stunden nach Sonnenuntergang der Fall.

Wettergeschehen Land- und Seewind, Berg- und Talwind sind örtlich gebundene Luftströmungen. Sie treten unverfälscht nur an klaren Sommertagen auf, wenn keinerlei Störungen durch die Großwetterlage zu erwarten sind. Sie sind um so ausgeprägter, je größer die Unterschiede zwischen den Temperaturen bei Tag und bei Nacht sind. Also ist der Mechanismus dieses Windsystems in niederen Breiten wirksamer als in hohen, in den Alpen spürbarer als im Mittelgebirge. Die örtlich sehr unterschiedlichen Begleitumstände spielen eine große Rolle. Neben diesen tageszeitlich orientierten Windsystemen gibt es jahreszeitliche, die dem gleichen Prinzip unterliegen. Dazu gehören die Monsune, z. B. über Indien, die im Sommer (Festland heiß/Meer kühler) und im Winter (Festland abgekühlt/Meer wärmer) wehen. Monsunartige Wetterlagen gibt es auch in Europa: Nordwetterlagen im Frühjahr und Frühsommer als Folge der

Thermik-Haufenbewölkung am Alpennordrand

zunehmenden Erwärmung des Kontinents, es weht kühle feuchte Meeresluft aus Nordwest. Südwetterlagen im Spätsommer und Herbst als Folge der beginnenden Abkühlung des Kontinents, es weht trockene Luft aus Südost.

Prognose Reine tageszeitliche Land- und Seewinde sind »Schönwetter-Winde«. Das bestätigt die sich rasch wieder auflösende Haufenbewölkung.

Wind

Beobachtung Wir können eine Vielzahl von Luftströmungen beobachten. Im Gebirge z. B. am Tag den bergwärts wehenden Talwind. Vergleichbar damit ist der Seewind am Meer, der tagsüber vom Meer zum Strand hin weht. Dann ist da der böige, stürmische Wind, der ein Gewitter oder einen Kaltlufteinbruch einleitet. Oder der Fallwind, dessen bekanntester Vertreter der Föhn (siehe Seite 50) ist. Im Sturmtief entwickeln sich Winde von Sturm- und Orkanstärke mit gewaltigen zerstörenden Kräften. Besonders auf offenem Meer entfaltet sich der Wind unbehindert und mit seiner vollen Energie. Es gibt periodische Winde, die jahreszeitlich gebunden sind, z. B. die Monsune über Indien im Sommer und im Winter (siehe Seite 181). Ein anderes großräumiges Windsystem stellen die Passat-Winde dar, die in den Tropen, ungestört, vor allem auf dem Meer, auftreten und sehr gleichmäßig wehen.
Physik Die Erklärung, daß der Wind vom Ort hohen Luftdrucks zum Ort niedrigen Luftdrucks weht und die bestehenden Druckunterschiede ausgleicht, trifft in reinster Form nur für lokal begrenzte Luftströmungen zu. Auch weht der Wind nicht nur horizontal. Es gibt beachtliche vertikale Luftströmungen, z. B. die Aufwinde während eines Gewitters. Neben Temperaturunterschieden von Luftmassen, die wiederum die Luftdruckunterschiede auslösen, wirken noch andere Kräfte mit, die die Luftströmungen ablenken:
1. die Erdrotation
2. Reibungskräfte, die an der Erdoberfläche entstehen.
Die Mechanik der Land- und Seewinde beruht auf den Temperatur- und Druckunterschieden, die einen täglichen Gang erkennen lassen. Bei den großräumigen Luftströmungen macht sich die »Coriolisbeschleunigung« bemerkbar: die Ablenkung von Windströmungen auf der sich drehenden Erde. Ein solches großräumiges Windsystem sind die Passate nördlich und südlich des Äquators. Neben der Erdrotation spielen hier die unterschiedliche Energieversorgung der Luftmassen und das Verhältnis der Verteilung von Meer und Festland auf der Erdoberfläche eine Rolle. Die Windstärke wird in Metern pro Sekunde oder Knoten (= Seemeilen pro Stunde) gemessen. Weit verbreitet ist noch die Angabe in Graden der Beaufort-Skala (siehe Seite 144).
Wettergeschehen Abgesehen von den örtlichen Wärmegewittern bringen Westwetterlagen und Nordwetterlagen mit Kaltlufteinbrüchen die lebhaftesten Winde. Die Windgeschwindigkeit nimmt mit der Höhe zu. Je kräftiger der Wind weht, um so böiger (stoßartiger) ist er unterwegs. Das machen Bodenbeschaffenheit und Temperaturschichtungen in der Höhe aus. Die stärksten Böen treten mit Kaltlufteinbrüchen auf. Auf großen Wasserflächen (Meer) weht der Wind in der Regel gleichmäßiger, da die unregelmäßige Bodenbeschaffenheit des Festlands fehlt.
Prognose Der niederländische Meteorologe Buys-Ballot fand folgende Regel: »Stelle ich mich in die Windrichtung derart, daß ich den Wind im Rücken habe, so liegt links von mir ein Gebiet tieferen Luftdrucks und vorwiegend schlechten Wetters, rechts hinter mir ein solches höheren Luftdrucks und besseren Wetters.« Westliche und nördliche Winde bringen Feuchtigkeit und Kälte, östliche und südliche Trockenheit und Wärme. Plötzliche Drehung des Windes deutet auf Wetterumschlag. Ziehen die Wolken in verschiedenen Höhen gegeneinander, weist das auf verschiedene Winde in den einzelnen Höhen hin. In der Regel bestimmt der obere Wind (Höhenwind) die Wetterentwicklung. Auffrischender Wind am Abend, vor allem aus Südwest oder Nordwest, läßt unbeständiges, zu Niederschlägen neigendes Wetter erwarten. Im Winter kündigt sich damit nach einer Frostperiode Tauwetter an.

Beginn einer Wasserhose (Trombe), ausgehend von großen Haufenwolken ▷
Staubtreiben vor Westafrika (»Harmattan«)

Seegang

Beobachtung Mit den haushohen Wellen ist das so ähnlich wie mit dem Nebel, der so dicht ist, daß man die Hand nicht vor dem Gesicht sieht. Es ist Übertreibung mit im Spiel. Trotzdem: bereits auf einem Binnengewässer kann man z. B. während eines Gewitters kräftige Wellenbewegungen beobachten. Meterhohe Wellen treten erst auf dem Meer auf. Hier beobachten wir die erstaunliche Tatsache, daß mit zunehmender Windstärke die Wellen immer länger – und damit flacher werden. Vor allem dann, wenn keine Küste die Wellenbewegung stört. So kommen die längsten Wellen auf der Südhemisphäre der Erde im Pazifischen Ozean zwischen Feuerland und Neuseeland sowie im Südatlantik vor. Die Wellen erreichen Längen um 800 Meter und sind dabei doch nicht höher als 20 Meter. Wer mit dem Schiff öfters auf dem Meer unterwegs ist, kennt die besonders turbulenten Wellenbewegungen in den sogenannten »Kreuzseen«. Auch ohne Wind beobachten wir auf dem Meer Wellenbewegungen, die von entfernten Windzentren ausgelöst werden. Je flacher das Wasser wird, um so näher rücken die Wellenkämme zusammen: wir beobachten kurze, steile Wellen, deren Kämme vor der Küste brechen. Dabei können sehr hohe Brandungswellen entstehen.
Physik Alles, was hier zur Beobachtung angegeben worden ist, zählt unter den Sammelbegriff Seegang. Sein auslösendes Moment ist der Wind. Gebildet wird der Seegang von Meereswellen. Derjenige Seegang, der unmittelbar vom erregenden Wind aufgeworfen wird, heißt »Windsee«. Dort, wo sich Seegang mittelbar als Folge von Luftströmungen anderenorts bildet, spricht man von der »Dünung«. Der Seegang setzt sich aus einer Vielzahl von Meereswellen zusammen, die nach Höhe, Wellenlänge und Periode sowie Fortpflanzungsrichtungen verschiedenartig sind. Zeit (»Wirkdauer«) und Strecke (»Wirklänge«) der Windeinwirkung bestimmen die Windsee.

Seegang bei verschiedenen Windstärken

	Windstärke 2 »Leichte Brise«	Windstärke 6 »Starker Wind«	Windstärke 10 »Schwerer Sturm«
Wirklänge	0,56 Seemeilen	140 Seemeilen	1570 Seemeilen
Wirkdauer	0,7 Stunden	15 Stunden	73 Stunden
Wellenperiode	1,4 Sekunden	7 Sekunden	14,7 Sekunden
Wellenlänge	2 Meter	51 Meter	225 Meter
Wellenhöhe	0,05 Meter	2,5 Meter	15,8 Meter

Ist die Wassertiefe geringer als die halbe Wellenlänge (in Küstennähe!), gehen die Meereswellen des Seegangs in Brandung über. Die Seegang auslösenden Meereswellen werden nicht nur von den Druck- und Schubkräften der Luftströmungen verursacht. Auch Luftdruckunterschiede und die gezeitenerzeugenden Kräfte kommen in Frage. Ebenso Seebeben und Bewegungen, die von Eisbergen ausgehen.
Wettergeschehen Die Stärke des Seegangs ist an Wetterlagen gebunden, die von Luftströmungen begleitet sind. Für Binnengewässer kommen hier hauptsächlich Gewitterlagen in Frage. Aber auch Wetterlagen mit Fallwinden (Föhn!) oder Kaltlufteinbrüchen (Nordwetterlagen!). Die mit Westwetterlagen auftretenden lebhaften Winde werden weit ins Binnenland hineingetragen. An den Küsten herrscht dann steifer Wind, der auf offener See stürmisch oder gar orkanartig ist (siehe Seite 114).
Prognose Seegang für sich ist kein Element der Wettervorhersage. Doch sind z. B. aufkommende kleine Kräuselwellen an einem hochsommerlichen Tag am Meeresstrand, Anzeichen und Begleiterscheinung des Seewinds (siehe Seite 54), Kennzeichen einer Schönwetterlage. Rasch auftretender starker Seegang mit weißen Schaumköpfen weist auf böige Winde hin. Der Seegang liefert Anhaltspunkte für die Windstärke.

Fischdampfer in Dünung bei schwachem Wind ▷
Windsee bei Sturm

Hochdruckgebiet

Beobachtung Viel blauer Himmel, vereinzelt Haufenwolken, die sich schnell wieder auflösen, keine oder nur leichte Windbewegung – die typische Schönwetterlage im Sommer. Bei mehrtägiger Dauer zunehmende Erwärmung (»Hitzewelle«). Im Winter ist bei einer solchen Wetterlage meist mit großem Frost zu rechnen. An Stelle des blauen Himmels kann allerdings auch eine Hochnebelbank oder Schichtbewölkung treten. Wir beobachten das besonders bei einer Inversion (siehe Seite 64), die im Herbst und im Winter häufig auftritt. Kurzfristiges Aufklaren nach dem Durchzug eines Tiefs mit sehr guter Fernsicht und vereinzelten Regenschauern ist ebenfalls oft von höherem Luftdruck begleitet. Im Gegensatz zur mehrtägigen Schönwetterperiode hält dieses Aufklaren meist nur einen, höchstens zwei Tage an.
Physik Die wolkenauflösende Wirkung ist auf die absinkende Luftbewegung zurückzuführen. Da das Hochdruckgebiet ein wolkenarmes Druckgebilde ist, fällt die Spiralstruktur der Windbewegung z. B. auf Satellitenphotos nicht auf. Der Drehsinn ist auf der Nordhalbkugel der Erde im Uhrzeigersinn (»antizyklonal«). Die Luftmasse eines Hochdruckgebiets ist in der Regel einheitlich. Der Bodenwind weht als Folge der Bodenreibung in Spiralbahnen gegen den tiefen Druck hin. Die Luft fließt also aus dem Hochdruckkern hinaus: die Luftmasse sinkt auf diese Weise langsam ab, erwärmt sich dabei, was wiederum zur Wolkenauflösung führt. Die meisten Hochdruckgebiete bestehen aus Warmluft. Die Temperaturabnahme mit der Höhe ist also erheblich geringer als in Tiefdruckgebieten. Daran ändert auch die Tatsache nichts, daß die Temperaturen nahe dem Boden im wolkenlosen Hoch im Sommer heiß und im Winter kalt sind. Der Aufbau eines Hochdruckgebiets geschieht verhältnismäßig langsam. In den Subtropen gibt es die dauerhaftesten Hochdruckgebiete, weil auf Grund des Zusammenwirkens der in diesen Breiten herrschenden Zirkulationskräfte (siehe Seite 24) ein Absinken der Luft herbeigeführt wird. Der subtropische Hochdruckgürtel ist von großem Einfluß auf das Wettergeschehen in Europa (siehe Seite 169). Außer den großräumigen Hochdruckgebieten gibt es »Keile hohen Drucks« zwischen aufeinanderfolgenden Tiefdruckgebieten. Auslösendes Moment hierfür ist Kaltluft, die auf der Rückseite des ostwärts wandernden Tiefs einströmt. Ihre Ausdehnung in die Höhe ist gering und dementsprechend auch ihr wetterbestimmender Einfluß.

Wettergeschehen Charakteristische Wetterlagen für die Ausbildung von Hochdrucklagen in weiten Teilen Europas sind die Ostwetterlage und die Südwetterlage mit einem stationären Hoch über Skandinavien bzw. über Osteuropa. Da die absinkende Luft im Hoch eine wolkenauflösende Wirkung bewirkt, ist Hochdrucklage gleichbedeutend mit Schönwetterlage. Allerdings nicht ohne Einschränkung. Die starke Aufheizung der bodennahen Luft im Sommer begünstigt die Bildung von Haufenwolken (»Thermikwolken«) und von Wärmegewittern (siehe Seite 62). Im Winter dominiert die Strahlungsabkühlung während der Nacht, was der Bildung von Hochnebeln (Schichtbewölkung) förderlich ist. Eine besondere Rolle für das europäische Wettergeschehen spielt das »Azorenhoch«, sowohl für Schönwetterlagen als auch für die immer wiederkehrenden Westwetterlagen. Im Gegensatz zu den stationären Hochdruckgebieten mit oft lange anhaltenden Schönwetterlagen ist das »Zwischenhoch« (Hochdruckkeil) sehr mobil und von kurzem Einfluß auf das Wettergeschehen. Das Zwischenhoch befindet sich zwischen zwei aufeinanderfolgenden Tiefdruckgebieten und bringt in der Regel eine ein- bis zweitägige Wetterberuhigung mit Aufklaren, nur noch vereinzelten Regenschauern und geringer Windbewegung. Meist folgt dann der Durchzug des nächsten Tiefs.

Das Auftreten von lockeren Haufenwolken vor allem am Vormittag und Mittag während einer Hochdrucklage ist nichts Ungewöhnliches.

Prognose Solange sich die Haufenwolken (siehe Seite 74) im Hoch innerhalb einiger Stunden wieder auflösen, ist mit keiner Wetterverschlechterung zu rechnen. Zunehmende Hochnebelbildung in Herbst und Winter während eines Hochs ist auch noch kein Anzeichen für einen Wetterumschlag. Hingegen kann das Auftreten und Verhalten von Federwolken (siehe Seite 72) eine Wetterveränderung anzeigen.

Gewitter

Beobachtung Besonders in den Sommermonaten sich verhältnismäßig rasch aufbauende Haufenwolken zu sogenannten »Gewittertürmen«, häufig am südwestlichen Horizont aufziehend. Die Voraussetzungen für Niederschlag sind gegeben, wenn der hochgeschossene Cumulusturm nach den Seiten »zerfließt« und die Ränder ein fasriges, rauchartiges Aussehen annehmen. Stürmischer, böiger Wind begleitet den Gewitterausbruch, den wolkenbruchartige Regenfälle, zum Teil auch Graupel-, Hagel- oder Schneeschauer kennzeichnen. Diese Wasserdampfkondensationen sind mit elektrischen Aufladungen verknüpft. Wachsende Spannungsunterschiede führen zu Blitzen (siehe Seite 46) und anschließendem Donner. Bereits einige Stunden vor dem Gewitter kann man mit Hilfe des Barometers einen auffälligen Luftdruckfall beobachten.
Physik Gewitter werden ausgelöst bei schnellem Aufsteigen feuchter Warmluft in größere Höhen (Wärmegewitter) oder bei heftigem Zusammentreffen von feuchter Warmluft mit einer größeren Kaltluftfront (Frontgewitter). Bei diesem Prozeß kommt es zu kraftvollen Luftströmungen. Aufwinde führen hinauf bis in Höhen von 10000 Meter. Die damit verbundene Abkühlung der Luft bringt Kondensation mit sich, also Wasserdampf wird verflüssigt. Da Gewitterwolken Minusgrade aufweisen, ist der in ihnen enthaltene Niederschlag entweder in Form von Eiskristallen oder unterkühlten Wassertropfen vorhanden. In der Regel sind beide Formen anwesend. Es findet eine Wechselwirkung zwischen Eis- und Wasserteilchen und dem in der Wolke vorhandenen elektrischen Feld statt, die hohe Spannungen erzeugt. In Gewitterwolken wurden Feldstärken von 3500 V/m gemessen. Die negativen und positiven Ladungen sind auf Grund der unterschiedlichen Fallgeschwindigkeiten der Eis- und Wasserteilchen getrennt. Die Wolke wirkt wie ein Generator. Bei entsprechenden Feldstärken kommt es darin zur Entladung (Blitz!), worauf der Generator Wolke neu aufzuladen beginnt. Der plötzlich ansteigende Druck in dem heißen Blitzkanal breitet sich als Stoßwelle aus. Er wird als Donner hörbar. Die Ausbreitungsgeschwindigkeit (= Schallgeschwindigkeit 330 m/s) ermöglicht eine Entfernungsbestimmung eines Gewitters.
Wettergeschehen Die Wärmegewitter sind örtlich begrenzte Ereignisse und die Folge einer intensiven Sonneneinstrahlung. Das Aufsteigen der feuchten Warmluft wird unterstützt durch Aufwinde, die sich vor allem an Berghängen ausbilden. Wärmegewitter gehören zum sommerlichen Wettergeschehen. Oft dauert ein Wärmegewitter nur 1–2 Stunden und danach scheint wieder die Sonne. Frontgewitter entstehen, wenn als Folge einer Westwetterlage eine Kaltfront auf den Kontinent vorstößt und dabei auf Warmluft trifft. Diese Warmluft wurde während einer Hochdrucklage angeheizt und ist stark mit Wasserdampf durchsetzt (Verdunstung!). Der Kaltfront eilt Warmluft voraus, die die bekannte schwüle Wetterstimmung noch verstärkt. Die Turbulenzerscheinungen in Frontgewittern sind gewaltig. Die Gewitterfront erreicht oftmals einige hundert Kilometer Länge und zieht west-östlich über Europa hinweg. An den Küsten sind Frontgewitter häufiger als im Binnenland. Frontgewitter sind nicht auf den Sommer beschränkt. Wintergewitter sind Frontgewitter mit kräftigem Schneetreiben.
Prognose Das örtlich begrenzte Wärmegewitter muß nicht zu einer Wetterverschlechterung führen. Es bringt Abkühlung, oft sogar nur vorübergehend. Wenn keine Änderung der Windrichtung nach dem Gewitter eintritt, ist mit Wetterberuhigung zu rechnen. Bei rascher Verdunstung der gefallenen Niederschläge ist die Neubildung eines Wärmegewitters noch am selben Tag nicht ausgeschlossen. Ist die Abkühlung bei einem Wärmegewitter sehr stark, sind länger andauernde Niederschläge (Landregen!) zu erwarten. Dies geschieht hauptsächlich dann, wenn der Wind von Ost auf West umspringt. Frontgewitter leiten häufig einen Wetterumschwung ein (Westwetterlage).

Aufquellende Haufenwolken markieren das aufziehende Gewitter ▷
Durchzug einer Gewitterfront

Inversion

Beobachtung Besonders im Herbst und im Winter beobachten wir bei klarem und trockenem Wetter eine schmutzige Dunstschicht, die nach oben begrenzt erscheint. Die Markierung der Grenze wird unterstrichen von den Rauchschwaden, die sich flach ausbreiten. Man hat den Eindruck, daß Rauch nicht aufsteigt. Die Sichtweite ist deutlich herabgesetzt. Auch in Gebirgsbecken beobachtet man eine hochnebelartige Schicht mit einer stabilen Begrenzung nach oben. Jede Art von vertikaler Luftströmung scheint unterbunden zu sein.

Physik Vorwiegend im Herbst und im Winter fördert das Aufklaren in einem Hochdruckgebiet die nächtliche Ausstrahlung. Die bodennahe Luftschicht kühlt stark ab. Damit lagert am Boden schwere Kaltluft, darüber leichtere Warmluft. In der Kaltluft hat sich Nebel gebildet. Temperaturmessungen zeigen einen vom Normalfall abweichenden Verlauf der senkrechten Temperaturverteilung: Temperaturzunahme bis zur Grenze zwischen kalter Bodenluft und warmer Höhenluft (das Wort Inversion ist lateinisch und heißt soviel wie »Umkehrung«). Die gleichmäßige Abnahme der Lufttemperatur beginnt erst wieder über der Inversionsschicht (Grenzschicht zwischen kalter Bodenluft und warmer Höhenluft). Diese Schichtung ist erstaunlich stabil. Die Inversionsschicht hat die Funktion einer Sperrschicht, die den Aufstieg von unten kommender Warmluft ebenso verhindert wie den Aufstieg von Rauch- und Abgasen. Es ist das Hauptkennzeichen der Inversion, daß sie jeden vertikalen Luftaustausch hartnäckig unterbindet. So reichern sich besonders in Ballungsgebieten unterhalb der Inversionsschicht Rauch und Staub an und führen zu einer Luftverschmutzung, die sehr gefährlich werden kann. Gerade in den Herbst- und Wintermonaten reicht die Tageserwärmung häufig nicht aus, um eine Aufwärtsströmung zu produzieren, die die Inversion durchdringen kann.

Auch in höheren Lagen gibt es die Inversion: die Höheninversion als Folge des Druckanstiegs nach einem Tiefdruckgebiet und der bodenwärts gerichteten Strömung der Luft. Eine »permanente Inversion« beginnt am Übergang der Troposphäre in die Tropopause (siehe Seite 13).

Wettergeschehen Bevorzugt sind Inversionslagen verbunden mit den herbstlichen und winterlichen Hochdrucklagen, z. B. in Verbindung mit Ostwetterlagen (Hoch über Skandinavien und Tief über dem Mittelmeer) oder Südwetterlagen (Hoch über Osteuropa und Tief über Westeuropa). Der niedrige Stand der Sonne über dem Horizont erschwert im Herbst und im Winter den Abbau der Inversion. Das sogenannte »November-Wetter« ist typisch dafür. Die unterbundene vertikale Luftströmung kommt erst wieder in Gang, wenn der hohe Luftdruck weicht. Das ist z. B. der Fall, wenn lebhafte Winde eine Westwetterlage einleiten, die wechselhafte Witterung bringt. Auf diese Weise werden auch die Luftschichten bis zur Inversionsschicht wieder mit frischer Luft durchsetzt und damit der Abgasstau in Ballungsgebieten (Großstädte, Industriegebiete) abgebaut.

Prognose Geradliniges Aufsteigen von Rauch markiert den normalen Temperaturverlauf in der Atmosphäre und ist charakteristisch für ein Hochdruckgebiet. Die Ablenkung an der Sperrschicht der Inversion weist auf den »umgekehrten« Temperaturverlauf. Trotzdem haben wir es mit einer Hochdruckwetterlage zu tun, die sehr beständig sein kann. In Höhenlagen (Berge) ist es dabei sonnig und verhältnismäßig warm, während es in Tallagen ausgesprochen nebelig-trüb bleibt. Eine rasche Wetteränderung ist kaum zu erwarten.

Oben: Inversion, darunter Bodendunst; unten: Smoglage, ▷
hohe Industrieschornsteine emittieren über der Bodennebelschicht

Rückseitenwetter

Beobachtung Die Kaltfront eines Tiefdruckgebietes (siehe Seite 68), die an der massierten Reihung von Haufenwolken erkennbar ist, bringt Wind und Niederschläge, zum Teil auch sogenannte Frontgewitter. Am Beobachtungsort erleben wir stürmischen Wind aus West bis Nordwest, ein deutliches Absinken der Temperatur und schauerartige Niederschläge. Aber die Kaltfront wandert. Nach dem Frontdurchgang klart es häufig rasch wieder auf. Die Sicht ist auffällig klar. Der Luftdruck steigt und der Wind, immer noch frisch, dreht auf Nordwest. Wir beobachten dann das Wettergeschehen der Frontrückseite. Sonnenschein und blauer Himmel trügen – die Wetterbesserung ist meist nicht von Dauer. Es kommt wieder zu Niederschlägen, insgesamt zu einer unbeständigen Wetterlage. Ja, manchmal erlebt man nochmals eine regelrechte Schlechtwetterlage mit sehr kräftiger Schauertätigkeit und stürmischen Winden, die auf offener See Sturm- und Orkanstärke erreichen.
Physik Das Windsystem in einem Tiefdruckgebiet ist unterschiedlich beschaffen. Dem Luftwirbel, um den es sich bei einem Tief handelt, werden südliche (Vorderseite/Ostseite) und nördliche Winde (Rückseite/Westseite) zugeführt. Es sind warme und kalte Luftmassen, an deren Grenzfläche recht typisches Wettergeschehen in Erscheinung tritt (Warmfront/Kaltfront). Nach dem Durchgang der Kaltfront kommt es unter absinkenden Luftbewegungen zur vorübergehenden Wolkenauflösung. Das bringt eine kurzfristige Wetterbesserung. Meist kommt es kurz danach zur Bildung von Haufenbewölkung: die Sonne erwärmt die bodennahe Schicht der Kaltluft. Diese Schicht ist stark mit Wasserdampf angereichert: Folge der vorangegangenen Niederschläge. Die Warmluftblasen steigen auf und kondensieren zu Cumuluswolken. Die fortschreitende Abkühlung führt zu neuen Niederschlägen. Es kann aber auch vorkommen, daß hinter der Kaltfront der Luftdruck nicht steigt, vielmehr wird eine Vertiefung des Tiefdruckwirbels festgestellt. Mit hohen Windgeschwindigkeiten wird besonders kalte Luft herangeführt. Es kommt zu den erwähnten stürmischen Winden und der sehr kräftigen Schauertätigkeit (»Rückseitentrog«).
Wettergeschehen Das Rückseitenwetter ist fester Bestandteil der von einem Tief gekennzeichneten Wetterlagen. Das gilt insbesondere für die Westwetter- und die Nordwetterlage. Dabei ist zu berücksichtigen, daß die Wolkenauflösung mit vorübergehendem Schönwetter im nördlichen Mitteleuropa (Holland, Norddeutschland, Dänemark, Polen) rascher und ungestörter eintritt als im Alpenraum (Schweiz, Süddeutschland, Österreich). Die Alpen erweisen sich als großes Hindernis für die heranströmenden Luftmassen. Die nordwestlichen oder nördlichen Winde hinter der Kaltfront schieben die Wolken an der Alpennordseite zusammen. Die Wolken werden gezwungen hochzusteigen und kühlen sich dabei weiter ab. Es kommt zu jenen ergiebigen, oft tagelang andauernden Regenfällen, die unter der Bezeichnung »Stauregen« bekannt sind. Zu berücksichtigen ist, daß häufig anstelle einer einzigen Kaltfront hintereinander gestaffelte Kaltfronten in einem Tief auftreten können. Zur Ausbildung einer Rückseitenwetterlage kommt es erst hinter der letzten Kaltfront.
Prognose Es gilt die Regel, daß das künftige Wettergeschehen umso unbeständiger ist, je rascher nach dem Durchzug der Kaltfront die Wolkenauflösung einsetzt. Eine vorübergehende Beruhigung der Wetterlage kann ein Zwischenhoch (siehe Seite 194) bringen. Aber das Zwischenhoch bedeutet Wetterbesserung nur für 1 bis 2 Tage. Da es eingebettet ist in eine Reihe aufeinanderfolgender Tiefdruckgebiete, muß anschließend mit einem neuen Schlechtwettergebiet gerechnet werden. Erst wenn mit steigendem Luftdruck auch der Wind dreht, nach Nord und Nordost, ergeben sich Anzeichen für einen Wetterumschwung.

Altocumuluswolken nach Durchzug eines Niederschlaggebiets ▷
Mächtige Haufenwolken nach Durchzug einer Schauerfront

Tiefdruckgebiet

Beobachtung Vereinzelte Cirruswolken (siehe Seite 72) am Himmel, denen der Aufzug von Cirrostratus- und Altostratuswolken folgt, kennzeichnen eine Veränderung des Wetters. Die Bewölkung wird am nächsten Tag noch dichter, bis eine graue Schichtbewölkung den Himmel bedeckt und die ersten Regentropfen (oder Schneeflocken) fallen. Die Eintrübung wird begleitet von Luftdruckfall und allmählich auffrischendem Wind, der zuerst noch aus Südost kommt, dann aber über Süd nach Südwest und West dreht. Während sich dieser Vorgang der Wetterverschlechterung über ein, zwei Tage hinziehen kann, kündigt sich eine andere Art von Schlechtwetter schnell, stürmisch und mit schauerartigen Niederschlägen an. Walzenförmige Haufenwolken erscheinen am westlichen und nordwestlichen Horizont, böiger Südwestwind kommt auf, der rasch auf West und Nordwest dreht. Innerhalb von wenigen Stunden sind die Haufenwolken mächtig gewachsen und nehmen sich am Himmel bedrohlich aus. Regenschauer, manchmal vermischt mit Graupel, Hagel und Donner und Blitz, lassen nicht mehr lange auf sich warten. Wolken, Niederschlag und Wind beherrschen das Land.
Die Zahl aller Tiefdruckgebiete mit Kerndruck von 950 hPa und darunter hat sich im europäisch-atlantischen Raum in den letzten Jahren erhöht. Es traten sehr stark entwickelte Orkantiefs auf. Die Ursachen für die dabei beobachteten Temperaturanomalien lassen sich derzeit noch nicht einwandfrei angeben. Bei diesen Wetterlagen ist es über dem Nordwestatlantik zu kalt und über Nordrußland zu warm.
Physik Das europäische Wetter wird von den warmen, ostwärts driftenden Luftströmungen der Subtropen und den kalten, nach Westen strömenden Luftmassen der Arktis gestaltet. Die Grenze, wo Warmluft und Kaltluft zusammentreffen, bezeichnet man als die »Polarfront«. Diese Polarfront ist nun keineswegs gradlinig. Auf Grund der auftretenden Unterschiede in Temperatur und Dichte zwischen Kalt- und Warmluft kommt es zu Einbrüchen der Kaltluft in die Warmluft. Die Wellen der feuchtwarmen Subtropenluft und der trockenkalten Polarluft überschlagen sich immer wieder und es bilden sich Gebiete tiefen Luftdrucks (Zyklone). Die Durchmischung der beiden völlig verschiedenen Luftmassen im Tief benötigt Zeit. An den Grenzflächen bilden sich kräftige Luftwirbel, die zu einem typischen Wettergeschehen führen (Kaltfront und Warmfront siehe Seiten 70 und 189).
Tiefdruckgebiete haben am Anfang nur eine Ausdehnung von ein paar 100 Kilometer. Sie erreichen in ihrem 2- bis 4-tägigen »Leben« Dimensionen von 1000 bis 3000 Kilometer. Die Tiefdruckgebiete, die über Europa ziehen, bewegen sich von West nach Ost. Eine bedeutende Rolle bei der Wirbelbildung spielt die Höhenströmung.
Wettergeschehen Ungestört ergibt sich folgendes Schema für den Wetterablauf:
1. Erster Kaltlufteinbruch (östlich).
2. Warme Meeresluft (Warmluftsektor) wird durch südwestliche Winde an der östlich liegenden Kaltluft zum Aufgleiten gebracht (»Warmfront«).
3. Zweiter Kaltlufteinbruch (westlich).
4. Westliche Kaltluft dringt in den Warmluftsektor ein (»Kaltfront«).
5. Warmluftsektor wird immer kleiner, da die westliche Kaltluft schneller nach Osten wandert.
6. Zusammentreffen der »Kaltfront« mit der »Warmfront«, totale Verwirbelung der unterschiedlichen Luftmassen (»Okklusion«) und damit Ende der Zyklone.

Tatsächlich läuft das Wettergeschehen nicht so »ideal« ab. Hindernisse, z. B. Gebirge, beschleunigen das Zusammentreffen von Kalt- und Warmfront und damit das Ende eines Tiefdruckgebiets. Auch das übrige Festland und das Meer üben ihren Einfluß

Dichte Altostratusschicht und Altocumuli als Vorboten eines Wetterumschlags, der Niederschläge bringen kann

sowohl auf das Dasein der Zyklone als auch auf die für die Steuerung wichtige Höhenströmung aus. Es gibt typische Zugbahnen von Tiefdruckgebieten in Europa.

Prognose Die Luft im Tief steigt auf, gelangt mit zunehmender Höhe unter geringeren Luftdruck, dehnt sich aus und kühlt sich ab. Die Ausscheidung von Wasserdampf führt zur Wolken- und Niederschlagsbildung.

Wetterfronten

Beobachtung Den Anfang machen zarte Cirruswolken (siehe Seite 72). Dann folgen mächtige »Wolkenwalzen« aus westlicher und nordwestlicher Richtung. Der Wind frischt auf, es stürmt. Wir beobachten einen Rückgang der Temperatur, aber ein Steigen des Luftdrucks. Oft gewittrige Regen- oder Schneeschauer folgen. Danach ist eine rasche Aufheiterung nicht ausgeschlossen. Insgesamt bleibt das Wetter aber unbeständig. Was wir beobachtet haben, war der Durchzug einer sogenannten Kaltfront. Wesentlich ruhiger geht es beim Heranrücken einer Warmfront zu: auch hier sind Cirruswolken Vorboten. Die Bewölkung nimmt rasch Stratusform (siehe Seite 82) an. Fast ohne größere Windbewegung beginnt ein »leiser« Niederschlag, der häufig Landregencharakter annimmt. Das Barometer zeigt noch fallenden Luftdruck an. Nach dem Frontdurchgang verbindet sich mit dem Temperaturanstieg eine häufig nachhaltige Wolkenauflösung.

Physik Gleichen Luftdruck vorausgesetzt, breitet sich Kaltluft, weil sie schwerer ist als Warmluft, in der Nähe des Bodens aus. Die Warmluft hingegen siedelt sich in höheren Luftschichten an. Damit Kalt- und Warmluft miteinander vergleichbar werden, einigen sich die Meteorologen bei der Zuordnung auf eine bestimmte Luftdruckhöhe. Ihrem Ursprung nach kommt die Warmluft aus dem Süden, die Kaltluft aus dem Norden. Gerade in den Breiten von Europa sind Kalt- und Warmluftmassen ständig nahe beisammen und in Bewegung. Das führt nun aber nicht zum Gleichgewichtszustand. Im Gegenteil: Kalt- und Warmluft sorgen für Abwechslung im Wettergeschehen. Der Temperaturgegensatz bedingt Turbulenz, und ein Ausgleich findet erst statt, wenn Kalt- und Warmluft durchmischt worden sind. Es ist naheliegend, daß dort, wo Kalt- und Warmluft aneinanderstoßen, das Wettergeschehen besonders aktuell ist. Es ist das der Bereich der Wetterfronten. Befindet sich Kaltluft in Bewegung auf ruhende Warmluft zu, spricht man von Kaltfront (»Einbruchsfront«); stößt Warmluft gegen ruhende Kaltluft vor, spricht man von Warmfront (»Aufgleitfront«). Die vorrückende Kaltluft hebt die Warmluft an, die vorrückende Warmluft gleitet an der Kaltluft nach oben.

Wettergeschehen Sowohl Kaltluft- wie Warmluftfronten stehen in enger Verbindung zu Tiefdrucklagen (siehe Seite 68). Da die Ausdehnung der Kalt- und Warmluftmassen horizontal und vertikal sehr verschieden sein kann, ist der Ablauf des Wettergeschehens recht vielfältig. Auch die Dauer der Einbruchsvorgänge und Aufgleitvorgänge variiert. Typisch dafür ist die Westwetterlage, die in ganz Europa zu jeder Jahreszeit auftritt: Auf der Westseite eines Tiefs über Island dringt mit Nordwind Kaltluft nach Süden vor. Auf der Westseite eines Hochs über den Azoren dringt mit Südwind Warmluft nach Norden vor. Dort, wo die Fronten zusammenstoßen, bilden sich serienweise west-östlich ziehende Tiefdruckgebiete (Zyklonen). Das Wettergeschehen beruhigt sich, wenn die Warmluft ganz vom Boden abgehoben worden ist, nahe der Erdoberfläche treffen dann zwei in ihrer Temperatur unterschiedliche Kaltluftmassen aufeinander (»Okklusion«). Trifft ein Tief auf ein Gebirge, wird der Vorgang der Okklusion beschleunigt. Das Wettergeschehen ist gekennzeichnet durch ziehende Wolkenfelder, Niederschläge, drehende Winde und Temperaturwechsel.

Prognose Da die Wetterfronten eng mit Tiefdrucktätigkeit verbunden sind, ist mit dem Eintreffen einer Kalt- bzw. Warmfront am Beobachtungsort in der Regel für die nächsten Tage mit unbeständigem, niederschlagsreichem Wetter zu rechnen. Dort, wo die Luftmassen auf Berge stoßen (z. B. westnorwegische Felsenküste, Alpen), kommt es oft zu länger dauernden Stauniederschlägen.

Heranrückende Kaltfront über dem Meer mit mächtigen Haufenwolken
Walzenwolke über der Nordsee (Luftmassengrenze mit Windsprung)

Federwolken (Cirruswolken)

Beobachtung Federwolken sind die Vorreiter des Wettergeschehens. Federförmig oder als »Eisfahnen« hängen sie am blauen Himmel. Zart, wie hingeblasen. Wer nicht aufmerksam schaut oder sich nicht auskennt, wird diesen Wolken kaum Beachtung schenken. Da das Wetter ja nach wie vor sonnig und warm ist, besteht kein Grund, sich um diese geringe Bewölkung überhaupt zu kümmern. Aber die Federwolken verdienen Aufmerksamkeit! Federwolken beobachten wir auch in Verbindung mit Cirrocumulus (siehe Seite 74) und Cirrostratus (siehe Seite 82) am Himmel. Dann ist jedoch der Himmel bereits erheblich bedeckter und der Umbruch im Wettergeschehen meist schon fortgeschrittener. Heftige Luftströmungen in größeren Höhen verraten die Federwolken, wenn sie sich fadenförmig in die Länge ziehen und an der Vorderseite hakenförmige Verwehungen zeigen. Man spricht dann auch von »Haken-Cirren« oder »Windbäumen«. Beobachtet man diese Federwolken etwas länger, hat man den Eindruck, daß sie vom Wind gejagt und gezaust werden.
Physik Die Heimat der Cirruswolken sind Höhen ab ungefähr 6 Kilometer. Sie gehören damit, wie die Cirrocumulus- und Cirrostratuswolken, zu den hohen Wolken. Wenn sie ohne die letztgenannten Wolken am Himmel erscheinen, sind sie stets ein Bild sehr zartgliedriger Struktur. Die Bezeichnung »Eisfahnen« oder »Schneefahnen« ist mehr als nur der Hinweis auf eine Form. Diese höchsten Wolken in der Troposphäre sind reine Eiswolken und bestehen ausschließlich aus Eiskristallen. In Europa treten Cirruswolken noch in Höhen von über 10 Kilometer auf. Das Verhalten der Federwolken ist interessant und gibt Aufschluß über Luftbewegungen in den höheren Schichten der Troposphäre. Sie zeigen das Aufsteigen feuchter Luft an, die in diesen Höhen in Form von Eiskristallen kondensiert. Am Zug und an der Form der Federwolken macht sich die Stärke der Luftströmung bemerkbar. Dabei markieren die Federwolken die Richtung der Höhenwinde (siehe Seite 52), die für das großräumige Wettergeschehen von maßgeblichem Einfluß sind.
Die Temperatur der Cirruswolken liegt unter minus 40 °C.
Wettergeschehen Am ursprünglichsten ist das Auftreten der Federwolken in Verbindung mit einer Westwetterlage. Sie erscheinen an der Vorderseite der Warmfront (siehe Seite 70), teilweise in stürmischer Bewegung. Je mehr die Luftmassen in Bewegung geraten sind, um so »verwehter« wirken die Federwolken. Besonders deutlich tritt dieses Wettergeschehen auf dem Meer oder in Küstennähe auf. Im Vergleich zum Kaltlufteinbruch bei einer Nordwetterlage ist es ein immer noch langsamer Vorgang, der sich vor allem im Binnenland über mehrere Tage hin erstrecken kann. Auch beim Kaltlufteinbruch marschieren an der Spitze Federwolken, häufig aber bereits begleitet von tieferhängenden Haufenwolken (siehe Seite 74), die mit beträchtlicher Geschwindigkeit heranrücken.
Prognose Jede beobachtete Verdichtung der Federwolken zu einer Cirrostratusschicht deutet auf das mehr oder minder rasche Näherkommen einer Warmfront mit Niederschlägen hin. Desgleichen ist schnelles Aufkommen von Federwolken in Verbindung mit dicht horizontal gereihten Cumuluswolken (Haufenwolken) ein Anzeichen für das Vordringen von Kaltluft aus Nord oder Nordwest. Auch hier ist mit zum Teil heftigen Niederschlägen, eventuell begleitet von Frontgewittern, zu rechnen. Federwolken können auch während einer Schönwetterlage auftreten. Meist driften sie dann von Ost nach West und lösen sich im Laufe des Tages wieder auf. Die langsame Bewegung ist dabei kennzeichnend. Ja, es gibt sogar Federwolken, die am Himmel scheinbar stillstehen. Die wegen einer augenblicklich geringen Höhenströmung mäßige Eigenbewegung der Wolken ist auf die Entfernung hin nicht sofort auszumachen.

Kräftig ausgeprägte Federwolken. Der Grad der Ausprägung dieser Wolken kann sehr verschieden sein und reicht von zarten »Wolkenfedern« bis zum Schleier, der das Himmelsblau verdeckt.

Haufenwolken (Cumuluswolken)

Beobachtung Wenn sich am Himmel ein Gewitter (siehe Seite 62) zusammenbraut, dann ist damit auch eine Gelegenheit gegeben, die Entstehung der Haufenwolken zu beobachten. Zuerst sind es kleine Wolkenballen am blauen Himmel, die fast plötzlich zu mächtigen Wolkentürmen aufschießen. Man glaubt direkt, das Brodeln und Quellen zu sehen, wenn diese Wolken am Himmel in die Höhe wachsen. Es sind Wolken mit recht auffällig begrenzten, scharfen Rändern. An den oberen Rändern allerdings fransen die Wolkentürme aus, wenn die Lage gewittrig wird. Die Haufenwolken »rauchen« dann. Nicht jede Haufenwolke führt zum Gewitter. Im Sommer beobachten wir häufig kleinere Ansammlungen von Haufenwolken am Himmel, die ebenso rasch verschwinden, wie sie gekommen sind (»Schönwetter-Cumuli«). Noch ein anderer Anlaß zur Bildung von Haufenwolken: Mit dem Einbruch von Kaltluft in ruhende Warmluft werden gewaltige vertikale Luftbewegungen ausgelöst. Es entstehen ebenfalls sich hoch türmende Haufenwolken (z. B. »Aprilwetter«!).
Physik Die Haufenwolken sind im Gegensatz zu den Schichtwolken (siehe Seite 82) in die Höhe orientiert. Sie verdanken ihre Entstehung dem raschen Aufsteigen (»Aufquellen«) warmer Luft. Man bezeichnet sie deshalb auch als Quellwolken oder Thermikwolken. Die Aufwinde, die z. B. in Gewitterwolken gemessen worden sind, führen die Warmluft bis in Höhen von 6, 8, ja sogar 10 Kilometer. Besonders typisch ist die Wolkenstruktur an der Oberseite. Die »Türme«, »Kuppeln« oder »Hügel« leuchten im Sonnenlicht oft blendend weiß. An der Unterseite sind die Haufenwolken grau, oft sogar ziemlich dunkel, und der Verlauf ist verhältnismäßig waagrecht. Er markiert die Niederschlagsregion (»Kondensationsniveau«). Ein typisches Verhalten der Haufenwolken ist ihre rasche Veränderung (im Durchschnitt innerhalb von 5–20 Minuten). Haufenwolken kommen in verschiedenen Höhen vor:

1. Hohe Haufenwolken: Cirrocumulus (Cc) in Höhen über 6000 Meter. Meist regelmäßig (in Reihen) angeordnete kleine weiße Wolkenbällchen, auch winzige weiße Wolkenflecken. Eiswolken.
2. Mittelhohe Haufenwolken: Altocumulus (Ac) in Höhen zwischen 2000 und 6000 Meter. Bekannt als die »Schäfchenwolken«: schuppenartige Wolken, auch »Walzen« oder »Ballen«. Mit Fasern. Gelegentlich auch diffus.
   Cumulonimbus (Cb) in Höhen zwischen 1000 und 5000 Meter. Der große Gewitterturm, Mischwolke aus Wassertropfen und Eiskristallen. Bekannt für Graupel- und Hagelschauer sowie böige Winde.
3. Tiefe Haufenwolken: Stratocumulus (Sc) in Höhen unter 2000 Meter. Tiefhängende Wolkenwalzen (»Schollen«). Farbe Grau oder Grauweiß. Mit dunklen Partien.

Stärker als Eiswolken (Cirren) verändern Haufenwolken die Strahlungsbilanz in der Atmosphäre und am Erdboden, da sie die Durchlässigkeit am Oberrand der Atmosphäre sowohl für solare Strahlung als auch langwellige Infrarotstrahlung vermindern. Dem entgegen wirkt das hohe Reflexionsvermögen der Wolken für solare Strahlung. Bei sehr dichten und hochreichenden Wolken werden etwa 80 Prozent der solaren Einstrahlung zurückgestrahlt. Das Verhältnis der Wolkendicke zur horizontalen Ausdehnung spielt bezüglich der Strahlungseigenschaften eine Rolle. Bei »Wolkentürmen« wirken die Seiten als zusätzliche Absorber- und Emissionsflächen. Deshalb ist es unter Gewitterwolken so dunkel. Die meiste Strahlung entweicht seitlich aus der Wolke.
Wettergeschehen Die Bildung von Haufenwolken ist bei verschiedenen Wetterlagen möglich. Sie treten überall dort auf, wo schnelles Aufquellen warmer Luft zur Wolkenbildung führt: dazu gehören die kurzlebigen vormittäglichen Quellwolken während einer Schönwetterlage genauso wie die geballten Haufenwolken, die das heraufziehen-

Cumuluswolken, die auch in dieser Stärke noch als »Schönwettercumuli« gelten

de Gewitter markieren, oder die Schauerwolken bei einer Nordwetterlage, die das Einbrechen von Kaltluft in eine ruhende Warmluftmasse begleiten. Die schwerere Kaltluft stößt unter die leichtere Warmluft und schiebt sie gewaltig in die Höhe: die großen Haufenwolken machen das sichtbar.

Prognose Die kleinere, sich im Laufe des Vormittags wieder auflösende Haufenwolke ist eine Bestätigung für eine herrschende Schönwetterlage (sommerliches Hoch). Erst die beständige Haufenwolke mit zunehmend ausgefransten oberen Rändern, nach vorangegangenem raschen Wachstum in die Höhe, macht auf ein Gewitter aufmerksam.

Leuchtende Nachtwolken

Beobachtung Hier haben wir es mit seltenen Objekten zu tun. Sie können in den Sommermonaten beobachtet werden, nämlich am Nordhimmel 1–2 Stunden nach Sonnenuntergang. Die »Leuchtenden Nachtwolken« haben etwas Ähnlichkeit im Aussehen mit Cirruswolken: fasrige, langgestreckte Wolken von silbrig-weißer Farbe, manchmal mit zarten Blautönen. Diese seltenen Wolken sind auch schon mit einer eigenartig wellenförmigen Bandstruktur beobachtet worden. Sie sind sehr dünn und durchscheinend, so dünn, daß Sterne hindurch scheinen. Treten Leuchtende Nachtwolken auf, so kann man sie mehrere Stunden lang in der Nacht sehen. Nicht verwechseln darf man sie mit den sogenannten »Perlmutterwolken«, die auch nach Sonnenuntergang zu beobachten sind und sich in ca. 30 km Höhe befinden. Die Erscheinung der Leuchtenden Nachtwolken ist beschränkt auf die geographischen Breiten zwischen 45 und 70 Grad nördlich wie südlich. Die beste Zeit, um sie zu suchen und zu beobachten, ist Ende Juni bis Anfang Juli.
Noch höher als die Leuchtenden Nachtwolken befinden sich sogenannte »Leuchtstreifen« (mittlere Höhe 125 km). Sie sind viel weniger ausgeprägt als die Leuchtenden Nachtwolken. »In Mitteleuropa bevorzugen die Leuchtstreifen im Durchschnitt etwa den nördlichen Himmel« (Werner Sandner in »Handbuch für Sternfreunde«, 3. Auflage, 1981). In den Monaten März bis September ist am wenigsten mit der Beobachtung von Leuchtstreifen zu rechnen. Günstig sind dagegen die Monate Oktober bis Februar. Ihrem Ursprung nach wird angenommen, daß die Leuchtstreifen aus kosmischem Staub bestehen, der in die Erdatmosphäre eingedrungen ist.
Physik Von allen anderen Wolken unterscheiden sich die Leuchtenden Nachtwolken durch ihre große Höhe, etwa 70 bis 90 km. Zum ersten Mal sind sie 1885, zwei Jahre nach dem Ausbruch des Vulkans Krakatau, beobachtet und als außergewöhnlich hohe Wolken erkannt worden. Das Licht dieser Wolken ist gestreutes Sonnenlicht. Die Sonne muß mindestens 6 Grad unter dem Horizont des Beobachters sein, damit Leuchtende Nachtwolken gegen den hellen Himmelshintergrund überhaupt erkannt werden können. Obwohl sie mehrere Stunden lang sichtbar bleiben, ändert sich die Struktur der einzelnen Wolken verhältnismäßig rasch. Die Häufigkeit ihres Erscheinens unterliegt sehr großen Schwankungen. Um die Natur der Leuchtenden Nachtwolken zu begreifen, muß man etwas über den Zustand der Atmosphäre in diesen Höhen wissen. Luftdruck und Dichte sind in diesen Höhen nur noch $^1/_{100\,000}$stel der Werte an der Erdoberfläche. Bemerkenswert ist, daß noch genügend Wasserdampf für eine Kondensation vorhanden ist. Wie in den Eis- und Wasserwolken der unteren atmosphärischen Schichten macht Kondensation das Vorhandensein von Kondensationskernen notwendig (siehe Seite 48), an denen sich die Wassermoleküle anlagern können. Man hat vermutet, daß es sich im Fall der Leuchtenden Nachtwolken um kosmische Partikel handelt, die diese Aufgabe übernehmen. Um den Wasserdampfgehalt in dieser Wolkenschicht aufrechtzuerhalten, ist das Aufsteigen feuchter Luft aus den Schichten unterhalb der Mesopause (siehe Seite 13) notwendig.
Der Transport von Wasserdampf mit Hilfe von Vulkanausbrüchen oder auch Kernwaffentests in die Stratosphäre ist nicht gesichert. Wenn nämlich z. B. Vulkanausbrüche regelmäßig Wasserdampf bis zur Mesopause hinaufschicken, dann müßte von Jahr zu Jahr eine eindeutige Beziehung zwischen der Häufigkeit Leuchtender Nachtwolken und Vulkanausbrüchen zu registrieren sein. Das ist nicht der Fall. Barnhard Haurwitz in den USA, der seit Jahren das Phänomen erforscht, meint: »Immerhin deuten Berechnungen der mit der atmosphärischen Wärmebilanz verbundenen Zirkulation an, daß die für einen solchen Wasserdampftransport erforderlichen atmosphärischen

Die Leuchtenden Nachtwolken vom 7./8. Juni 1976. Aufnahme gegen 2h MEZ

Bewegungen tatsächlich bestehen. Aber für die endgültige Antwort sind natürlich direkte Beobachtungen der Luftbewegung und Luftfeuchtigkeit erforderlich, für die kostspielige Raketenaufstiege nötig sind« (Sterne und Weltraum 1972/7).

Wettergeschehen Auch wenn wir heute wissen, daß die Leuchtenden Nachtwolken nicht Staub sind, sondern Eis mit Kondensationskernen, und damit den Cirruswolken verwandt, üben sie keinerlei unmittelbaren oder mittelbaren Einfluß auf das Wettergeschehen aus. Das gilt übrigens auch für die »nur« rund 30 km hohen Perlmutterwolken.

Prognose Es ist früher öfters darauf hingewiesen worden, daß Leuchtende Nachtwolken nach Zeiten mit anormalen Dämmerungserscheinungen auftreten und so ein Indikator sind für eine Staubverschmutzung höherer Schichten der Atmosphäre. Da neue Forschungen die »Vulkantheorie« in Frage stellen, dürften solche Überlegungen hinfällig sein.

Nebel

Beobachtung Weiße, wolkenartige Schwaden und Schleier besonders in den Abend-, Nacht- und Morgenstunden dicht über dem Boden und in geringen Höhen. Vorzeichen für die Nebelbildung sind häufig Dunststreifen. Bei Frost ist mit Nebel oft Reif- und Glatteisbildung verbunden. Bei starkem Nebel kann die Sichtweite auf 10 und 5 Meter zurückgehen! In der Wetterkunde ist dann Nebel, wenn die Sichtweite unter 1000 Meter liegt.

Physik Genau genommen ist Nebel eine »Wolkenform«, die sich an der Erdoberfläche bildet. Maßgeblich für die Nebelbildung ist die Mischung warmer, feuchter Luft mit kälterer Luft (»Mischungsnebel«) oder der Kontakt feuchter, warmer Luft mit der abgekühlten Erdoberfläche (»Strahlungsnebel«). Dabei findet ein Abkühlungsprozeß statt, der zur Kondensation von Wasserdampf führt. Der Abkühlungsprozeß ist aber nicht so stark, daß es zu größeren Niederschlägen kommt. In Verbindung mit Nebelbildung kommt es gelegentlich zu einem fein nässenden Niederschlag, dem sogenannten Nebelnässen.

Wettergeschehen Es gibt für die Bildung von Nebel typische Tages- und Jahreszeiten sowie Wetterlagen. Dazu Übersicht auf Seite 80.

Die Strahlungsnebel (typisch: Bodennebel) sind an Windstille und klaren Himmel (Hochdrucklage) gebunden. Die Mischungsnebel (typisch: Küstennebel) treten bei bedecktem Himmel auf und werden vom Wind transportiert, z. B. bei Westwetterlagen.

Nässender Nebel ist eine der Voraussetzungen – neben Regen und Nieseln –, die zur Bildung von Glatteis führt. Die Nebeltröpfchen gefrieren sofort beim Auftreffen auf den Boden. Beträgt die Temperatur der Tropfen mehr als 0° C, so muß die Temperatur der Bodenoberfläche unter 0° C liegen. Sind die Tropfen dagegen unterkühlt, entsteht auch dann Glatteis, wenn die Bodenoberflächentemperatur zunächst ein wenig über 0° C liegt. Besondere Vorsicht der Verkehrsteilnehmer ist in den Übergangszeiten (Herbst–Winter und Winter–Frühjahr) angebracht.

Prognose Da Nebel bei verschiedenen Wetterlagen auftreten kann, gilt die Volksregel vom schlechten Wetter bei »auftsteigendem« Nebel nur mit Einschränkung. Die Nebelauflösung hängt eng zusammen mit der Sonneneinstrahlung, da sie die nötige Erwärmung bringt, damit sich der Nebel vom Boden her wieder auflöst. Bei Strahlungsnebel wirkt die Sonnenstrahlung meist ungehindert: der Nebel löst sich im Laufe des Vormittags allmählich auf. Steht der Nebel sehr mächtig (200–300 Meter!), ist die Erwärmung oft zu gering, um den Nebel ganz aufzulösen. Es kann aber auch aufziehende Schichtbewölkung die Sonnenstrahlung abschirmen und den Nebel erhalten. Eine Wetterveränderung zum Schlechten ist bei Aufzug dieser Bewölkung nicht ausgeschlossen. Auf jeden Fall steigt bzw. fällt der Nebel nicht – er wird immer vom Boden her auf Grund zunehmender Erwärmung aufgelöst.

Flacher Bodennebel im Voralpenland ▷
Flacher Seenebel über dem Meer

Nebelart	Entstehungsort	Entstehungszeit	Sichtweite	Begleitumstände
Binnensee-nebel	Wasserflächen	Abend-, Nacht- und Morgenstunden in Herbst, Winter und Frühjahr	10–20 m	Bei 0° C Reifglätte und Glatteis!
Bodennebel	Flachland und Gebirgstäler	Abend-, Nacht- und Morgenstunden in Herbst, Winter und Frühjahr	5–10 m	Tritt plötzlich auf! Hält im Winter auch tagsüber an
Dampfnebel	Jede Landschaft, speziell Straßen	Nach Regen. Sonne erhitzt den Boden	15–20 m	Meist nur ein paar Meter hoch
Flußnebel	Wasserläufe	Spätsommer bis Frühjahr. Abends, nachts und frühmorgens	10–20 m	Besonders intensiv in den Monaten November, Dezember, Januar
Frostnebel	Wiesen und Äcker	Im Winter bei strengem Frost	10–20 m	»Trockener« Nebel, der keine Vereisung verursacht
Gewitter-nebel	Wälder	Im Sommer nach Gewitterregen	15–20 m	Treten plötzlich und örtlich begrenzt auf
Küstennebel	Meer und küstennahe Gebiete	Alle Jahreszeiten	5–10 m	Mischungsnebel, der vom Wind vom Meer her ins Land getragen wird
Moornebel	feuchter Boden, Moore	Zu allen Jahreszeiten. Auch keine Bindung an die Tageszeit u. Wetterlage	5–10 m	Oft nur ein paar Meter hoch
Smog	Städtische Ballungsgebiete	Vor allem im Herbst und im Winter. Auch tagsüber	1–5 m	Nebel ist mit Rauch- und Rußteilchen angereichert
Talnebel	Talmulden, Hügelland, im Gebirge Schluchten	Abends, nachts und morgens. Alle Jahreszeiten. Feuchtes, windstilles Wetter	10–20 m	Aufsteigende »Nebelfetzen« sind Vorzeichen
Wolkennebel	Mittelgebirge und Alpen	Alle Jahreszeiten. Bei kühlem, windigem Wetter	5–10 m	Mischungsnebel. Häufig mit Nebelnässen. Im Winter Glatteis!

Dichter Bodennebel unterhalb Schloß Neuschwanstein (954 m über dem Meer)

Schichtwolken (Stratuswolken)

Beobachtung Vielleicht am ausgeprägtesten beobachten wir Schichtwolken beim Herannahen von Warmluft in eine Zone, die noch von niedrigen Kaltluftmassen beherrscht wird: der blaue Himmel wird immer blasser, die Sonne wird von einer Halo-Erscheinung (siehe Seite 38) umgeben. Nach Stunden wird der Wolkenschleier dicht und grau. Am nächsten Tag ist von der Sonne fast nichts mehr zu sehen, den Himmel bedecken flächige graue Wolken. Sie können auch fasrig oder streifig erscheinen und lassen immer wieder einmal eine Stelle so dünn, daß die Sonne wie durch eine Milchglasscheibe hindurchscheint. Mit zunehmender Niederschlagsneigung wird das Grau intensiver (dunkel). Man hat den Eindruck, daß die Bewölkung sich immer mehr dem Boden nähert. Während und nach dem Niederschlag kommt es oft zur Bildung von »Wolkenfetzen« in Bodennähe. Schichtwolken treten auch bei Nebel- und Hochnebelbildung auf.

Physik Die Schicht- oder Stratuswolken entstehen entweder in Zusammenhang mit einem Aufgleitvorgang im Gefolge einer Warmfront (siehe Seite 70) oder als Folge einer starken Abkühlung durch Wärmeausstrahlung (Hochnebelbildung!). Die Schichtung in Stratuswolken ist überwiegend stabil und horizontal gerichtet. Sowohl die aufgestiegene Warmluft wird kälter und damit verhältnismäßig feuchter, als auch die vom Erdboden zurückgestrahlte Wärme z. B. bei klarem Winterwetter führt zu einer kräftigen Abkühlung der Luft. In beiden Fällen kommt es zur Kondensation, also zur Verflüssigung des Wasserdampfes und damit zur Wolkenbildung.

Auch die Schichtwolken treten in den drei für die Wolkenbildung wichtigen »Etagen« der Troposphäre auf:

1. Hohe Schichtwolken: Cirrostratus (Cs) in Höhen über 6000 Meter. Sie haben das Aussehen eines zarten, weißen Wolkenschleiers, manchmal mit fasrigen Strukturen. Cirrostratus bestehen aus Eiskristallen. In der Cirrostratus-Schicht entstehen die Halo-Erscheinungen.
2. Mittelhohe Schichtwolken: Altostratus (As) in Höhen zwischen 2000 und 6000 Meter. Wolkenfelder von grauer, manchmal bläulicher Färbung. Aussehen strukturlos oder streifig. In diesen Wolkenfeldern treten keine Halo-Erscheinungen auf.
3. Tiefe Schichtwolken: Nimbostratus (Ns) in Höhen unter 2000 Meter. Eine dunkelgraue Niederschlagsbewölkung, die im Sommer Regen, im Winter Schnee bringt. Eine tiefhängende und durchgehende Wolkenschicht in Verbindung mit Nebel oder Hochnebel wird auch als Stratusschicht (St) bezeichnet.

Das höhere Rückstrahlvermögen (Albedo) wirkt bei tiefen horizontal ausgedehnten Schichtwolken stärker als die Verkleinerung der langwelligen Strahlungsverluste in den Weltraum. So haben tiefe Wolken die Fähigkeit, im Vergleich zum wolkenlosen Himmel das System Erde–Atmosphäre abzukühlen. Umfang und Struktur der Bewölkung sind für das Klima wichtig, da sie die Energieübertragung durch elektromagnetische Strahlung in der Atmosphäre ändern.

Wettergeschehen Vor allem Westwetterlagen bringen Schichtwolken. Der nacheinanderfolgende Aufzug von Cirrostratus-, Altostratus- und Nimbostratuswolken kennzeichnet die Vorderseite der Warmfront in einem Tiefdruckgebiet (siehe Seite 68) und markiert die beginnende Schlechtwetterlage. Der Niederschlag, den der Aufgleitvorgang der Warmluft auslöst, ist in der wärmeren Jahreszeit vielerorts als »Landregen« bekannt. Bei entsprechend niedrigen Temperaturen kommt es zum Schneefall. Auf der Vorderseite der Warmfront, dort, wo die Kaltluft zurückgeht, treten Nebel auf (»Frontalnebel«). Leichte bis mäßige Brise. Der Wind dreht allmählich von Südost über Süd nach Südwest oder West.

Altostratuswolken zusammen mit Altocumuli

Prognose Für die Vorhersage besonders interessant sind die hohen Schichtwolken. Noch vor dem Aufzug der Cirrostratusschicht stellt der Beobachter am Himmel (Richtung West) die fädigen oder bandartigen Cirruswolken (»Eisfahnen«) fest. Frühe Anzeichen einer Störung der herrschenden Wetterlage. Die Bildung der Cirrostratusschicht, das Absinken der Wolkendecke und der Übergang in Altostratus sind sichere Anzeichen für den Schlechtwettereinbruch spätestens am nächsten Tag.

Eis

Beobachtung An verschiedenen Orten und in vielfältigen Erscheinungsformen beobachten wir Eisbildung. Aus der Atmosphäre fällt Eis meist in kristalliner Form aus: z. B. Eisnadeln, Graupeln, Hagel. Auf dem Erdboden bildet sich Eis durch Gefrieren von Bodenfeuchtigkeit: z. B. Glatteis, Eisglätte, Bodenfrost, außerdem durch das Gefrieren der Gewässer. Das Meereseis nimmt mit dem Absinken der Wassertemperaturen festere Formen an (geschlossene Eisdecke). Bei Wind und Seegang beobachten wir das Zerbrechen der Eisdecke und die Bildung von Eisschollen und Packeis. Beim Aufschmelzen der zugefrorenen Gewässer löst der Eisaufbruch die Bildung von Treibeis aus. Eine Vereisung des Bodens beobachten wir auch oft nach Schneefällen (siehe Seite 92) und Hagelschlag. Im Waldschatten oder im Schatten von Bergen liegende Landstriche sind bevorzugte Gebiete für die Eisbildung (z. B. bei Straßen, die durch Wälder führen). Aber auch Windeinfall fördert die Vereisung. Jahreszeitliche Abhängigkeit und Abhängigkeit von der geographischen Breite (Sonnenstand!).
Physik Wasser in festem Aggregatzustand ist Eis. Der Vorgang des Gefrierens tritt bei 0 °C und 101 325 Pa Luftdruck ein. Mit sinkenden Temperaturen wird die Dichte des Wassers nicht größer. Bei 4 °C liegt das Maximum der Dichte, dann wird die Dichte wieder kleiner. Beim Gefrieren nimmt die Dichte um 10 Prozent ab. Bereits vor dem Gefrierpunkt bilden sich im Wasser eisartige Strukturen. Die Entwicklung der Dichte des Wassers bei zunehmender Abkühlung ist die Ursache dafür, daß Eis schwimmt (»Anomalie des Wassers«). Gewässer frieren dadurch von der Oberfläche her nach unten zu. Die Luft erreicht durch Aufwärtsbewegung und Abkühlung den Gefrierpunkt, bei dem der in ihr enthaltene Wasserdampf in feste Form (Eiskristalle) übergeht. Die Höhe des Gefrierpunkts ist nicht konstant (Einschieben wärmerer Luftmassen). Im Mittel nimmt die Temperatur je 100 Meter um ca. 0,5 °C ab.
Wettergeschehen Sinkt die Temperatur unter 0 °C, spricht man von Frostwetter. Frostwetter ist nicht auf den Winter beschränkt. Man spricht vom Frosttag, wenn die tiefste Temperatur unter 0 °C reicht, vom Frostwechseltag, wenn die Temperatur gerade durch 0 °C geht, und vom Eistag, wenn die Temperatur den ganzen Tag nicht über 0 °C steigt. Man unterscheidet:

▷ Strahlungsfrost infolge Ausstrahlung bei klarem, windstillem Wetter (z. B. Nachtfrost im Frühjahr oder Herbst).
▷ Advektivfrost als Folge des Eindringens ortsfremder Kaltluft (z. B. Polarluft bei Nordwetterlagen im Frühjahr).
▷ Bodenfrost bezeichnet Bildung von Frost in Bodennähe bis etwa 2 Meter Höhe (meist die Folge von Strahlungsfrost).

In Mitteleuropa gefriert Wasser im Boden bis 1 m Tiefe (Frosttiefe). Boden mit ständig gefrorenem Wasser (Dauerfrostboden) existiert z. B. in Sibirien und Alaska. Volumenvermehrung des gefrierenden Wassers führt im Boden zu Frostaufbrüchen (Frostschub). Während der Strahlungsfrost überwiegend mit Hochdrucklagen verknüpft ist, wird die den Advektivfrost verursachende arktische Kaltluft sowohl mit Schauerwetter (»Aprilwetter«) als auch mit Schönwetter (z. B. Ostwetterlage mit stationärem Hoch über Skandinavien und Tief über dem Mittelmeer) transportiert.
Prognose Das klare, windstille Wetter bei Strahlungsfrost verspricht vor allem im Herbst und im Winter Stabilität. Kaltlufteinbrüche sind nicht allzulange wetterwirksam. Sie können in höheren Lagen (Gebirge), aber auch im Sommer Schneeglätte und Vereisung bringen. Das nicht mit Eisglätte oder Schneeglätte zu verwechselnde Glatteis zeigt oft den Übergang von Frostwetter zu Tauwetter an, also eine zunehmende Erwärmung (z. B. in der Warmfront bei Westwetterlage).

Eisbildung auf einem Fluß, verbunden mit Schneeanlagerungen und Rauhreif an Bäumen und Sträuchern

Zur Abb. auf Seite 87: Rauhreifbildung an Bäumen und Pflanzen als Folge des Übergangs von unsichtbarem Wasserdampf in feste Eisteilchen (Sublimation)

Feuchtigkeit

Beobachtung Es muß nicht immer Regen oder Schnee sein. Jeder kann seine Erfahrungen mit atmosphärischer Feuchtigkeit sammeln und Beobachtungen dazu machen: im Sommer am Morgen, wenn die Wiesen taunaß sind. Übrigens auch am Abend im Sommer kann man feststellen, daß das Gras plötzlich feucht wird. Urlauber an der See erleben unmittelbar die Wirkung der feuchten Meeresluft. Aber auch im Binnenland empfindet man deutlich, ob Luft trocken oder feucht (»schwül«, »dampfig«) ist. Eine andere interessante Beobachtung: das Beschlagen der Scheiben innen von Autos und Eisenbahnwaggons, wenn der über Nacht ungeheizte Innenraum erwärmt wird. Manchmal beschlagen sich die Scheiben nicht nur, es rinnt regelrecht Wasser daran herunter.

Physik Immer ist in der Luft Wasserdampf enthalten, einmal mehr, einmal weniger. Wasserdampf ist gasförmig in der Luft. Man kann Wasserdampf weder sehen noch riechen oder schmecken. Bei einer bestimmten Temperatur kann die Luft stets nur eine begrenzte Menge Wasserdampf aufnehmen. Je wärmer Luft ist, um so mehr Feuchtigkeit (Wasserdampf) kann sie aufnehmen. Umgekehrt vermindert Abkühlung der Luft die Wasserdampfaufnahme. Je Kubikmeter (m^3) Luft lauten die Werte:

Menge Wasserdampf in g	Temperatur in °C	Menge Wasserdampf in g	Temperatur in °C
30,3	+30	4,8	0
17,3	+20	2,4	−10
9,4	+10	1,1	−20

Da die Temperatur eine so wichtige Rolle spielt, genügt es nicht allein zu wissen, wieviel Feuchtigkeit eine Luftmasse enthält. Es hat sich deshalb eingebürgert, das Verhältnis der absoluten Feuchtigkeit zu der bei einer Temperatur maximalen (»Sättigungsfeuchtigkeit«) zu bestimmen. Das Ergebnis ist die »relative Feuchtigkeit«. Zum Beispiel: In einer Luft von 20 °C mit 10 Gramm Wasserdampf im Kubikmeter ist die relative Feuchtigkeit

$$\frac{10 \times 100}{17{,}3} \quad \left(\frac{\text{absolute Feuchtigkeit} \times 100}{\text{Sättigungsfeuchtigkeit}}\right)$$

Das Ergebnis lautet (aufgerundet): 60 Prozent relative Luftfeuchtigkeit. Wird dieser Kubikmeter Luft mit 10 Gramm Wasserdampf von 20 auf 10 °C abgekühlt, sinkt die Sättigungsfeuchtigkeit auf 9,4 Gramm Wasserdampf, und der Überschuß von 0,6 Gramm fällt als flüssiger Wasserdampf aus: am Boden kommt es zur Taubildung im Sommer. Oder zur Reifbildung in der kälteren Jahreszeit. Übrigens wird der Punkt, bei welchem in einer Luftmasse die Sättigungsgrenze (= 100 Prozent Luftfeuchtigkeit) erreicht wird, »Taupunkt« genannt.

Wettergeschehen Zum Verständnis des Wettergeschehens ist das Wissen um die Feuchtigkeit in der Luft und ihr Verhalten bei Erwärmung und Abkühlung äußerst wichtig. Erwärmte Luft behält ihren Gehalt an Wasserdampf. Die relative Feuchtigkeit wird geringer. Diese Luft wird relativ trockener. Abkühlung der Luft hingegen führt zur Vergrößerung der relativen Luftfeuchtigkeit bis hin zur Sättigungsgrenze und darüberhinaus zur Kondensation von Wasserdampf (z. B. Wolken) oder Sublimation (z. B. Eiskristalle). Die Kondensation ist am Boden mit der Taubildung, die Sublimation mit der Reifbildung verbunden.

Prognose Warme Luft mit hoher relativer Feuchtigkeit begünstigt die Bildung von Wolken und Niederschlägen. Je kälter die Luft ist und je geringer ihre relative Feuchtigkeit, um so hemmender wirkt das auf die Wolken- und Niederschlagsbildung.

Rauhreifbildung (siehe auch Seite 85)

Hagel

Beobachtung Kugel-, ei- oder birnenförmige Eisstücke, die schauerartig vornehmlich während eines Gewitters niedergehen. Der Durchmesser dieser Eisstücke wechselt zwischen 5 und 50 mm. Bei einzelnen Hagelfällen wurden schon Hagelkörner mit einem Gewicht von 1 kg und einem Durchmesser von 6–7 cm beobachtet. Körner, die kleiner als 5 mm im Durchmesser sind, heißen Graupeln. Typisch für ein zu erwartendes Hagelunwetter sind sehr ausgeprägte Wolkentürme (Cumulonimbus). Bei näherem Heranrücken des Unwetters kennzeichnet diese Wolken eine Zerfaserung an den oberen Rändern, die die starke Aufwärtsbewegung und Vereisung verraten. Dabei ist die Wolkenfärbung oft fahlgelb (schwefelgelb) bis schwarzgrau. Auffallend ist die scharfe räumliche Begrenzung des Hagelschlags auf einige Quadratkilometer. Der Hagelschlag dauert meistens nicht länger als eine Viertelstunde.

Physik Vor allem in den Quellwolken des Gewitters herrschen starke Auf- und Abwinde, die den Niederschlag eine Weile in der Luft auf und ab bewegen, bevor er zur Erde niederfällt. Wegen ihrer Höhe enthalten Gewitterwolken immer Eisteilchen und Tropfen aus unterkühltem Wasser (siehe Seite 109). Je mehr Eisteilchen zusammenbacken, umso größer wird ihr Gewicht. Beim Niederfallen treffen sie auf die unterkühlten Wassertropfen, die anfrieren (Vergraupelung). Die Wassertropfen legen sich entweder einzeln um das Eis (Reifgraupeln) oder sie bilden eine milchige Eisschicht (Frostgraupeln). Dort, wo der Aufwind nun besondere Geschwindigkeiten entwickelt (in sogenannten »Aufwindschloten« 30 m/s und mehr), werden diese Graupeln am Niederfallen gehindert. Der Aufwind hält sie in Schwebe oder führt sie wieder nach oben. Dabei nimmt die Vereisung zu und die Graupeln wachsen zu Hagelkörnern aus. Dieser Prozeß dauert mindestens eine Stunde lang, bevor die »fertigen« Hagelkörner endgültig zu Boden fallen. Das Gewicht der Körner ist dann so groß geworden, daß es den Gegendruck des Aufwinds überwinden kann. Der schalenförmige Aufbau der Hagelschlossen bestätigt den Prozeß des wiederholten Anfrierens von Tropfen unterkühlten Wassers.

Wettergeschehen Bevorzugt für die Bildung von Graupel- und Hagelschauern sind Wärme- und Frontgewitter. Aber auch bei West- und Nordwetterlagen, wenn polare Kaltluft herangeführt wird und unbeständiges Schauerwetter herrscht, können Eisstückchen als Niederschlag auf die Erdoberfläche gelangen. Hierbei handelt es sich dann in der Regel um Graupeln. Beispiel: das wechselhafte »Aprilwetter« mit Regen-, Schnee- und Graupelschauern. Nicht alle Graupeln und Hagelkörner kommen in fester Form auf den Boden nieder. Schmelzen sie beim Fallen durch die Luft, kommen sie als vorwiegend größere bis sehr große Regentropfen unten an.

Da mit Hagelfall oft schwerste Schäden auf Feldern und in Obst- und Gemüsegärten verbunden sind, zum Teil auch an Gebäuden und Fahrzeugen, wird in besonders gefährdeten Gegenden eine Hagelabwehr organisiert. Kanonenschüsse sind z. B. wirkungslos. Mehr verspricht man sich davon, das Wachstum der Hagelkörner rechtzeitig zu unterbinden. Dazu werden Silberjodid und andere Silberverbindungen in die Gewitterwolken geschossen.

Prognose Im Zusammenhang mit einem Gewitter siehe Seite 62. Ohne Gewitter häufig Anzeichen einer Kaltfront. Kommt die Kaltfront am Beobachtungsort an, legt der Wind zu, die Temperatur sinkt, der Luftdruck steigt und der Niederschlag fällt nicht selten in Form von Graupeln, ja sogar kleinen Hagelkörnern, begleitet von schauerartigen, ergiebigen Regenfällen. Auch für die nächsten Tage bleibt das Wetter unbeständig und die Neigung zu Regenfällen (in der kälteren Jahreszeit Schneefälle!) erhalten.

Starke Quellbewölkung mit Hagelschauer ▷

Regen

Beobachtung Niederschlag in Form von Wassertropfen. Wir beobachten verschieden starken Regen. Das fängt an bei feinem Nässen, das meist mit Nebel verbunden ist. Dann gibt es den Niesel- oder Sprühregen, dessen Tropfen ebenfalls kleine Durchmesser haben. Entsprechend gering ist auch die Fallgeschwindigkeit. Stärker ist der sogenannte Landregen (Stauregen). In Verbindung mit einem Gewitter (siehe Seite 62) treten Regenschauer (Platzregen) oder Wolkenbrüche auf. Hier sind die Regentropfen sehr groß und der Regen fällt kräftig nieder. Platzregen sind sehr ergiebig und bringen schon in kurzer Zeit erstaunliche Niederschlagsmengen. In der kälteren Jahreszeit, vornehmlich in der Übergangszeit im Herbst und im Frühjahr, beobachten wir Regen, der beim Auftreffen auf Gegenstände sofort gefriert (Glatteisbildung!).
Physik Die Luft enthält Wasserdampf. Abkühlung der Luft führt zur Verflüssigung dieses Wasserdampfs, er kondensiert. Dabei gilt das physikalische Gesetz, daß Luft bestimmter Temperatur nur eine bestimmte Menge Wasserdampf aufnehmen kann: ein Kubikmeter Luft enthält bei 20 °C 17,3 Gramm Wasserdampf, bei 0 °C nur noch 4,8 Gramm. Der kondensierte Wasserdampf fällt aus den Wolken als Niederschlag, z. B. Regen, aus oder er verdunstet, bevor er die Erdoberfläche erreicht hat. Deshalb ist es wichtig für die Bildung von Niederschlag, daß die Wassertropfen oder Eiskristalle in der Luft wachsen. Nur wenn sie groß und schwer genug sind, können sie bis auf den Erdboden fallen. Das Zusammenwachsen mehrerer Teilchen kondensierten Wasserdampfs wird sehr vom Auf- und Abbewegen in der Luft und vom elektrischen Zustand der Wolke beeinflußt. Ein normaler Regentropfen von einigen Millimetern Durchmesser setzt sich aus 1 000 000 feinsten Wolkentropfen zusammen.

Regen	Tropfendurchmesser	Fallgeschwindigkeit
Nebelnässen	0,006–0,06 mm	0,10–20 cm/s
Sprühregen	0,06–0,6 mm	20–100 cm/s
Landregen	1–3 mm	150–400 cm/s
Platzregen	4–6 mm	500–800 cm/s

Regenhöhe ist die Menge, die in einer bestimmten Zeit fällt (Millimeter je Tag und Quadratmeter). Der Tag, an dem wenigsten 0,1 mm Regen gefallen ist, heißt Regentag.
Wettergeschehen Strömt Warmluft auf ruhende Kaltluft, gleitet erstere auf. Es bilden sich Schichtwolken, die Regen bringen. Das ist z. B. der Fall, wenn feuchte Meeresluft von West- nach Mitteleuropa fließt (Westwetterlage). Aber auch beim Einbruch von Kaltluft auf ruhende Warmluft kommt es zu kräftiger Wolkenbildung (Haufenwolken) mit Regenschauern. Dieser Kaltlufteinbruch kann sowohl aus dem Westen als auch aus dem Norden (Nordwetterlage) kommen. Bei entsprechender Abkühlung geht der Regen in Schneefall über. Starke Regenfälle bringen die sommerlichen Wärmegewitter mit sich. Mehrtägige Regenfälle sind in manchen Gebieten orographisch (vom Relief her) bedingt (Alpen, Mittelgebirge), wenn die anströmende Luft gestaut wird (Stauregen). Kommen die regenbringenden Luftströmungen vorwiegend an einer Gebirgsseite an, liegt das Gebiet auf der anderen Gebirgsseite im Regenschatten, da der meiste Niederschlag bereits vor dem Überströmen des Gebirges gefallen ist (z. B. Norwegen: regenreiche Westküste und regenarmes Südnorwegen).
Prognose Je heftiger ein Regen niedergeht und je größer die Tropfen sind, umso kürzer ist seine Dauer. Ziehende, tiefhängende Wolken nach einem anhaltenden Regen weisen auf keine Wetteränderung: die nachfolgende Luft ist feucht und kalt und vermag die Wolken nicht aufzulösen.

Regengebiet beim Durchzug einer Kaltfront
Cumulonimbuswolken mit ausfallendem Schauer

Schnee

Beobachtung Schnee ist eine Form des Niederschlags, besonders im Winter, wenn die Temperatur nahe 0 °C ist. Während um diese Temperatur oft dichtes Schneetreiben herrscht und typische Schneeflocken auftreten, beobachtet man bei tieferen Temperaturen sogenannte Schneesterne in verschiedenen Kristallformen. Mit tieferen Temperaturen werden die Schneefälle weniger ergiebig oder lassen ganz nach. Auch bei Temperaturen über 0 °C fällt Schnee, meist in Form kürzerer Schneeschauer. Sie treten noch auf bei +5 bis +8 °C und begleiten immer wieder das Wettergeschehen im Frühjahr und im Herbst. Besonders der Wintersportler unterscheidet die Qualität des Schnees: den feinkörnigen, trockenen Pulverschnee oder den grobkörnigen, feuchten Pappschnee (vor allem bei Temperaturen um oder über 0 °C). Der gefallene Schnee erfährt eine Verdichtung als Folge von Sackung und Schmelzen (Firnbildung). Das Eintreten und Einfahren von Schnee auf Wegen und Straßen führt zu Schneeglätte. Sogenannte Schneeverwehungen bilden sich im Windschatten und können beachtliche Dimensionen erreichen. Besonders im Gebirge treibt der Wind an bestimmten Stellen Schnee zusammen. Es bilden sich gefährliche Schneewächten, die schon häufig zu Lawinenunglücken führten.

Physik Schnee entsteht in der Luft durch Gefrieren von unterkühlten Wassertropfen bei Temperaturen von −12 bis −16 °C. Es bilden sich Schneekristalle in verschiedenen Formen. Nadeln, Prismen, Sterne, Plättchen. Diese Schneekristalle haben Durchmesser von 0,005 bis einige Millimeter. Ihre Stärke beträgt ungefähr $^1/_{10}$ ihres Durchmessers. Der Sättigungsdampfdruck (siehe Seite 106) und die Temperatur beeinflussen Form und Größe der Schneekristalle. Nahe dem Nullpunkt verketten sich Schneekristalle und es kommt zu der bekannten Bildung von Schneeflocken. Da es bei sehr tiefen Temperaturen nur wenig Feuchtigkeit in der Luft gibt, sind die ergiebigen Schneefälle auf Temperaturen um 0 °C beschränkt. Deshalb treten die intensiveren Schneefälle auch in mittleren Breiten und nicht in der Arktis oder Antarktis auf. Die Schneegrenze markiert die Abgrenzung zwischen schneebedeckten Gebieten und schneefreien. Sie ist abhängig von der Höhenlage des Gebiets und den dort herrschenden durchschnittlichen Temperaturen sowie dem Umfang der festen Niederschläge. Beispiele für ständig schneebedeckte Gebiete (mit Vergletscherung):

Gebiet	Höhe (Untergrenze)
Alpen-Nordseite	2500 m
Zentralalpen	2900 m
Alpen-Südseite	2700 m
Island	700 m
Pyrenäen	2600 m
Skandinavien	1300 m
Spitzbergen	300 m

Wettergeschehen Erreicht die Temperatur an der Erdoberfläche die Null-Gradgrenze, kommt der Niederschlag, der sonst als Regen fällt, als Schnee. Grundsätzlich ist deshalb das Wettergeschehen mit demjenigen bei Regen (siehe Seite 90) vergleichbar. Bemerkenswert ist, daß die ergiebigsten Schneefälle während des Aufgleitens warmer Luft (»Aufgleitfront«, siehe Seite 70) fallen. Während im Gebirge der Schnee liegenbleibt, taut ihn im Flachland häufig die weiter nachfolgende Warmluft, die verhältnismäßig bodennah ist, wieder auf. Das von Nordwetterlagen im Frühjahr ausgelöste Schauerwetter ist mit Schneefällen auch im Flachland verbunden. Es ist die arktische Kaltluft, die zu den Kälteeinbrüchen führt. An Kaltluftfronten bilden sich Wintergewitter (Frontgewitter), die häufig von kräftigem Schneetreiben begleitet sind.

Prognose Bei großer Kälte, etwa ab –5 bis –10 °C, gibt es selten Schneefälle. Es kommt allenfalls zur Bildung des sogenannten »Diamarnstaubs«, eines sehr feinen Niederschlags in Form von Schneekristallen. Vor allem im Flachland folgt auf ergiebige Schneefälle meist wärmeres Wetter (Tauwetter), wenn die Schneefälle in Verbindung mit einer ausgeprägten Westwetterlage zustande gekommen sind. Bei ausgedehnten Schneefeldern erwärmt sich die Luft nur langsam, da die Verdunstung des Schnees viel Energie verzehrt.

Wetterhütte und Meßgeräte auf dem Hohen Peißenberg in Oberbayern (Meteorologisches Observatorium)

Meteorologische Elemente

Über die Kräfte, die das Wetter machen, wurde bereits auf Seite 11 ein Überblick gegeben. Eine für die Wetterbeobachtung und die Wettervorhersage besonders wichtige Rolle spielen die »meteorologischen Elemente«: *Luftdruck, Lufttemperatur, Luftfeuchte, Luftdichte und Luftströmung (Wind).* Mit ihrer Hilfe kann man wesentliche Teile des Wettergeschehens – nicht alle! – beschreiben und erklären. Und die dem Naturfreund möglichen Wetterbeobachtungen stützen sich fast stets auf diese Bestimmungsgrößen. Zwei Gründe, sich damit noch eingehender zu beschäftigen. Um gleich zur praktischen Anwendung vorzustoßen, machen die jeweils typischen Meßgeräte den Anfang.

Der Luftdruck

Das am weitesten verbreitete Gerät zur Messung des Luftdrucks ist das Aneroid- oder Metalldosenbarometer. Es besteht aus einer luftleer gepumpten Dose (Stahlblech, Beryllium). Diese Dose wird vom steigenden Luftdruck zusammengepreßt. Bei fallendem Luftdruck kann sich die elastische Metallfläche wieder ausdehnen. Zusammendrücken und Ausdehnen der Metalldose werden auf einen Zeiger mit Hilfe eines Hebelmechanismus übertragen. Maßgeblich für die Wetterbeobachtung sind:
1. Steigen oder Fallen des Luftdrucks
2. Geschwindigkeit des Steigens oder Fallens.

Deshalb besitzen Barometer einen Vergleichsanzeiger, der beim Ablesen über dem Zeiger des Meßwerks bewegt wird. So lassen sich Veränderungen markieren. Den Barometerangaben »Trocken«, »Schön«, »Veränderlich« oder »Regen« sollte man indessen wenig Bedeutung beimessen. Wer die Luftdruckschwankungen in ein Maßsystem bringen will, der benötigt eine geeichte Skala,

> entweder
> Millimeter Quecksilbersäule (Torr, mm Hg)
> oder
> Millibar (mbar), jetzt abgelöst durch Hektopascal (hPa)

Siehe dazu auch die Angaben auf Seite 14. Ein gutes Quecksilberbarometer ist für Eichzwecke am besten geeignet. Übrigens werden in den angelsächsischen Ländern die Angaben häufig in Zoll (inches Hg) gemacht. Nachfolgende Tabelle gibt einen Überblick über die Beziehung der drei Luftdruckmaße zueinander:

Millimeter Quecksilbersäule	Hektopascal	Zoll Quecksilbersäule
720	960	28,35
724	965	28,5
727,5	970	28,65
731	975	28,8
735	980	28,9
739	985	29,1
742,5	990	29,25
746	995	29,4
750	1000	29,5
754	1005	29,7
757,5	1010	29,8
761	1015	30
765	1020	30,1
769	1025	30,3
772,5	1030	30,4
776	1035	30,55
780	1040	30,7

Für die in der Praxis hauptsächlich vorkommenden Luftdruckmaße mm Hg und hPa (mbar) gilt bei Umrechnungen folgende Beziehung:

1 mm Hg = 1,333 hPa (mbar)
1 hPa = 0,750 mm Hg

Ein einfaches Verfahren, um Luftdruckschwankungen über eine längere Zeit hinweg zu verfolgen, besteht darin, daß man die am Barometer abgelesenen Werte auf Millimeterpapier aufträgt: die Tage waagrecht (5 mm pro Tag) und die Luftdruckwerte senkrecht. Wir gehen dabei von einem mittleren Luftdruck von 760 mm Hg (= 1013 hPa) aus. Die Barometerablesung sollte täglich zum gleichen Zeitpunkt durchgeführt werden. Nützlich ist es, jeweils noch die eingetretene Wetterlage anzugeben. Über Wochen und Monate hinweg sammelt man auf diese Weise eigene Erfahrungen über Wettergeschehen und Luftdruck.
Dabei wird der aufmerksame Beobachter bald feststellen, daß z. B. hoher Luftdruck nicht stets mit schönem Wetter verbunden ist. Das tatsächliche Wettergeschehen hängt nicht allein vom Luftdruck ab!
Die Aufzeichnungen auf das Millimeterpapier lassen sich auch mechanisch machen. Das Gerät dazu ist der Barograph (Luftdruckschreiber). Um genügend große Anzeigen zu gewinnen, besteht ein Barograph aus mehreren Metalldosen. Die Luftdruckmessungen teilen sich einem Schreibhebel mit, der sie mit Spezialtinte auf Vordrucke überträgt. Diese Vordrucke befinden sich auf einer langsam drehenden Trommel (wöchentlich eine Umdrehung),

die ein Uhrwerk antreibt. Der Barograph muß, sollen seine Aufzeichnungen unverfälscht sein, einen ruhigen, erschütterungsfreien Standort haben.
Ein praktisches Gerät, um wetterbedingte Luftdruckänderungen zu erkennen, ist der Höhenmesser, wie ihn vor allem Bergsteiger mit sich führen. Es wurde schon auf Seite 14 darauf hingewiesen, daß der Luftdruck mit der Höhe abnimmt. Mit Hilfe des Höhenmessers kann man das praktisch kennenlernen. Es gibt Höhenmesser, die außer Skala und Zeiger für die Höhenmessung auch eine Barometerskala in mm Hg, mbar, hPa oder inches Hg haben. Damit ist es möglich, den absoluten, den mittleren und den auf Meereshöhe reduzierten Barometerstand zu bestimmen. Markierungen im Deckglas gestatten, kurzfristige Änderungen des Barometerstandes zu ermitteln. Der Benutzer eines solchen Höhenmessers ist in der Lage, die Tendenz des Luftdrucks festzustellen. Bei Bergwanderungen muß er sich aber stets darüber klar sein, daß jede Höhenveränderung – und ein guter Höhenmesser reagiert auf ± 10 Meter! – angezeigt wird. Der sich mit der Höhe ändernde Luftdruck hat aber nichts mit dem Wettergeschehen zu tun.

In den unteren Schichten der Atmosphäre nimmt der Luftdruck pro 11 Meter Höhenerhebung um 1 mm Quecksilbersäule (= 4/3 hPa) ab. Eine Bergtour mit dem Barometer macht das deutlich. Noch besser zeigt dies ein gebräuchlicher Höhenmesser an, der nichts anderes ist als ein Metallbarometer. Er ist nur mit einer Höhenskala statt mit einer Druckskala versehen. Der Höhenmesser zeigt auch die witterungsbedingten Luftdruckschwankungen an. Es gibt Höhenmesser, die mit der entsprechenden Eichung versehen sind (Gebrauchsanleitung beachten!). Da der Luftdruck zeitlich und örtlich veränderlich ist, muß der Höhenmesser vor Benutzung in einer bekannten Höhe (z.B. Talstation der Bergbahn) eingestellt werden.

▷ **Absoluter Barometerstand** Der am Beobachtungsort tatsächlich herrschende Luftdruck. Wichtig für die Wettervorhersage ist die Vergleichbarkeit mit Messungen an anderen Orten (siehe »Reduzierter Barometerstand«).

▷ **Mittlerer (relativer) Barometerstand** Die im Durchschnitt mit der Höhe zu erwartende Druckabnahme in der »Normalatmosphäre«. In 0 Meter Höhe 760 mm Hg (= 1013 hPa), in 500 Meter Höhe 716 mm Hg (= 954,5 hPa), in 1000 Meter Höhe 674 mm Hg (= 899 hPa), usw. In den unteren Luftschichten Abnahme 1 hPa je 8 Meter Höhe.

▷ **Reduzierter Barometerstand** Der auf Meereshöhe (»Normal Null«) reduzierte Barometerstand auch für Messungen höher gelegener Stationen dient der Vergleichbarkeit der Messungen. Meereshöhe = 0 Meter = 760 mm Hg oder 1013 hPa. Am besten eicht man sein Barometer bei konstantem Luftdruck nach den Angaben der amtlichen Wettervorhersage (Rundfunk!) nahe dem Beobachtungsort. In der Durchsage heißt es z. B.: »Luftdruck, reduziert auf mittleren Amsterdamer Pegel (= Meereshöhe) 765 mm = 1020 Hektopascal«. Den angegebenen Wert stellt man mit der Justierschraube auf der Rückseite der meisten Barometer ein.

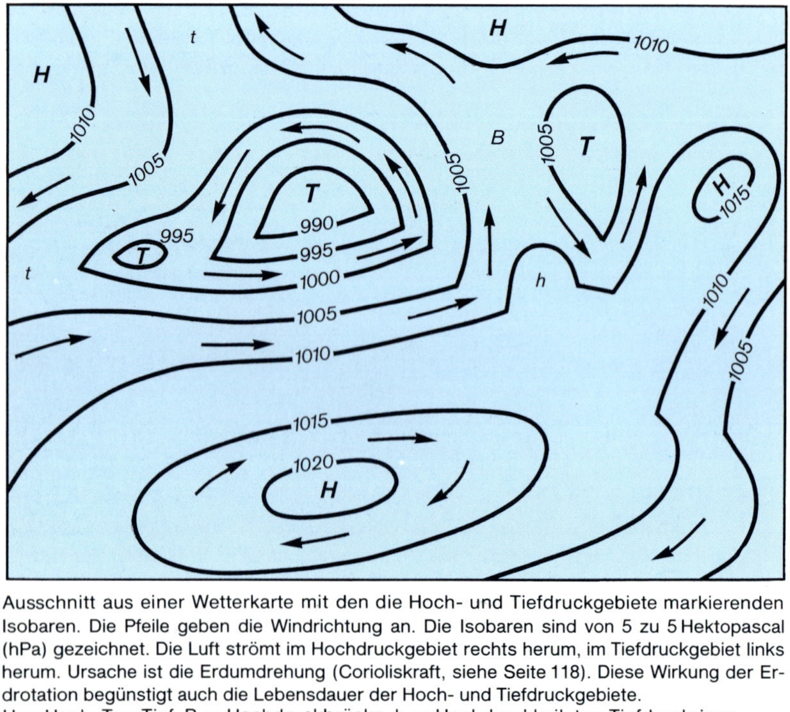

Ausschnitt aus einer Wetterkarte mit den die Hoch- und Tiefdruckgebiete markierenden Isobaren. Die Pfeile geben die Windrichtung an. Die Isobaren sind von 5 zu 5 Hektopascal (hPa) gezeichnet. Die Luft strömt im Hochdruckgebiet rechts herum, im Tiefdruckgebiet links herum. Ursache ist die Erdumdrehung (Corioliskraft, siehe Seite 118). Diese Wirkung der Erdrotation begünstigt auch die Lebensdauer der Hoch- und Tiefdruckgebiete.
H = Hoch, T = Tief, B = Hochdruckbrücke, h = Hochdruckkeil, t = Tiefdruckrinne.

Der Luftdruckverlauf zeigt einen deutlichen Tagesgang: steigende Tendenz am Vormittag und um Mitternacht. Luftdruckfall am Nachmittag, vor allem im Sommer als Folge der Erwärmung. Diese täglichen Schwankungen, sie betragen im Mittel 1 hPa, haben zum Teil nichts mit dem Wettergeschehen zu tun. Sie sind vielmehr Ebbe und Flut ähnlich und werden vom Stand von Sonne und Mond ausgelöst. Diese täglichen Schwankungen lassen sich besonders gut während einer konstanten Wetterlage beobachten. Auf Bergen zeigen sie übrigens entgegengesetzte Wirkung: nachmittags steigende Tendenz, weil die aufströmende Luft Druckanstieg auslöst.
Auch jährliche Mittelwerte sind festgestellt worden, die für die Monate August bis September eine Tendenz zu höherem Luftdruck und im April zu niedrigerem Luftdruck erkennen lassen. Auf den Bergen ist die Zeit höheren Drucks im Sommer, diejenige tieferen im Winter. Diese Beobachtungen hängen mit dem Wettergeschehen zusammen: die tiefdruckarmen Wetterlagen sind charakteristisch für den Herbst, während im Frühjahr Tiefdruckgebiete häufiger das Wettergeschehen beeinflussen. Auf den Bergen spielen vor allem die winterlichen Tiefdrucklagen eine Rolle.
Das Barometer zeigt die über dem Beobachtungsort befindliche Luftsäule an. Kaltluft ist schwer und »drückt« auf das Barometer. Wir registrieren hohen Luftdruck. Warmluft ist leicht, das Barometer zeigt fallenden Luftdruck an. Brauchbare Anhaltspunkte für das bevorstehende Wettergeschehen liefert in erster Linie die Geschwindigkeit der Luftdruckveränderung.

Barometerstand	**Hektopascal/Stunde**	**Wettergeschehen**
Steigend	0,25–0,5	Aufkommende Hochdrucklage (längerfristig)
Steigend	1–2	Zwischenhoch (kurzfristig)
Fallend	0,25–0,5	Aufkommende Tiefdrucklage (längerfristig)
Fallend	1–2	Stürmische Wetterlage Im Sommer Gewitter

Es gibt eine Reihe von Abweichungen von dem Prinzipiellen, das die Tabelle vermittelt. Dafür ein paar Beispiele.
Am Standort des Beobachters zeigt das Barometer **fallende Tendenz.** Trotzdem ist das Wetter nachfolgend schön. Warme Luft aus dem Süden gelangt bodennah nach Norden. Ein Vorgang, auf den das Barometer mit Luftdruckfall reagiert. Die bodennahe Warmluft kommt besonders schnell vorwärts (schneller als in der Höhe) und auf ihrer Rückseite dringt kalte Luft aus der Höhe ein. Diese absinkende Luft aber löst die Wolken auf und läßt die Sonne scheinen.
Am Standort des Beobachters zeigt das Barometer **steigende Tendenz.** Trotzdem ist das Wetter nachfolgend wolkig und regnerisch. Hier ist es

bodennahe Kaltluft aus dem Norden, die rasch südwärts gelangt. Ein Vorgang, auf den das Barometer mit Luftdruckanstieg reagiert. Die kalte Luft schiebt die darüberliegende stationäre Warmluft in die Höhe. Das aber bedeutet Abkühlung für die warme Luft mit den bekannten Folgen: Wolkenbildung, Niederschlag.
Nach dem Durchzug eines Tiefdruckgebiets lösen eindringende Kaltluftkeile oft **raschen Luftdruckanstieg** aus. Trotzdem stürmt, regnet oder schneit es danach. Auch hier hebt die kalte Luft warme und löst die Abkühlung der letzteren aus.
Schließlich: im Verlauf eines länger dauernden Hochdruckwetters beobachtet man weiteren **Druckanstieg.** Gleichzeitig wird es aber nicht klarer und sonniger, vielmehr wird die Fernsicht geradezu schlecht und der Himmel diesig (dunstig) (siehe Seite 48).
Die Darstellung des Luftdruckverlaufs auf Wetterkarten geschieht mit Hilfe der sogenannten »Isobaren«. Dabei werden alle Orte gleichen Luftdrucks durch Linien verbunden. Die Isobaren sind in den Wetterkarten in der Regel von 5 zu 5 Hektopascal (hPa), eingezeichnet. Selbstverständlich werden vorher die Messungen, die ja von Stationen mit verschiedenen Höhen stammen, auf Meereshöhe reduziert.
Das Hochdruckgebiet erkennt man daran, daß es von Isobaren umgeben ist, die nach allen Seiten tieferen Luftdruck anzeigen. Die das Tiefdruckgebiet umgebenden Isobaren signalisieren steigenden Luftdruck nach allen Seiten. Besonders interessant ist es, zu sehen, welche Abstände die Isobaren voneinander haben. Denn der Abstand der Isobaren macht das herrschende Druckgefälle deutlich.

Abstand der Isobaren	**Druckunterschied**	**Wettergeschehen**
gering	groß	turbulent (stürmisch)
groß	gering	ruhig (geringer Wind)

Rechnerisch wird der Druckunterschied dadurch erfaßt, daß man den »Gradienten« bestimmt. Er ist das Luftdruckgefälle in Hektopascal (Millibar) auf einer Strecke von 60 Seemeilen, gemessen senkrecht zu den Isobaren. Beispiel: der Abstand zwischen einer 1005-hPa- und einer 1010-hPa-Isobare beträgt 50 Seemeilen. Die Rechnung lautet:

$$50:60 = 5:\times,\ \times = \frac{5 \cdot 60}{50} = 6$$

Der Gradient beträgt in diesem Fall 6 hPa auf 60 Seemeilen.
Entscheidend in die Strömungsvorgänge bei den großräumigen Luftbewegungen greift die Rotation der Erde ein. Die aus der Luftdruckverteilung hervorgegangenen Luftströmungen können nur unter Berücksichtigung der sogenannten »Corioliskraft« (siehe Seite 120) erklärt werden.

Die Lufttemperatur

Die im Handel erhältlichen Thermometer sind Flüssigkeitsthermometer mit Alkohol- oder Quecksilberfüllung oder Bimetall-Thermometer. Letztere besitzen zum Teil Justierschrauben. Das Prinzip der Flüssigkeitsthermometer beruht auf der Ausdehnung bei Erwärmung und Zusammenziehen bei Abkühlung, denen die Alkohol- oder Quecksilberfüllung unterworfen ist. Beim Bimetall-Thermometer sind es zwei aufeinandergeschweißte, gekrümmte Metallstreifen von unterschiedlichem Wärmeausdehnungsvermögen. Bimetall-Thermometer finden vor allem in Lufttemperaturschreibern (»Thermographen«) Verwendung. Sie registrieren den Temperaturverlauf schriftlich genauso wie der Barograph (siehe Seite 96).
Sehr nützlich für Zwecke der Wetterbeobachtung ist das Maximum-Minimum-Thermometer, das die Höchst- und die Niedrigsttemperatur einer Beobachtungsepoche (Tag, Nacht) mit Hilfe von Metallstiften fixiert, die die Alkohol- oder Quecksilberfüllung bewegt.
Bei der Gradeinteilung der Temperatur geht man vom Gefrierpunkt und vom Siedepunkt des Wassers aus. Die zwischen beiden Punkten liegende Strecke, die die Flüssigkeit im Thermometer zurücklegt, wird gleichmäßig in Grade eingeteilt. Bei der Celsius-Skala, benannt nach dem schwedischen Astronomen Anders Celsius (1701–1744), sind es 100 Grade. Bei der Fahrenheit-Skala, benannt nach dem in Danzig geborenen Physiker Daniel Gabriel Fahrenheit (1686–1736), 180 Grade, und bei der Réaumur-Skala, benannt nach dem französischen Biologen und Technologen René-Antoine Réaumur (1683–1757), 80 Grade. Während die Fahrenheit-Skala noch in angelsächsischen Staaten verwendet wird, setzt sich international die Celsius-Skala immer mehr durch, weil ihre Einteilung in das Zehnersystem paßt.

Vergleichstabelle der Thermometer-Skalen

Celsius	*Fahrenheit*	*Réaumur*
−25°	−13°	−20°
−15	+ 5	−12
− 5	+23	− 4
0	+32	0
+ 5	+41	+ 4
+10	+50	+ 8
+15	+59	+12
+20	+68	+16
+25	+77	+20

Fixpunkte der Thermometer-Skalen

	Celsius	*Fahrenheit*	*Réaumur*
Gefrierpunkt	0°	+32°	0°
Siedepunkt	+100°	+212°	+80°

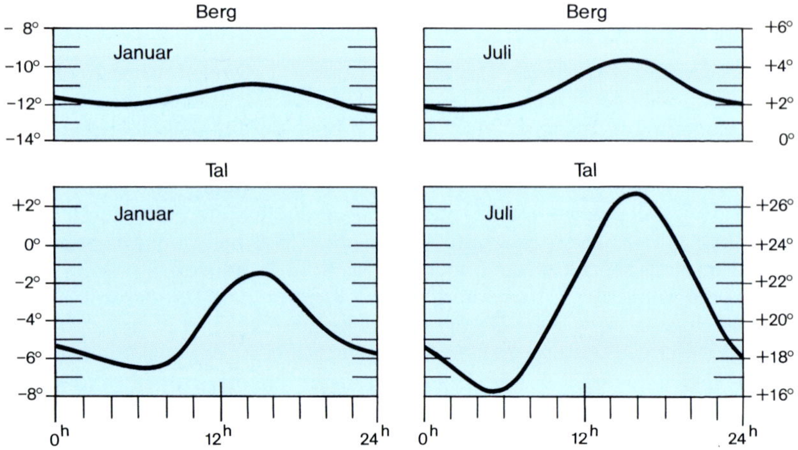

Tagesgang der Lufttemperatur auf dem Berg und im Tal

Um zu kontrollieren, ob die Angaben eines Thermometers stimmen, füllt man ein Glas mit Eis und taucht das Thermometer so tief wie möglich ein. Der Nullpunkt entspricht der Temperatur von schmelzendem Eis: das Thermometer muß 0 °C anzeigen. Anschließend ein Versuch in warmem Wasser (ca. 35 °C). Hier liefert ein Vergleich mit einem Fieberthermometer, das sehr sorgfältig geeicht ist, die Bestätigung, ob die Skala in Ordnung ist.

Um auch tatsächlich die **Lufttemperatur** zu messen, ist neben der Eichung des Thermometers vor allem darauf zu achten, daß das Thermometer an einem gut durchlüfteten und nicht der Sonneneinstrahlung ausgesetzten Ort

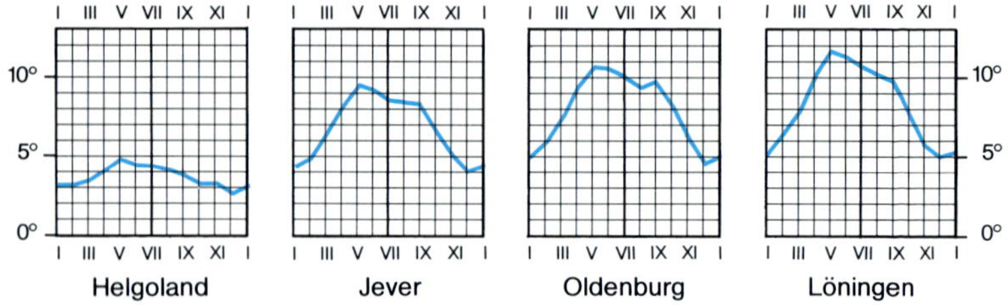

Mittlere tägliche Schwankung der Lufttemperatur an der Küste und im Binnenland

aufgestellt wird. Fenster- oder Hausnähe führen zu verfälschten Werten. Nicht ohne Grund stellen die Meteorologen das Thermometer, zusammen mit anderen Instrumenten, in luftdurchlässigen, weiß lackierten Holzhäuschen zwei Meter über grasbewachsenem Boden auf.

Zu beobachten ist bei der Lufttemperatur der tägliche Ablauf, der über Festland stärkere Schwankungen zeigt als über Meer. In beiden Fällen liegt das Minimum kurz vor Sonnenaufgang und das Maximum um 14 Uhr. Während aber bei ungestörter Ein- und Ausstrahlung über Kontinentaleuropa Schwankungen (zwischen Minimum und Maximum) zwischen 5 und 10 °C auftreten können, liegen die Unterschiede auf offenem Meer in der Regel nur bei einigen °C. Das hat seine Ursache in der verschiedenen Erwärmung von Festland und Meer (siehe Seite 168).
Zu beobachten ist bei der Lufttemperatur auch ein jährlicher Ablauf. Wieder sind Unterschiede zwischen Festland und Meer vorhanden:

Beobachtungsort	**Durchschnittliche Januartemperatur**	**Durchschnittliche Julitemperatur**
Jakutsk in Sibirien	−42,9° C	18,8° C
Thorshaven, Färöer-Inseln	3,2° C	10,8° C

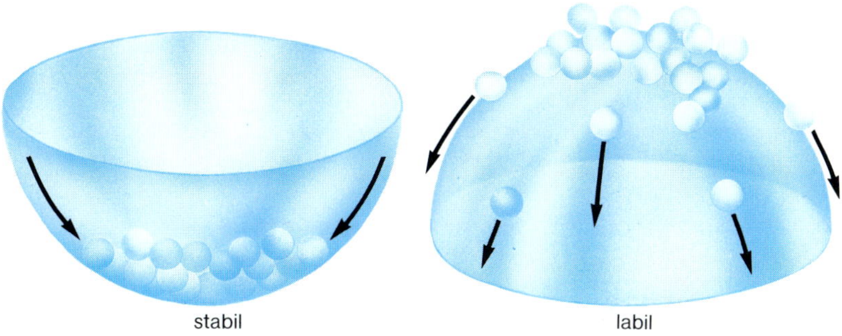

Stabil heißt, einen Zustand erhalten (Bild links: die Kugeln in der Schale rollen zusammen). Labil markiert einen zur Veränderung neigenden Zustand (Bild rechts: die Kugeln auf der Schale rollen in verschiedenen Richtungen auseinander). Stabile und labile Schichtungen der Luft spielen im Wettergeschehen eine große Rolle. Labil ist eine Lage z.B., wenn in höheren Schichten Kaltluft heranströmt und darunter erwärmte Luftmassen lagern. Umgekehrt stabilisiert bodennahe Kaltluft die Lage. Verschieden temperierte Luftmassen können einen sehr raschen Wechsel zwischen labilen und stabilen Lagen schaffen. Vom Wolkenbild her sind die geschlossenen, strukturlosen Wolkendecken ein Anzeichen für eine stabile Lage, während aufgetürmte Wolken mit Lücken, die den blauen Himmel zeigen, die labile Lage (Gewitter, Schauertätigkeit!) kennzeichnen.

Innerhalb Europas bestätigen das die heißen Sommer und kalten Winter unter dem Einfluß des Kontinentalklimas (Osteuropa) und die kühlen Sommer und milden Winter unter dem Einfluß des Seeklimas (England).
Grundsätzlich gilt, daß die Temperatur mit der Höhe abnimmt. Ohne dieses wäre zum Beispiel das Vorhandensein von Schnee und Eis auf Bergen in warmen Gegenden (Kilimandscharo – 5895 m – in Ostafrika) unbegreiflich.

Bodenthermik

Die von der Sonne erwärmte Erdoberfläche heizt bei der Rückstrahlung der Wärme die bodennahen Luftschichten auf. Diese Luftschichten werden labil. Warmluftblasen steigen auf. Der Grad der Erwärmung der bodennahen Luftschichten hängt sehr von der Oberflächenbeschaffenheit ab (Felder, Siedlungen, Seen, Wald usw.) und damit auch die Auslösung der Bodenthermik.

Die Oberflächenbeschaffenheit einer Landschaft beeinflußt die Ablösung der Warmluftblasen, z. B. wenn erhitzte Bodenluft gegen einen Wald getrieben wird. Die Warmluftblasen kühlen beim Aufsteigen ab. Bei entsprechend feuchter Luft bilden sich dann die bekannten Quellwolken (Cumuluswolken, Haufenwolken).

Freilich kommt es im Verlauf des Wettergeschehens immer wieder zum Eindringen von Warmluft in höhere Luftschichten. Aber die Beobachtungen, daß die Temperatur in der unteren und mittleren Troposphäre (also bis etwa 10 km Höhe) pro 100 Meter Höhe um 0,65° C abnimmt, gelten trotzdem. Erst in der oberen Troposphäre und in der Stratosphäre (siehe Seite 13) bleibt die Temperatur konstant bzw. nimmt mit der Höhe sogar wieder zu. Nimmt die Temperatur in irgendeiner Höhe sprunghaft zu, sprechen die Meteorologen von einer Inversion. Bei der Bodeninversion steigt die Temperatur, beginnend am Boden, nach oben bis zu einer bestimmten Höhe. Darüber nimmt die Temperatur wieder ab. Bodeninversionen beginnen in der Nacht und setzen eine die Ausstrahlung begünstigende Wetterlage voraus. Die Höheninversion ist gekennzeichnet durch Abnahme der Temperatur am Boden bis in eine bestimmte Höhe. Dort nimmt die Temperatur dann wieder zu (Untergrenze der Inversion). Die Zunahme reicht weiter in die Höhe und endet an der Obergrenze der Inversion. Ab hier setzt dann wieder die gesetzmäßige Temperaturabnahme mit zunehmender Höhe ein. Für das Wettergeschehen höchst bedeutsam ist die unterschiedliche Erwärmung benachbarter Luftmassen. Temperaturunterschiede der Luft über dem Festland und dem Meer lassen einen Luftdruckunterschied entstehen (siehe Seite 54). Die Luftmassen geraten in Bewegung, es bilden sich Luftströmungen (Wind). Wegen des Wasserdampfgehalts der Luft und ihrer Fähigkeit, bei einer gegebenen Temperatur nur eine bestimmte Menge an Wasserdampf aufnehmen zu können, besteht nicht nur eine Wechselwirkung zwischen Luftdruck und Lufttemperatur, sondern auch zwischen Lufttemperatur und Luftfeuchte (siehe Seite 106).
So sind Beurteilungen des Wettergeschehens, die sich allein auf Temperaturmessungen stützen, von beschränktem Aussagewert. Man kann zwar im Sommer bei abnehmender Temperatur Regenwetter erwarten, während dieses Verhalten der Temperatur im Winter schönes Wetter verspricht. Bei steigender Temperatur ist es jahreszeitlich gerade umgekehrt. Generell sind deutliche Abweichungen vom täglichen Gang der Temperatur, z. B. rasche Erwärmung am Morgen als Folge eines Warmluftzustroms, Anhaltspunkte für Veränderungen im Wettergeschehen. Aber es spielt schon eine Rolle, ob die zuströmende Warmluft feucht oder trocken ist.
Ähnlich wie bei der Darstellung des Luftdruckverlaufs (siehe Seite 98) bedient sich die Wissenschaft vom Wetter bei der Darstellung des Lufttemperaturverlaufs Linien, die alle Orte gleicher Lufttemperatur verbinden (»Isothermen«). Eine Wiedergabe der mittleren Werte macht neben der Abhängigkeit von der geographischen Breite den Einfluß der Verteilung von Festland und Meer deutlich.

◁ An Berghängen, die der Sonnenbestrahlung ausgesetzt sind, bilden sich ebenfalls überhitzte Luftschichten, die als Hangaufwind aufsteigen. Die Bewegung nach oben setzt sich fort und führt bei entsprechender Feuchte der Luft zur Entstehung von Quellwolken. Der durch Bodenthermik verursachte Aufwind spielt für Motor- und Segelflieger, Drachensegler, ja auch für den Flug von Modellflugzeugen und Drachen eine wichtige Rolle.

Die Luftfeuchtigkeit

Zur Messung der relativen Luftfeuchtigkeit machen sich die Meteorologen zwei Prinzipien zu Nutzen:

1. Das Haar-Hygrometer Hier wird die Eigenschaft von Menschenhaaren, aber auch von Kunstfasern genutzt, sich in feuchter Luft auszudehnen und in trockener zusammenzuziehen. Die Bewegungen der Haare oder Fasern werden auf einen Zeiger übertragen. Das Haar-Hygrometer wickelt man eine halbe Stunde vor Inbetriebnahme in ein feuchtes Tuch ein und justiert anschließend den Zeiger sofort auf 95% relative Luftfeuchtigkeit. Bei dichtem Nebel müßte ein richtig geeichtes Haar-Hygrometer 100% relative Luftfeuchtigkeit anzeigen.

2. Das Psychrometer Hier wird die Tatsache genutzt, daß trockene Luft die Verdunstung fördert, feuchte Luft hingegen hemmt sie. Das Gerät besteht aus zwei gleichen, identisch geeichten Thermometern. Die Kugel des einen ist mit einer saugfähigen Baumwollbinde umwickelt, die weiter unten mit einem Ende in einen Wasserbehälter eintaucht. So bleibt die Binde ständig feucht. An der Thermometerkugel, die dem Luftstrom offen ausgesetzt sein muß, verdunstet permanent Wasser. Dazu wird Wärme benötigt, die der Thermometerfüllung abgeht. Also zeigt das »feuchte« Thermometer gegenüber dem »trockenen« eine niedrigere Temperatur an. Dieser Temperaturunterschied erlaubt die Berechnung der relativen Feuchte mit recht guter Genauigkeit. Der Unterschied sinkt auf 0 °C, wenn die relative Luftfeuchte 100% erreicht hat. Mit Hilfe der sogenannten »Psychrometertafel« ist die Zuordnung Temperaturunterschied – relative Feuchte sofort möglich.

Man unterscheidet zwischen absoluter und relativer Feuchtigkeit (siehe Seite 86). Jeder spürt zwar, wenn die Luft feucht wird, sich also mit Wasserdampf anreichert. Sichtbar indessen wird das Geschehen erst, wenn die Luft mit Wasserdampf gesättigt ist und es zur Kondensation kommt. Wolken- und Nebelbildung, Niederschläge sind jetzt sichtbare Folgen.

Dabei spielt die Temperatur ihre Rolle (siehe Seite 90). Die Abkühlung der Luft führt zur Kondensation, weil Luft einer bestimmten Temperatur nur eine bestimmte Menge Wasserdampf bilden kann. Dazu ein Beispiel:

Feuchte Warmluft steigt auf. Ihre Temperatur beträgt 25° C und der Gehalt an Wasserdampf 15 Gramm je Kubikmeter. Das entspricht einer relativen Luftfeuchtigkeit von 65% (siehe auch Tabelle und Formel auf Seite 86). Wird die Luft auf 20 °C abgekühlt, steigt die relative Luftfeuchtigkeit bereits auf rund 87%. Die Wolkenbildung wird in einer Höhe einsetzen, in der die Temperatur nur noch zwischen 17 und 18 °C beträgt (»Kondensationsniveau«, »Taupunktebene«). Aufsteigende Luft kühlt sich, solange kein Wasserdampf verflüssigt wird, um 1 °C je 100 Meter Anhebung ab (»ungesättigte Luft«). In unserem Beispiel würde demnach die Wolkenbildung etwa in 7–800 Meter Höhe einsetzen.

Bei sonnigem Wetter erwärmt sich im Laufe des Tages die bodennahe Luft immer mehr. Sie wird allmählich leichter als die kalte Luft darüber und steigt

Ist die Erwärmung der bodennahen Luftschichten gering, erreichen die aufsteigenden Warmluftblasen nicht ihr Kondensationsniveau (linke Abbildung). Erreicht aufsteigende feucht-warme Luft eine Luftschicht, in der es zur Quellwolkenbildung kommt, ist dies ihr Kondensationsniveau (rechte Abbildung). Entscheidend dafür sind Temperatur und relative Luftfeuchtigkeit. Unter »Auslösetemperatur« – wichtig für alle Flugwetterberichte – versteht man die Temperatur, die nötig ist, um die Luft bis zu ihrem Kondensationsniveau steigen zu lassen.

auf. Ob sie dann auch in der Lage ist, bis in jene Höhe vorzustoßen, in der sich gerade das Kondensationsniveau für diese Luft befindet, hängt von der »Auslösetemperatur« ab. Die Bestimmung dieser Temperatur macht sehr genaue Kenntnisse über den Verlauf von Temperatur und Feuchte bis hinauf in höhere Luftschichten notwendig. Unentbehrlich z. B. für die Luftfahrt und die für sie notwendige Flugwettervorhersage.

Wie Luftdruck und Lufttemperatur unterliegt die Luftfeuchte auch ohne Veränderungen der über dem Beobachtungsplatz befindlichen Luftmassen einem »täglichen Gang«: am Hygrometer registriert man an einem warmen Sommertag eine geringe relative Feuchte. Aber am Abend und in der Nacht nimmt sie ständig zu. Ja, sie erreicht dann nicht selten 100% und es kommt zu Taubildung. Der Aufzug von Wolken kann das verhindern. Sie blockieren die nächtliche Ausstrahlung.

Je nach der Beschaffenheit der Erdoberfläche sind der Auftrieb und die Feuchtigkeit der Warmluftblasen verschieden. Entsprechend unterschiedlich ist das Kondensationsniveau: es kommt zur Quellwolkenbildung in unterschiedlicher Höhe. Diese Stufenthermik beobachtet man besonders in Gebirgsgegenden (Alpen!).

Die Temperatur, bei der sich eine relative Luftfeuchtigkeit von 100% einstellt, ist der Taupunkt.
Der Taupunkt markiert die zu erwartende Tiefsttemperatur einer Nacht. Vorausgesetzt, daß sich während der Nacht nicht die Zusammensetzung der Luftmassen, z. B. durch Zustrom von Kaltluft, verändert. Liegt der Taupunkt in der Nähe von 0° C, steht Nachtfrost bevor (Reifpunkt). Hohe relative Luftfeuchtigkeit in einer sternklaren Nacht läßt Nebelbildung erwarten. Ist in einer sternklaren Nacht die relative Luftfeuchtigkeit gering, ist mit weiterer Abkühlung zu rechnen.
Bei der Beobachtung von Tiefsttemperaturen in Bodennähe ist zu beachten, daß sich Bodenfrost bereits bildet, während die Lufttemperatur in 1–2 Meter Höhe über dem Boden noch einige Grade über 0 °C beträgt. In Bodensenken ist die Frostgefahr am größten. Die Bestimmung des Taupunktes ist für die Vorhersage von Nachtfrösten (Bodenfrösten) sehr wichtig. Die dazu notwendigen Temperatur- und Feuchtemessungen beginnt man zweckmäßigerweise erst nach Sonnenuntergang.
Zum Verständnis vieler Vorgänge des Wettergeschehens ist die Beziehung zwischen Luftfeuchte und Lufttemperatur notwendig:

Temperatur	**Wasserdampfgehalt**	**Sättigungsfeuchte**	**Luftfeuchtigkeit**
Steigend	konstant	steigend	Luft relativ trocken
Fallend	konstant	fallend	Luft relativ feucht

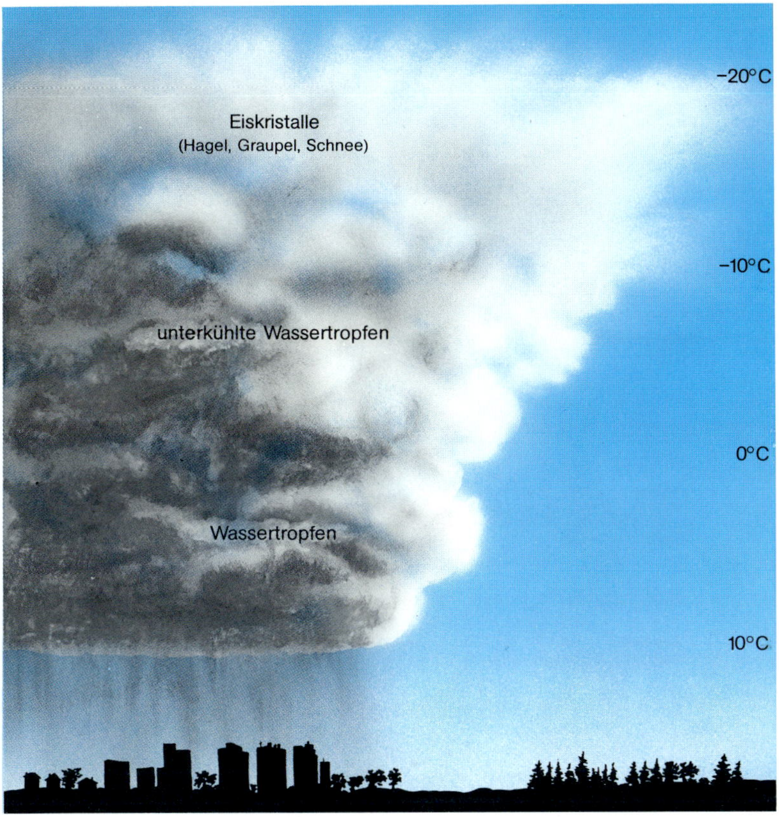

Besonders im Sommer ist der Gegensatz zwischen warmer und kalter Luft stark: es bilden sich mächtige »Gewittertürme« mit Aufwinden in Höhen von 6000 bis 10000 Meter. Das rasche Aufsteigen überhitzter Luft erzeugt die bekannte Gewitterwolke (Cumulonimbus), die als Quell- oder Thermikwolke bezeichnet wird. Beim Aufquellen der Luft entstehen Vertikalgeschwindigkeiten von 10 und mehr Meter pro Sekunde. Im unteren Drittel besteht die Gewitterwolke aus Wassertröpfchen. Im mittleren Teil sind es bereits unterkühlte Wassertröpfchen. Weiter oben sind es Eiskristalle.

Die Luftdichte

Vor allem mit Hilfe von Ballon- und Radiosonden wurde noch in der Zeit vor den Raketen und Erdsatelliten der Aufbau der Atmosphäre untersucht, um mehr über die Zusammensetzung und Dichteverhältnisse in größeren Höhen zu erfahren. Auf Grund physikalischer Gesetze ist anzunehmen, daß sich die Luftdichte mit zunehmender Höhe abnimmt. Auch müssen in der Zusammensetzung Unterschiede da sein, da die Gase, aus denen die Atmosphäre

Hygrometer

Präzisionsbarometer

Windrichtungsgeber zur elektrischen
Meßwertübertragung

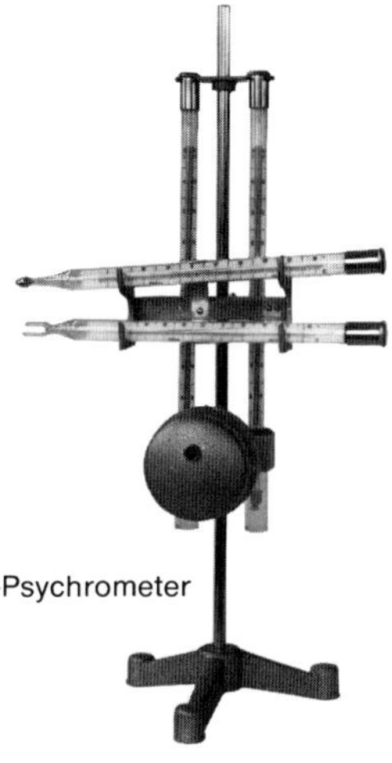

Normal-Psychrometer

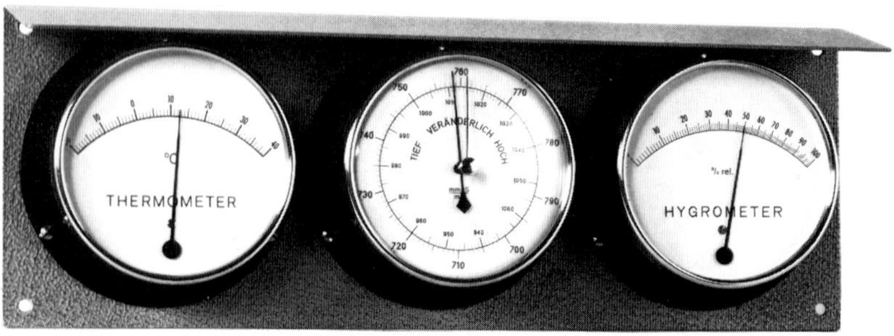

Anzeigekombination: Thermometer, Barometer, Hygrometer

Wetterwarte mit Hygrograph,
Thermograph, Barograph

Sonnenschein-Schreiber

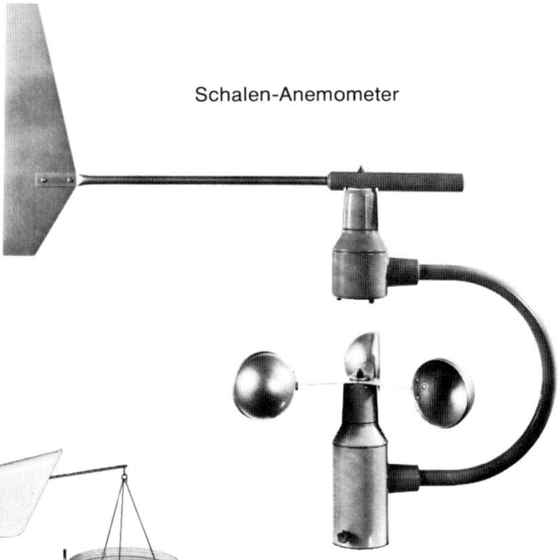

Schalen-Anemometer

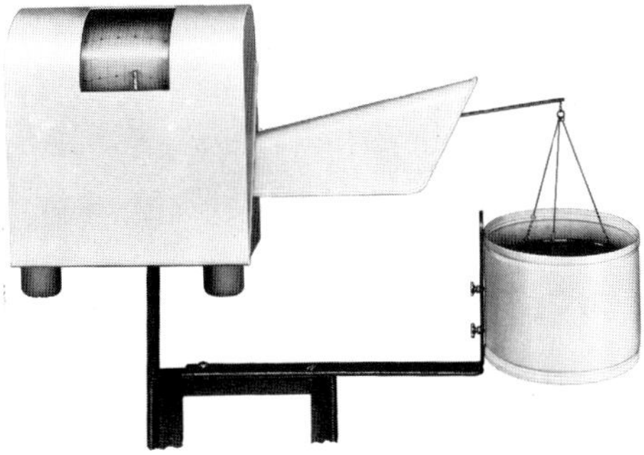

Registrierende Tauwaage

besteht (siehe Seite 11), unterschiedlich schwer sind. Leichte Gase, zum Beispiel Helium und Wasserstoff, müßten mit zunehmender Höhe immer stärker vertreten sein, während Stickstoff und Sauerstoff die unteren Schichten beherrschen.
Der Zustand der Luftdichte spielt z. B. für den Luftverkehr eine wichtige Rolle. Die Luftdichte ist proportional dem Luftdruck, aber umgekehrt proportional zur Temperatur. In heißen Gegenden oder bei hochsommerlichen Temperaturen und hochgelegenen Start- und Landebahnen registriert man eine deutlich kleinere Luftdichte. Die Flugzeuge benötigen dann lange Startbahnen oder dürfen nicht voll beladen werden.

Berechnung der Luftdichte:

$$\text{Luftdichte in kg/m}^3 = \frac{0{,}349 \cdot \text{Luftdruck in hPa}}{273 \pm \text{Temperatur in °C}}$$

Heute wissen wir, daß bis in eine Höhe von fast 100 Kilometer die Zusammensetzung der Luft nicht sonderlich abweicht. Hierfür sind offenbar großräumige Durchmischungsvorgänge verantwortlich, die einen Austausch der Gase ermöglichen. So wird auch ein Absetzen der Gase nach dem spezifischen Gewicht verhindert. Eine Abnahme der Luftdichte mit der Höhe ist zu beobachten, etwa vergleichbar mit der Abnahme des Luftdrucks. Auf Meereshöhe bei 15 °C beträgt die Dichte der Luft 1,23 kg/m^3. In 17 Kilometer Höhe macht die Luftdichte nur noch etwa ein Zehntel des ursprünglichen Betrags aus. Die Abnahme der Luftdichte erfolgt oberhalb 100 Kilometer, ähnlich wie die Abnahme des Luftdrucks auch, langsamer.
Die Luftdichte unterliegt systematischen Schwankungen mit der Tages- und Jahreszeit. Veränderungen treten außerdem in Abhängigkeit von der Sonnenaktivität ein.
Die in den bodennahen Luftschichten vorhandenen Fremdkörper, z. B. aufgewirbelter Staub, Verbrennungsprodukte und andere Beimengungen, verändern die Luftdichte nicht. Auf wichtige Erscheinungen des Wettergeschehens, z. B. Niederschläge, Dunst- und Nebelbildung, nehmen diese festen Schwebeteilchen allerdings zunehmend Einfluß.

Die Luftströmung (Wind)

Es gibt bessere Verfahren als den feuchten Finger, den man hoch hält, um die Windrichtung zu bestimmen. Zum Beispiel den selbstgebastelten Windsack. Er besteht aus einer Stoffröhre, die konisch geformt ist. Vorne ist sie an einem senkrecht drehbaren Ring befestigt und hinten offen. Auch das kleinere konische Ende läßt man zweckmäßigerweise offen, um das Flattern im Wind zu verhindern. Einen Windsack montiert man am besten auf einer hohen Stange, die im Freien oder auf einem Dach steht. Die Windrichtung ist die Richtung, aus der der Wind kommt.

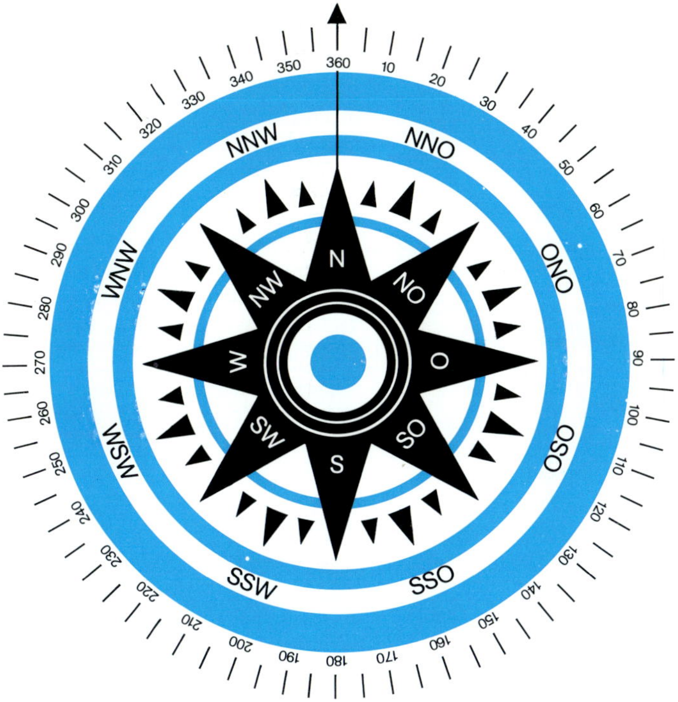

Wenn von Windrichtung die Rede ist, dann ist die Himmelsrichtung gemeint, aus der die Luftströmung kommt: der Westwind weht von West nach Ost. Die »Windrose« zeigt die Windrichtungen in Winkelgraden von Nord über Ost nach Süd und West. In der Meteorologie ist die Vollkreisteilung von 360 Graden üblich. In der Schiffahrt gibt es auch noch die alte Strichteilung. Windstärke siehe Seite 114.

Seit altersher bekannt ist auch die Windfahne als Anzeiger der Windrichtung. Es gibt elektrische und mechanische Übertragungseinrichtungen, um die angezeigte Windrichtung zu notieren.
Für die Messung der Windgeschwindigkeit stehen mehrere Systeme von Windmessern zur Verfügung. Am bekanntesten ist der Schalenkreuzanemometer, den es als Handgerät zu kaufen gibt, den man sich aber auch selbst anfertigen kann. Das Prinzip besteht darin, daß sich Schalen aus Kunststoff oder Metall im Uhrzeigersinn um eine Achse drehen. Sie drehen sich um so schneller, je stärker der Wind weht. Zählt man die Zahl der Umdrehungen je Sekunde, hat man ein Maß für die Windstärke. Industriell gefertigte Geräte haben eine Skala, auf der die Windgeschwindigkeit in Metern pro Sekunde abzulesen ist. Üblicherweise beträgt der Meßbereich bei Handgeräten 0 bis 25 Meter pro Sekunde. Das entspricht nach der Beaufort-Skala den Windstärken 0 bis 9 (Windstille bis Sturm).

Beaufortskala und Windgeschwindigkeit

Beaufort-grad	Bezeichnung	Auswirkungen des Windes im Binnenland
0	still	Windstille, Rauch steigt gerade empor.
1	leiser Zug	Windrichtung nur angezeigt durch Zug des Rauches, aber nicht durch Windfahne.
2	leichte Brise	Wind am Gesicht fühlbar, Blätter säuseln, Windfahne bewegt sich.
3	schwache Brise	Blätter und dünne Zweige bewegen sich, Wind streckt einen Wimpel.
4	mäßige Brise	Hebt Staub und loses Papier, bewegt Zweige und dünnere Äste.
5	frische Brise	Kleine Laubbäume beginnen zu schwanken. Schaumköpfe bilden sich auf Seen.
6	starker Wind	Starke Äste in Bewegung, Pfeifen in Telegraphen-Leitungen, Regenschirme schwierig zu benutzen.
7	steifer Wind	Ganze Bäume in Bewegung, fühlbare Hemmung beim Gehen gegen den Wind.
8	stürmischer Wind	Bricht Zweige von den Bäumen, erschwert erheblich das Gehen im Freien.
9	Sturm	Kleinere Schäden an Häusern (Rauchhauben und Dachziegel werden abgeworfen).
10	schwerer Sturm	Entwurzelt Bäume, bedeutende Schäden an Häusern.
11	orkanartiger Sturm	Verbreitete Sturmschäden (sehr selten im Binnenlande).
12	Orkan	Schwerste Verwüstungen

Es gibt eine Reihe von Möglichkeiten, mittels mechanischer und elektrischer Übertragungs- und Anzeigesysteme die Messungen eines Anemometers aus der Ferne zu kontrollieren und aufzuzeichnen.
Um eine Luftströmung zu charakterisieren, ist es notwendig, ihre Richtung und ihre Stärke anzugeben. Es ist die Regel, die Windrichtung in Winkelgraden des Kreises von Nord nach Ost anzugeben:

Nordwind = 0°
Ostwind = 90°
Südwind = 180°
Westwind = 270°

International gültig seit 1. 1. 1949

Auswirkungen des Windes auf der See	Staudruck in kg/m^2
Spiegelglatte See.	0
Kleine schuppenförmig aussehende Kräuselwellen ohne Schaumkämme.	0–0,1
Kleine Wellen, noch kurz, aber ausgeprägter. Kämme sehen glasig aus und brechen sich nicht.	0,2–0,6
Kämme beginnen sich zu brechen, Schaum überwiegend glasig, ganz vereinzelt können kleine weiße Schaumköpfe auftreten.	0,7–1,8
Wellen noch klein, werden aber länger, weiße Schaumköpfe treten aber schon ziemlich verbreitet auf.	1,9–3,9
Mäßige Wellen, die eine ausgeprägte lange Form annehmen. Überall weiße Schaumkämme. Ganz vereinzelt kann schon Gischt vorkommen.	4,0–7,2
Bildung großer Wellen beginnt. Kämme brechen und hinterlassen größere weiße Schaumflächen. Etwas Gischt.	7,3–11,9
See türmt sich. Der beim Brechen entstehende weiße Schaum beginnt sich in Streifen gegen die Windrichtung zu legen.	12,0–18,3
Mäßig hohe Wellenberge mit Kämmen von beträchtlicher Länge. Von den Kanten der Kämme beginnt Gischt abzuwehen. Schaum legt sich in gut ausgeprägten Streifen in die Windrichtung.	18,4–26,8
Hohe Wellenberge, dichte Schaumstreifen in Windrichtung. »Rollen« der See beginnt, Gischt kann die Sicht schon beeinträchtigen.	26,9–37,3
Sehr hohe Wellenberge mit langen überbrechenden Kämmen. See weiß durch Schaum. Schweres stoßartiges »Rollen« der See. Sichtbeeinträchtigung durch Gischt.	37,4–50,5
Außergewöhnlich hohe Wellenberge. Durch Gischt herabgesetzte Sicht.	50,6–66,5
Luft mit Schaum und Gischt angefüllt. See vollständig weiß. Sicht sehr stark herabgesetzt. Jede Fernsicht hört auf.	66,6 und mehr

Siehe dazu auch die Abbildung »Windrose« auf Seite 113.
In der Seefahrt spielt immer noch die Strichteilung eine gewisse Rolle. Ein Strich ist der 32. Teil des Kompaßkreises (= 11,25°). Jeder Strich hat seine eigene Bezeichnung. Dazu als Beispiel die ersten 45 Grad der Vollkreisteilung (»erster halber Quadrant«):

Nord	(= 0°)	Nordost zu Nord	(= 33,75°)
Nord zu Ost	(= 11,25°)	Nordost	(= 45°)
Nordnordost	(= 22,50°)		

Für die Angabe der Windstärke ist es üblich – neben der Angabe in Metern pro Sekunde – auch Angaben in Kilometern pro Stunde und in Seemeilen (Knoten) pro Stunde zu machen.

1 Seemeile/Stunde = 1,852 Kilometer/Stunde = 0,515 Meter/Sekunde

Die Bezeichnung der Windstärke in den 12 Graden der **Beaufort-Skala** ist noch weit verbreitet (siehe Seite 114/115). Für Starkwinde gibt es neue Skalen (siehe unten).
Windstärke 12 der Beaufort-Skala (»Orkan«) entspricht einer Windgeschwindigkeit von über 120 Kilometer pro Stunde. Tatsächlich werden z. B. in Taifunen noch höhere Geschwindigkeiten (über 200 km/h!) erreicht.
Dabei handelt es sich bei allen diesen Messungen der Windstärken bzw. Windgeschwindigkeiten um Messungen in Bodennähe. Mit zunehmender Höhe erreichen Luftströmungen zum Teil noch höhere Werte. In den oberen Schichten der Troposphäre (ca. 6– bis 15000 Meter Höhe) wurden »Starkwindbänder« (»Jet-Streams«) entdeckt, die Windgeschwindigkeiten um 400 Kilometer pro Stunde entwickeln und sich im internationalen Flugverkehr sehr unangenehm bemerkbar machen können.
Luft strömt von einem Punkt mit höherem Luftdruck zu einem Punkt mit niedrigerem. Die Windstärke steht offensichtlich in Zusammenhang mit dem auszugleichenden Druckunterschied. Der Wind weht um so stärker, je größer der Druckunterschied ist und je geringer die Entfernung zwischen den

Saffir-Simpson-Hurrikan-Skala

SS	Bezeichnung	Mittlere Windgeschwindigkeit			
		m/s	km/h	Landmeilen/h	Knoten
1	schwach	32,7–42,6	118–153	73–95	64–82
2	mäßig	42,7–49,5	154–177	96–110	83–96
3	stark	49,6–58,5	178–209	111–130	97–113
4	sehr stark	58,6–69,4	210–249	131–155	114–134
5	verwüstend	69,5–	250–	156–	135–

Fujita-Tornado-Skala

F	Bezeichnung	Windgeschwindigkeit			
		m/s	km/h	Landmeilen/h	Knoten
0	leicht	17,2–32,6	62–117	39–72	34–63
1	mäßig	32,7–50,1	118–180	73–112	64–97
2	stark	50,2–70,2	181–253	113–157	98–136
3	verwüstend	70,3–92,1	254–332	158–206	137–179
4	vernichtend	92,2–116,2	333–418	207–260	180–226
5	katastrophal	116,3–	419–	261–	227–

Luftwirbel entstehen nicht nur als Folge der Aufheizung bodennaher Luftschichten. Auch dann, wenn die Luftströmung in ihrem Fluß gestört wird (Widerstand in Form von Bäumen, Häusern usw.), entsteht Turbulenz. Mit zunehmender Geschwindigkeit der horizontal auf das Hindernis zuströmenden Luft steigert sich diese Turbulenz und führt u. a. zu kräftigen vertikalen Strömungen.

beiden Punkten mit unterschiedlichem Luftdruck. Je größer also der »Gradient« (siehe Seite 100) ist, um so größer wird auch die Windgeschwindigkeit sein. Im täglichen Wettergeschehen begründen verschieden temperierte Luftmassen den Druckunterschied. Zu beachten ist dabei, daß Luft über dem Festland schneller erwärmt wird als Luft über dem Meer (siehe Seite 168). Nur bei lokalen Luftströmungen bestimmt der Druckunterschied allein Windstärke und Windrichtung. Für alle großräumigeren Luftströmungen ist die auf die unterschiedliche Erwärmung der Luftmassen nachfolgende Ablenkung der Luftströmung als Folge der Erdrotation zu berücksichtigen.

Untere und obere Grenzen der Geschwindigkeits- und Druckstufen im Vergleich zu Beaufortgraden

Beaufortgrad	m/s	km/h	m. p. h.	Knoten	Staudruck in kg/m²
0	0 – 0,2	1	1	1	0
1	0,3– 1,5	1– 5	1– 3	1– 3	0– 0,1
2	1,6– 3,3	6– 11	4– 7	4– 6	0,2– 0,6
3	3,4– 5,4	12– 19	8–12	7–10	0,7– 1,8
4	5,5– 7,9	20– 28	13–18	11–15	1,9– 3,9
5	8,0–10,7	29– 38	19–24	16–21	4,0– 7,2
6	10,8–13,8	39– 49	25–31	22–27	7,3–11,9
7	13,9–17,1	50– 61	32–38	28–33	12,0–18,3
8	17,2–20,7	62– 74	39–46	34–40	18,4–26,8
9	20,8–24,4	75– 88	47–54	41–47	26,9–37,3
10	24,5–28,4	89–102	55–63	48–55	37,4–50,5
11	28,5–32,6	103–117	64–72	56–63	50,6–66,5
12	32,7 u. mehr	118 u. mehr	73 u. mehr	64 u. mehr	66,6 und mehr

m/s	=	Meter pro Sekunde
km/h	=	Kilometer pro Stunde
m. p. h.	=	Meilen pro Stunde (1 Meile = 1609 Meter)
Knoten	=	Seemeilen pro Stunde (1 Seemeile = 1852 Meter)
Staudruck	=	Druck des Windes in Kilogramm pro Quadratmeter auf einer ebenen, senkrecht zum Winde stehenden Fläche (entsprechend der Normen im Bauwesen DIN 1055)

»Die obigen vergleichenden Angaben über Geschwindigkeit und Stärke des Bodenwindes in Beaufortgraden beziehen sich auf die international festgelegte Meßhöhe von 10 m über Grund im freien Gelände. Bei gleichen Beaufortgraden kann man entsprechend der durchschnittlichen Änderung der Windgeschwindigkeit mit der Höhe zum Beispiel in 4 m über Grund mit einer um etwa 20% kleineren, in 30 m Höhe über Grund mit einer um etwa 20% größeren Geschwindigkeit als den in 10 m gemessenen Werten rechnen. (Die Unterschiede gegenüber den vor dem 1. 1. 49 gültigen Vergleichsskalen erklären sich aus der Erhöhung des Bezugsniveaus von 6 m auf 10 m.) Bei Geschwindigkeitsangaben für einzelne Böenstöße sind die tatsächlich gemessenen Werte maßgeblich; eine Umrechnung auf eine andere Bezugshöhe ist dabei nicht statthaft.« (Deutscher Wetterdienst, Seewetteramt Hamburg)

Auf der Nordhalbkugel werden alle Winde nach rechts abgelenkt.
Auf der Südhalbkugel werden alle Winde nach links abgelenkt.

Am größten ist diese Ablenkung in hohen Breiten (Polnähe!). Sie ist am Äquator 0 und nimmt mit der geographischen Breite zu. Weiter verstärkt sich der Ablenkungseffekt mit der Windgeschwindigkeit.
Die Ablenkung der Luftströmungen ist ein Beispiel für die nach dem französischen Physiker C. G. de Coriolis (1792–1843) benannte »Coriolisbe-

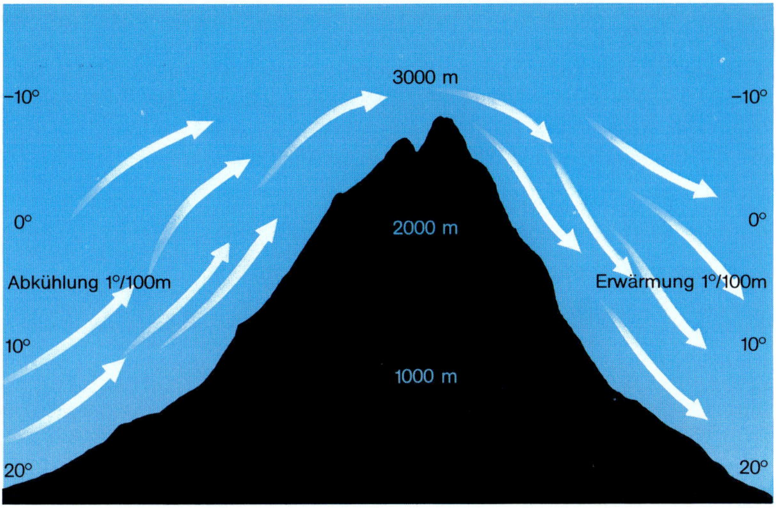

Anströmende Luft wird von Gebirgen angehoben und kühlt dabei ab. Auf der Rückseite des Gebirges erwärmt sich die abwärts fließende Luft, in jedem Fall um 1 °C pro 100 m Höhenänderung. Das ändert sich, wenn der Wasserdampf in der aufsteigenden Luft kondensiert. Hat die Luft einmal die relative Feuchte von 100% erreicht, kühlt sie sich bei weiterem Steigen nur noch um 0,5 °C pro 100 m Höhenänderung ab, weil durch die Kondensation laufend Wärme frei wird. Beim folgenden Sinken der Luft auf der Rückseite des Gebirges muß man wieder für die gesamte Höhenänderung mit 1 °C Temperaturzunahme pro 100 Meter Höhenänderung rechnen, weil die Luft beim Abstieg rasch an Feuchtigkeit verliert: die Luft kommt um einige °C wärmer im Tal an (»Föhn«, siehe Seite 50).

schleunigung«: ein bewegter Körper wird von seiner Bahn abgelenkt, wenn seine Bewegung durch Trägheitskräfte (»Corioliskraft«) an die Drehbewegung eines Bezugskörpers gebunden ist. Corioliskräfte sind verantwortlich für die Entstehung der Passatwinde.
Eine weitere Ablenkung (und Abbremsung) erfahren bodennahe Winde wegen der Reibung zwischen Luft und Erdoberfläche. Gebirge stauen den Luftstrom, heben ihn an oder lenken ihn um.
Zusammenfassend hängt die Windstärke von folgenden Faktoren ab:

1. vom Luftdruckgefälle (Größe des Gradienten!)
2. von der geographischen Breite (Corioliskraft)
3. von der Größe des Reibungsverlusts an der Erdoberfläche
4. von der Krümmung der Windbahn.

Es gibt auf der Erde eine Reihe von typischen Winden und Windsystemen, die in der Regel auf die Ablenkung durch die Erddrehung (Passatwinde), die unterschiedliche Erwärmung von Luft über Festland und Meer (Monsune) und geographische Gegebenheiten, z. B. Gebirge (Föhn), zurückzuführen sind (siehe auch Tabelle auf Seite 186).

Luftströmungen werden in Wetterkarten mit Pfeilen markiert. Die Lage des Pfeils entspricht der Windrichtung. Bei Windstille bekommt der Stationskreis noch einen Kreis außen herum. Die Windstärke geben »ganze« und »halbe« Federn an. Eine ganze Feder entspricht zwei Graden der Beaufort-Skala, eine halbe einem Grad. Windstärke 10 nach der Beaufort-Skala wird mit einem schwarz ausgefüllten Dreieck am Pfeil angegeben.

Die ablenkende Kraft der Erdrotation (Corioliskraft)

Bei gleichem Isobarenabstand weht in antizyklonal gekrümmten Isobaren ein heftigerer Wind als in zyklonal gekrümmten Isobaren. Die Rechtsablenkung der Luftströmung durch die Corioliskraft auf der Nordhalbkugel verursacht solange eine Rechtsdrehung der Luftströmung, bis ein Kräftegleichgewicht zwischen der Gradientkraft (Kraft des Gefälles von hohem zu tiefem Druck) und der Corioliskraft eingetreten ist. Im Fall des Kräftegleichgewichts (siehe Zeichnungen!) ist der Isobarenabstand im Hochdruckgebiet größer und die Krümmung der Isobaren geringer als im Tiefdruckgebiet. Das gilt nur unter Voraussetzung gleicher geographischer Breite und Windgeschwindigkeit.
G = Gradientkraft, C = Corioliskraft, V = Windvektor, T = Tief, H = Hoch.

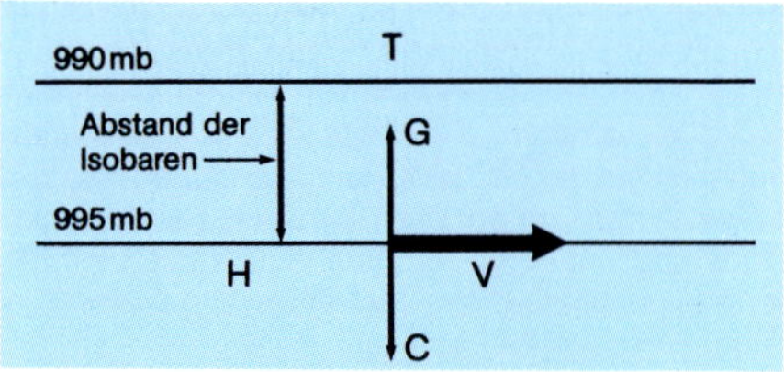

Luftströmung, bei der ein Kräftegleichgewicht herrscht zwischen der sie erzeugenden Gradientkraft und der Corioliskraft (Grenzzone zwischen Tief und Hoch).

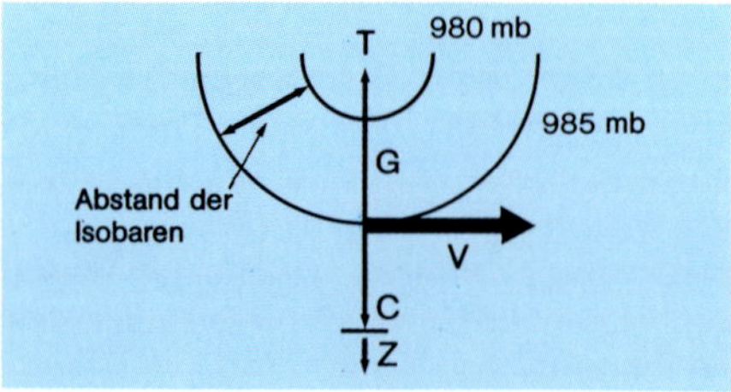

Kräftegleichgewicht zwischen Gradientkraft und Corioliskraft bei zyklonal gekrümmten Isobaren (Tiefdruckgebiet). Als dritte Kraft kommt die Zentrifugalkraft Z hinzu.

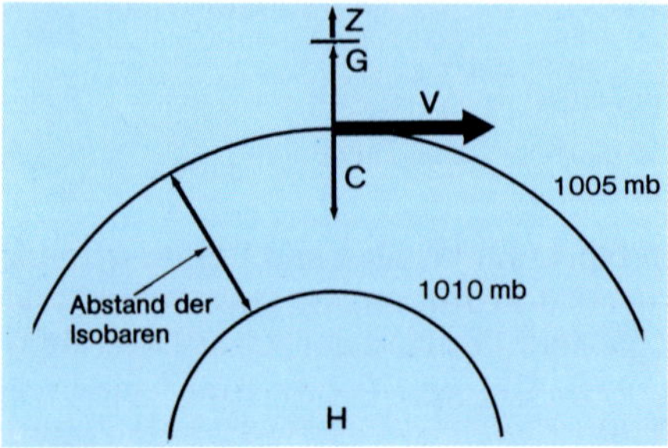

Kräftegleichgewicht zwischen Gradientkraft und Corioliskraft bei antizyklonal gekrümmten Isobaren (Hochdruckgebiet). Als dritte Kraft kommt die Zentrifugalkraft Z hinzu.

Alles über Wetterkarten

Das Kursbuch für die Wettervorhersage ist die Wetterkarte. Sie wird nach einem bestimmten Schema angefertigt. Dabei werden eine Reihe von Symbolen verwendet, die man kennen muß, um zur Aussage der Wetterkarte vorzustoßen. Die Wetterstationen in aller Welt tragen Meß- und Beobachtungsdaten bei, um die »tägliche Wetterkarte« möglich zu machen. Während das Zeichnen der Wetterkarte früher ein mühsames Geschäft für die Wetterdiensttechniker war, besorgen das heute in den meisten Fällen lochkartengesteuerte Zeichenautomaten.
Zuerst interessiert, welche Meß- und Beobachtungsdaten für die Gestaltung der Wetterkarten herangezogen werden. Da sind einmal die meteorologischen Elemente *Luftdruck, Lufttemperatur, Luftfeuchte* und *Wind* zu nennen. Dazu kommen Angaben über den *Grad der Bewölkung*, über eventuelle *Niederschläge*. Die einzelnen Wetterwarten und Beobachtungsstationen geben ihre sogenannten »Stationsmeldungen« zu folgenden Wettererscheinungen ab:

Gesamtbedeckung (0/8 bis 8/8)
Wolkenart
Wolkenhöhe (Wolkenuntergrenze)
Luftdruck
Druckänderung in den letzten 3 Stunden
Drucktendenz (steigend/fallend)
Lufttemperatur
Windrichtung
Windstärke
Sichtweite
Taupunkt
Niederschlagsmenge seit 6 Stunden
Wetter seit 1 Stunde
Wetter seit 6 Stunden

Die hereinkommenden Stationsmeldungen werden in Form von *Symbolen* in ein Stationsschema eingetragen (siehe Abb. Seite 122). Jede Station liefert ihren Beitrag zu einer Bestandsaufnahme des Wettergeschehens zu einem bestimmten Zeitpunkt. Die Beobachtungen und Messungen der einzelnen Stationen gelangen im Abstand von 3 Stunden in Form von Chiffredepeschen per Telefon, Telegraf, Radiotelegraf oder Fernschreiber an die zentrale meteorologische Sammelstelle, die es heute in fast jedem Land gibt (z. B. in der Bundesrepublik Deutschland, »Deutscher Wetterdienst«, Offen-

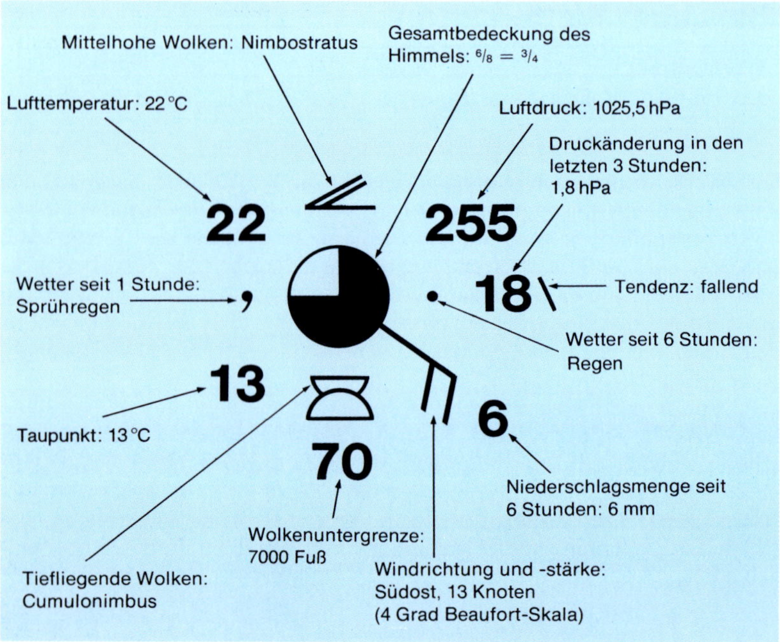

Beispiel für eine Stationsmeldung

bach). Es ist üblich, für Wettermeldungen einen internationalen Wettercode zu verwenden, bei dem die Mitteilung durch Ziffern verschlüsselt wird. Diese Ziffern werden zu Fünfergruppen zusammengefaßt.

Beispiel für eine Schlüsselform siehe »Schlüsseltafel für die Eintragung der Wetterbeobachtungen auf See« (Deutscher Wetterdienst, Seewetteramt Hamburg).

Diese Art der Codierung von Wetternachrichten ermöglicht eine verhältnismäßig rasche Anfertigung von Wetterkarten (z. B. auch von Bordwetterkarten). Die Wetterkarte, in die alle diese Beobachtungen eingetragen sind, sieht recht chaotisch aus: eine Menge von Zeichen und Ziffern, Windpfeile, Symbole für den Grad der Bewölkung und die Wolkenarten. Zwar lassen sich mit Hilfe der Symbole die Meldungen der Stationen entschlüsseln (siehe Abb. Seite 124), aber von einer Wettervorhersage ist man noch ein Stück entfernt. Zunächst machen sich die Meteorologen daran, das Datenmaterial zu analysieren. Aufgabe der Analyse ist es, einen leicht überschaubaren Überblick zu schaffen:

1. Der Isobarenverlauf beschreibt das Druckfeld.
2. Frontenverlauf bzw. Abgrenzung der Luftmassen markieren das Temperaturfeld.

Zu dieser formalen Ordnung der eingelaufenen Daten gehört noch die physikalische Erläuterung, die die Zusammenhänge zwischen den einzelnen Erscheinungen des Wettergeschehens erklärt.
Die von den Beobachtungsstationen gewonnenen Daten bilden die Grundlage für *Bodenwetterkarten.* Die Meßergebnisse für die wichtigen *Höhenwetterkarten* liefern die Radiosonden. Die Analyse der Höhenwetterkarten geschieht in Form der topographischen Darstellung von Druckflächen (z. B. durch Einzeichnen der Höhenlinien der 500-hPa-Fläche). Die Höhenwetterkarte gibt Einblick in das Druck- und Stromfeld der freien Atmosphäre. Bei der Analyse der Bodenwetterkarte verdienen die Fronten und Luftmassen besondere Aufmerksamkeit.
Die »analysierte Wetterkarte« ist eine Momentaufnahme für einen bestimmten Zeitpunkt. Aber das Wettergeschehen geht weiter. Mit Hilfe der analy-

Musterwetterkarte (gezeichnet nach einer Vorlage des Deutschen Wetterdienstes, Wetterkundliche Lehrmittel Nr. 5 »Die Wetterkarte vom 5. August 1949, 18 Uhr«). Zur Erläuterung der Wetterkartensymbole siehe Abbildung auf Seite 122 und Seite 124. Schraffierte Flächen = Niederschlagsgebiete (auf farbigen Karten: schraffiert grün). Vollgetönte Pfeile = Kaltluft (auf farbigen Karten: blaue Pfeile). Weiße Pfeile = Warmluft (auf farbigen Karten: rote Pfeile). Auf farbigen Karten wird das Symbol für Kaltfront blau, für Warmfront rot und für Okklusion violett gedruckt.

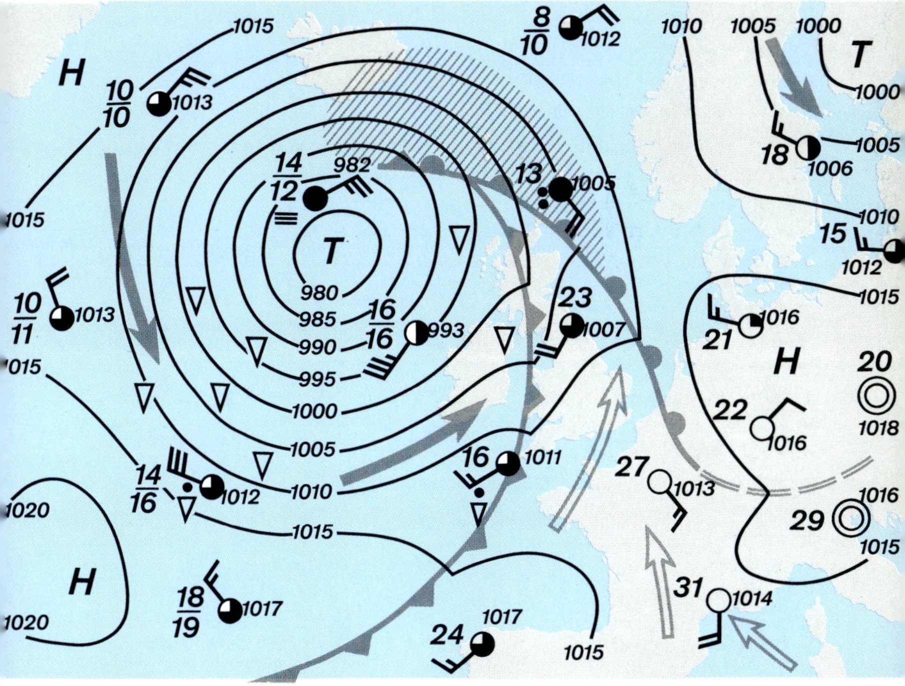

Wetterkartensymbole

- wolkenlos
- heiter (1/4 bedeckt)
- 1/2 bedeckt
- wolkig (3/4 bedeckt)
- bedeckt
- Dunst
- starker Dunst
- Bodennebel
- Nebel (Sicht unter 1 km)
- Staub- oder Sandsturm
- Schneetreiben
- Regen
- Nieseln (Sprühregen)
- Niederschlag in der Umgebung
- Schneefall
- Regen mit Schnee
- Eisnadeln
- Schauer
- Graupeln
- Hagel
- Gewitter
- Ferngewitter
- Wetterleuchten
- nach Regen
- nach Gewitter

- Warmfront
- Kaltfront
- Okklusion

Windgeschwindigkeiten

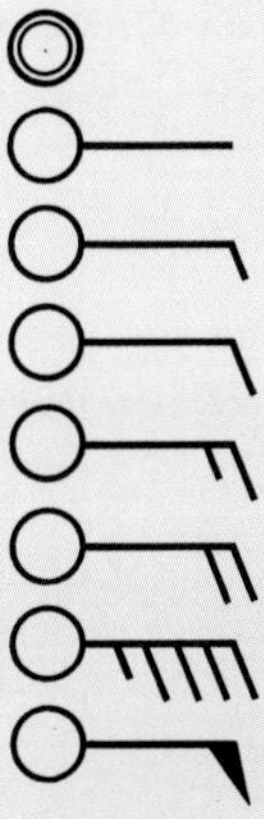

- still oder sehr schwach
- 2 Kn (ca. 4 km/h)
- 5 Kn (ca. 9 km/h)
- 10 Kn (ca. 19 km/h)
- 15 Kn (ca. 28 km/h)
- 20 Kn (ca. 37 km/h)
- 45 Kn (ca. 83 km/h)
- 50 Kn (ca. 93 km/h) usw.

Wolkenzeichen

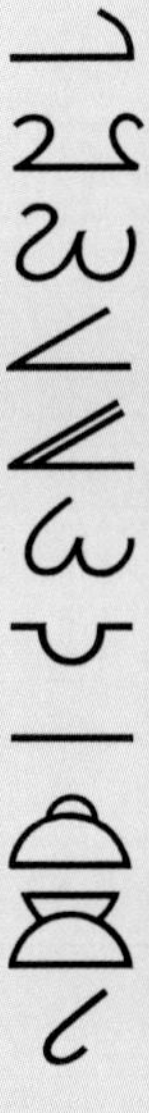

- Cirrus (Eiswolken, federförmig)
- Cirrostratus (Eiswolken, schleierförmig)
- Cirrocumulus (Eiswolken, »Schäfchenwolken«)
- Altostratus (dünne Schichtwolken aus Eis und Wasser)
- Nimbostratus (dichte Schichtwolken aus Eis und Wasser)
- Altocumulus (dicke »Schäfchenwolken« aus Wasser)
- Stratocumulus (Quellwolkenbänke aus Wasser)
- Stratus (hochnebelartige geschlossene Wolkenschicht)
- Cumulus (Quellwolken)
- Cumulonimbus (Regen- und Schauerwolken)
- Altocumulus lenticularis (linsenförmige Wolken aus unterkühltem Wasser, »Föhnwolken«)

sierten Wetterkarte stellen die Meteorologen die für einen Vorhersagezeitraum zu erwartenden Veränderungen fest. Auf Grund dieser erwarteten Veränderungen wird die »Vorhersagekarte« erstellt, zusammen mit der Formulierung der Wettervorhersage. Für die Wettervorhersage schlagen die Meteorologen zwei Wege ein: 1. Vorhersage mit Hilfe der synoptischen Regeln, 2. Vorhersage mit Hilfe mathematischer Gleichungen.
Synoptik heißt soviel wie Zusammenschau. Die synoptischen Regeln beinhalten praktische Erfahrungen und einfache theoretische Beziehungen betreffend die Feldverteilungen der meteorologischen Elemente (siehe Seite 95), so z. B. die Luftdruckverteilung und die Bewegung der Hoch- und Tiefdruckgebiete. Hinzu kommen Angaben über die Verlagerung der Fronten und die dominierende Luftströmung. Der Zustand des Höhenwinds (siehe Seite 52) spielt dabei eine nicht unerhebliche Rolle. Schwierig ist das alles deshalb, weil Veränderungen des Druckfeldes wieder zu Veränderungen der Luftströmung führen und damit sofort auch Temperaturänderungen und Bewegungen von Luftmassen auslösen. Da das Netz der Beobachtungsstationen nicht gleichmäßig verteilt ist, können Datenhäufung und Datenlücken zu Fehleinschätzungen des künftigen Wettergeschehens führen. So muß immer wieder festgestellt werden, daß die Vorhersage mit synoptischen Hilfsmitteln einen Prognoseerfolg von 4:1 im besten Fall nicht übertrifft.
Ändert sich das, wenn an die Stelle von Erfahrungen mathematische Gleichungen treten? Da die physikalischen Prozesse gesetzmäßig ablaufen, ist es möglich, für die Wettervorhersage Gleichungen aufzustellen. Aber erst der Einsatz von elektronischen Rechengeräten hat ökonomische Rechenzeiten gestattet. Besonders gute Ergebnisse haben die Meteorologen mit dem numerischen Verfahren bei der Vorhersage von Stromfeldern in der freien Atmosphäre (Höhenströmung!) erzielt. Die Prognose von Stromfeldern in der freien Atmosphäre ist für die gesamte Wettervorhersage unentbehrlich geworden und hat zu einer Erhöhung der Prognosegenauigkeit beigetragen.
Für Höhenwindmessungen wichtig sind die Radiosonden, die täglich zweimal gestartet werden. Auf der Nordhemisphäre gibt es einige hundert Aufstiegsstellen. In der Bundesrepublik Deutschland starten Radiosonden u. a. in Berlin, Emden, Essen, Hannover, München, Schleswig und Stuttgart. Die Radiosonden bringen Daten über Höhenwind, Luftdruck, Temperatur und Luftfeuchtigkeit. Im einzelnen lassen sich daraus folgende Informationen gewinnen:

Höhe der Nullgradgrenze
Höhe des Auftretens von Haufenwolken (Kondensationsniveau)
Bodentemperatur, die notwendig ist für die Bildung von Haufenwolken (Auslösetemperatur)
Ober- und Untergrenzen der Wolken
Höhen von Boden- und Höheninversionen
Windgeschwindigkeit und Windrichtung in bestimmten Höhen
Grenze zwischen Tropopause und Stratosphäre.

Was die elektronischen Rechner für die numerische Wettervorhersage bedeuten, das sind die Wettersatelliten für die Verbesserung der Meß- und Beobachtungsdaten der einzelnen Erscheinungen des Wettergeschehens. Die großräumige Erfassung von Wolkenstrukturen z. B. an Wetterfronten oder im Einzugsgebiet eines Tiefs ist nur mit Hilfe der Wettersatelliten möglich.
Die moderne Wettervorhersage ist eine Synthese aus Synoptik und Mathematik. Dabei muß man sich stets vor Augen halten, daß die Vorgänge insgesamt, die das Wettergeschehen beeinflussen, sehr komplex sind. Trotz steigendem technischen Aufwand beträgt das Plus an Prognoseerfolg immer nur einige Prozent. Und eine 100 Prozent sichere Wettervorhersage dürfte nach dem derzeitigen Stand der Kenntnisse utopisch sein. Aber wir sollten mit den inzwischen maximal erreichten 85–90 Prozent auch zufrieden sein!
Wetterkarten werden heute, zusammen mit Wettervorhersagen, täglich von verschiedenen Stellen herausgegeben (Wetterdienst, Fernsehen, Tageszeitung, siehe dazu auch Seite 226). Diese Vorhersagekarten sind in der Regel Bodenwetterkarten. Auch diese Karten enthalten typische meteorologische Symbole und Darstellungsformen für die Verteilung des Luftdrucks und des Verlaufs der Fronten (auf einfachsten Darstellungen) bis hin zu Angaben über die Windrichtung und -stärke, der Bewölkung, des Niederschlags und der Temperaturen.
Heute wird immer mehr versucht, die »verschlüsselten« Wetterkarten der Meteorologen graphisch einprägsamer aufzubereiten. Die Wettersymbole werden einfacher. Feld-Darstellungen der Wetterelemente haben sich durchgesetzt. Sie sind häufig farbig und meist recht anschaulich. Insbesondere in Tageszeitungen (Beispiel Seite 130) und in den Wetterberichten der Fernsehstationen werden einfache, möglichst farbig gestaltete Symbole angeboten. Dabei gehen in der Regel genauere meteorologische Informationen verloren, da z.B. Druckverteilung und Lage der Fronten nicht mehr genau auszumachen sind.
Über den Erwerb bzw. regelmäßigen Bezug von Wetterkarten siehe Angaben auf Seite 234.
Die praktische Auswertung dieser Wetterkarten setzt voraus, daß der Leser die Elemente und den Aufbau kennt. Dazu eine Übersicht der benutzten Symbole und Zeichen auf Seite 124.
Jahrzehntelange Beobachtungserfahrungen speziell in Europa haben dazu geführt, die Zusammenhänge zwischen Druckverteilung und Wettergeschehen recht gut zu erklären. Es bilden sich immer wieder sogenannte »typische Wetterlagen«, die natürlich für die Wettervorhersage eine Hilfe darstellen. Typische Wetterlagen knüpfen an das Auftreten von Kaltfronten und Warmfronten. Man spricht von der »Westwetterlage«, »Nordwetterlage«, »Ostwetterlage« und »Südwetterlage«. Oder von Hochdrucklagen, Vorderseitenwetter oder Rückseitenwetter. Im nachfolgenden Abschnitt dieses Buches sind für Europa typische Wetterlagen erklärt (siehe dazu im einzelnen

(Fortsetzung des Fließtextes auf Seite 131)

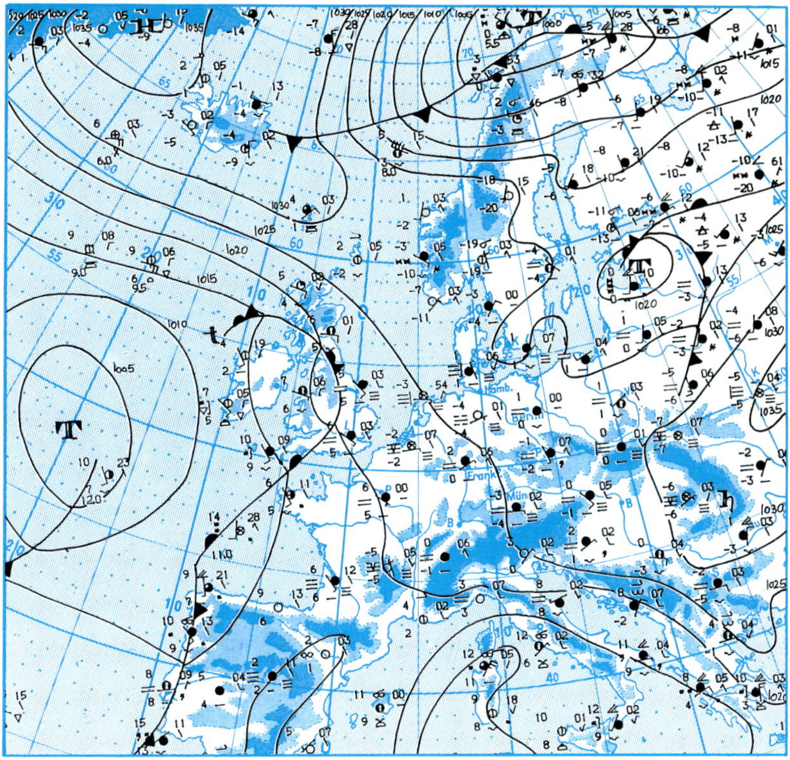

Ausschnitt aus der Wetterkarte des Deutschen Wetterdienstes vom 23. Dezember 1976 07 Uhr

Diese Wetterkarte ist das Ergebnis aller dem Deutschen Wetterdienst zu diesem Zeitpunkt zur Verfügung stehenden Wetterbeobachtungen, also der Stationsmeldungen. Sie werden mit Hilfe eines international üblichen Zahlenschlüssels meistens über Funk und Fernschreiben der Zentrale gemeldet. Es gibt Spezialisten unter den Wetterdiensttechnikern, die diese Meldungen in die Karte eintragen. Aber es gibt auch bereits elektronische Zeichengeräte, die ihre Informationen in Form von Lochstreifen bekommen und von einem Computer gesteuert werden. Die Symbole der Wetterkarte sind auf Seite 124 erläutert. Werden in Wetterkarten farbige Markierungen vorgenommen, so gelten folgende Zuordnungen: rote Linie = Warmfront, blaue Linie = Kaltfront, violette Linie = Okklusion, schwarze Linie = Isobare, gestrichelte schwarze Linie = Troglinie oder Konvergenz, hellgrün schraffiert (oder gepunktetes Feld) = Regen, dunkelgrün schraffiert (oder Sternchenfeld) = Schnee, gelb schraffiert (oder gestricheltes Feld) = Nebel. Die mit Hilfe der Stationsmeldungen konstruierte Wetterkarte ist eine Momentaufnahme des Wettergeschehens. Mit ihrer Hilfe beurteilt der Meteorologe die Wetterlage, die für den 23. 12. 76 lautet: »Deutschland verbleibt weiterhin unter schwachen Luftdruckgegensätzen zwischen dem zentralrussischen Hoch und dem Hoch mit Schwerpunkt über der Dänemarkstraße. Dabei bestimmt in den Niederungen Kaltluft, im Bergland zunächst noch Warmluft das Wetter. Im weiteren Verlauf wird die Rückseitenkaltluft des Tiefs über dem Nordkap nach Süden vorankommen und vom zweiten Feiertag an das Wetter im Vorhersagegebiet beeinflussen.«

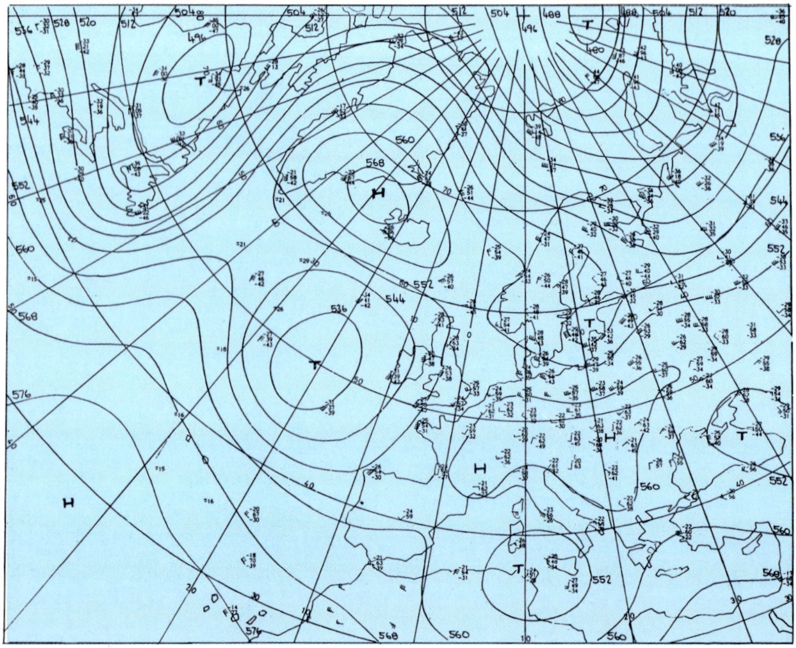

Höhenwetterkarte (Absolute Topographie 500 hPa entsprechend ca. 5500 m Höhe) vom 23. 12. 1976 01 Uhr (Deutscher Wetterdienst)

Im Gegensatz zur Wetterkarte auf Seite 127, die als Bodenwetterkarte bevorzugt der Luftmassen- und Frontenbeurteilung dient, bringt die Höhenwetterkarte die unentbehrliche Ergänzung in bezug auf das Geschehen in der freien Atmosphäre, insbesondere was das Druck- und Stromfeld hier anbelangt. In der Höhenwetterkarte werden die Meßdaten der Radiosonden verarbeitet.

Störende Einflüsse durch Gebirge etc. fehlen hier und so haben die Isohypsen (= Höhenschichtlinien einer bestimmten Luftdruckfläche) in der Regel einen glatteren Verlauf als die Isobaren der Bodenwetterkarte. Es darf aber nicht übersehen werden, daß das Wettergeschehen am Boden und in der Höhe nicht nebeneinanderher verläuft. Das Wettergeschehen am Boden bleibt nicht ohne Einfluß auf größere Höhen, und umgekehrt.

Die Höhenwetterkarte ist keineswegs eine Fortsetzung der Bodenwetterkarte. Das Bild der Höhenwetterkarte kann ganz anders sein als dasjenige der Bodenwetterkarte. Die Entwicklung von Tiefdruckgebieten am Boden zeigt, daß sich die Entwicklung in der Höhe erst allmählich auf das Wettergeschehen am Boden reagiert. So stellt man oft über einem Tiefdruckgebiet am Boden mit einem kräftigen Warmluftsektor in der Höhe einen Hochdruckkeil fest. Den Mittelpunkt des Hochdruckgebiets in der Höhe findet man im Nordwesten vom Zentrum des Tiefdruckgebiets am Boden. Die Federwolken (Cirren) über der Warmfront verraten die Strömung in der Höhe.

Bei der Beurteilung von Höhenwetterkarten spielen sogenannte Höhentiefs mit oft extremen Kaltlufteinschlüssen (»Kaltlufttropfen«) eine große Rolle. Niedrige Temperaturen in der Höhe lösen vor allem im Sommer bei gleichzeitig warmer, bodennaher Luft labile Wetterlagen aus (Schauer, Starkregen!).

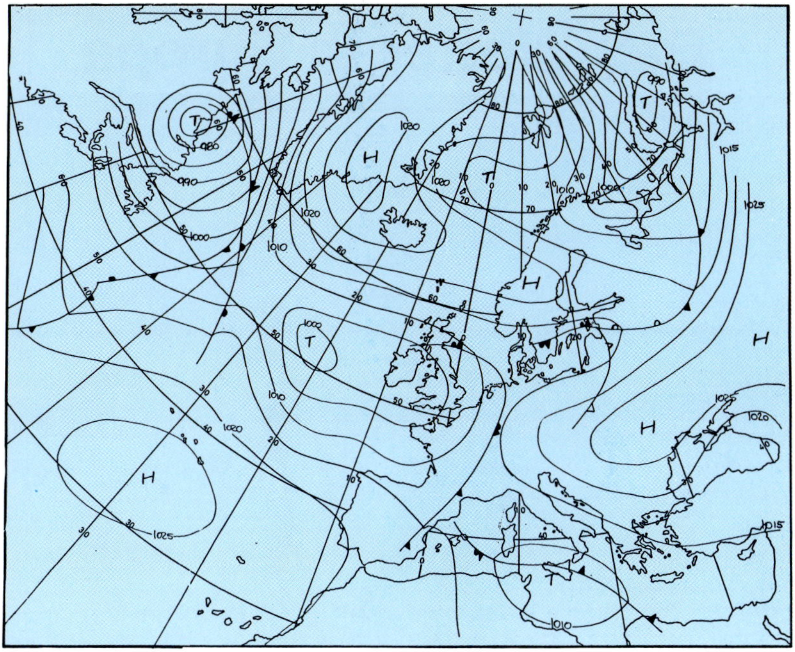

Bodenwetterkarte Vorhersage für den 23. 12. 1976 01 Uhr (Deutscher Wetterdienst)

Eine wertvolle Ergänzung zur Bodenwetterkarte stellt die auf den Meßergebnissen der Radiosonden beruhenden Höhenwetterkarte dar (Beispiel Seite 128). Eine Hauptaufgabe der Meteorologen ist es nun, mit Hilfe dieser Unterlagen Wettervorhersagen zu liefern. Dazu werden eigene Vorhersagekarten konstruiert.

Wichtiger Hinweis: die hier abgebildete Bodenwetterkarte Vorhersage für den 23. 12. 1976 01 Uhr basiert selbstverständlich auf den Wetterbeobachtungen und der analytischen Wetterkarte vom 22. Dezember 1976 07 Uhr.

Die Vorhersagekarte markiert die zu erwartende Verteilung des Luftdrucks, die Verlagerung der Fronten und die Veränderung des Temperaturverlaufs. Auf diesen Erwartungen baut die Prognose auf. Man vergleiche die Vorhersagekarte mit der auf tatsächlichen Beobachtungen beruhenden Wetterkarte vom 23. 12. 1976 auf Seite 127.

Tiefdruckgebiete im Anfangsstadium bewegen sich von West nach Ost verhältnismäßig sehr schnell. Die Zuggeschwindigkeit beträgt innerhalb 24 Stunden rund 800 Kilometer. Die Zuggeschwindigkeit verlangsamt sich, wenn sich Kalt- und Warmfronten übereinanderschieben, wenn sich die Zyklone dem Zustand der Okklusion nähert.

Die Vorhersagekarte wird ergänzt durch die Prognose für die einzelnen Landschaften im Vorhersagegebiet (Bundesland, Provinz, Kanton, usw.). Hinzu kommt ein Hinweis auf die weiteren Aussichten.

Das Wetter in Europa

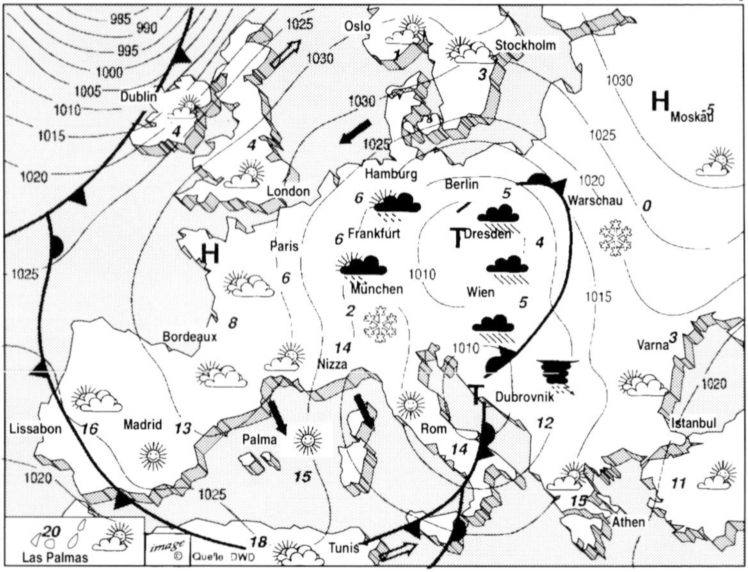

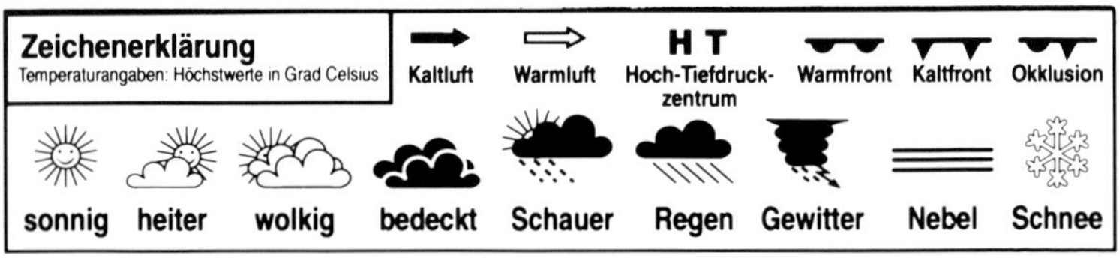

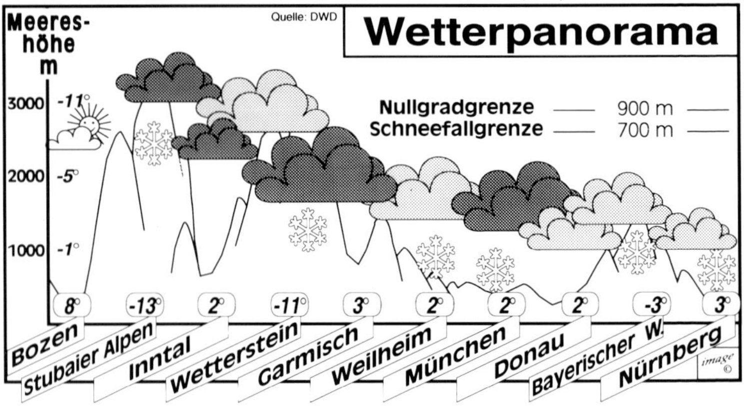

P. Hess und H. Brezowsky, Katalog der Großwetterlagen Europas. Berichte des Deutschen Wetterdienstes Nr. 113. Offenbach a.M. 1969). Dazu die wetterkartenmäßige Darstellung entsprechend den üblichen Vorhersagekarten (Bodenwetterkarte). Der kleine Ausschnitt stellt die dazugehörige Höhenwetterkarte für die 500-hPa-Fläche dar. Im Gegensatz zur Bodenwetterkarte, die den Luftdruck durch Linien gleichen Luftdrucks (Isobaren) markiert, gibt die Höhenwetterkarte die Luftdruckverteilung durch Höhenschichtlinien einer bestimmten Luftdruckfläche (Isohypsen) an. Die 500-hPa-Fläche entspricht einer Höhe von 5500 m. Damit befindet sich unter dieser Fläche ungefähr die Hälfte der wetterwirksamen Luftmassen. Die Strömung im 500-hPa-Niveau liefert wichtige Hinweise auf die Bewegung der Hochs und Tiefs am Boden. Die abgebildeten Höhenwetterkarten enthalten neben den Isohypsen für die Luftdruckverteilung Angaben über die Windrichtung und die Temperatur.

Antizyklonale Lagen entsprechen Lagen mit hohem Luftdruck (Hoch), *zyklonale* Lagen entsprechen Lagen mit niedrigem Luftdruck (Tief).

Ein Wort noch zur eigenen Wetterbeobachtung an Hand der Wetterkarten: Je vielfältiger die Aufgleit- und Einbruchsvorgänge zwischen Warm- und Kaltluft sind, um so wechselhafter ist das Wettergeschehen und entsprechend schwierig eine verbindliche Wettervorhersage. Die in allen Jahreszeiten auftretenden Westwetterlagen mit einer raschen Folge von Tiefdruckgebieten (siehe Seite 68) sind für weite Gebiete Europas dafür charakteristisch, auch wenn eingeschobene Hochdruckkeile (siehe Seite 60) und Rückseitenwetter (siehe Seite 66) vermeintlich Schönwetter zu signalisieren scheinen. Am sichersten für die Prognose sind die kräftigen stationären Hochdruckgebiete, die in die oberen Schichten der Troposphäre reichen und manchmal weite Teile des Kontinents überlagern (z. B. im Herbst und Winter über Skandinavien und Osteuropa).

Mitteleuropa ist Luftmassenimporteur:

Arktikluft aus den Nordpolgebieten,

Polarluft aus Gebieten über dem nördlichen Atlantik (»maritim«) und über Nordamerika und dem nördlichen Rußland (»kontinental«),

Tropikluft aus Gebieten über dem Mittelmeer und dem atlantischen Ozean (»maritim«) und über Nordafrika, dem südlichen Balkan und Zentraleuropa (»kontinental«) bestimmen das Wetter.

Fast die Hälfte der Luftmassen strömt aus Gebieten über dem Atlantik nach Mitteleuropa ein. Diese Luft ist in der Regel feucht und regenverdächtig. Ungestört bestimmt die Strahlungsbilanz (siehe S. 17) nur dann die Temperaturen, wenn hoher Luftdruck über Mitteleuropa den Zustrom fremder Luftmassen unmöglich macht.

◁ Wettersymbol-Karten aus dem »Münchner Merkur« als Beispiel für die einfache und wenig erklärungsbedürftige Wetterinformation, wie sie in Tageszeitungen und im Fernsehen immer häufiger anzutreffen ist.

Typische Großwetterlagen in Europa

Antizyklonale Westlage über Mitteleuropa 31. Januar 1968

Großwettertyp West.

Zirkulationsform Zonal, d. h. West-Oströmung zwischen einem Subtropenhoch über dem Nordatlantik und einem Tief im subpolaren Raum. In dieser Strömung bewegen sich eine Reihe von Tiefdruckgebieten mit ihren Fronten west-östlich vom Nordatlantik kommend hin zum europäischen Festland.

Lage Sie ist gekennzeichnet durch Einzelstörungen, die vom Nordatlantik über Schottland und Südskandinavien nach Nordwestrußland wandern. Frontausläufer werden für Mitteleuropa nur temporär und abgeschwächt wirksam. Das zentrale Tiefdruckgebiet befindet sich in der Regel in der Höhe von Island. Das Subtropenhoch (»Azorenhoch«) liegt nördlich der Azoren. Ein Keil dieses Hochs erstreckt sich über Spanien bis zum südlichen Mitteleuropa.

Wettergeschehen Über der Nordsee, in Südskandinavien und im Bereich der norddeutschen Tiefebene im Sommer wie im Winter unbeständige, verhältnismäßig milde Witterung. Niederschläge auch im Winter als Regen. Dabei allerdings im Winter die Gefahr von Glatteisbildung. Kräftige Winde aus südwestlicher Richtung. Im Bereich der Mittelgebirge im Winter zum Teil Schneefälle. Im Sommer kommt es dort zur Bildung von Frontgewittern. Im Bereich der Mittelgebirge treten im Winter Strahlungsfröste auf. Im Sommer verhältnismäßig warm. Die Gesamttendenz weist für den Bereich der Mittelgebirge auf freundliches Wetter. Im südlichen Mitteleuropa ist das Wettergeschehen ähnlich. Jedoch begünstigen die Alpen Stauregen und Gewitterbildung. Mäßige Winde wehen aus südwestlicher und westlicher Richtung. Südlich der Alpen, in Italien und Spanien überwiegend schönes Wetter.

Häufigstes Auftreten in den Monaten August und September.

Geringstes Auftreten in den Monaten Dezember und März.

Verwandte Großwetterlagen Zyklonale Westlage über Mitteleuropa (siehe Seite 134) und Hochdruckbrücke über Mitteleuropa, eine Verbindung zwischen dem »Azorenhoch« und einem über Osteuropa befindlichen Hochdruckgebiet (siehe auch Hoch Nordmeer-Fennoskandien Seite 156).

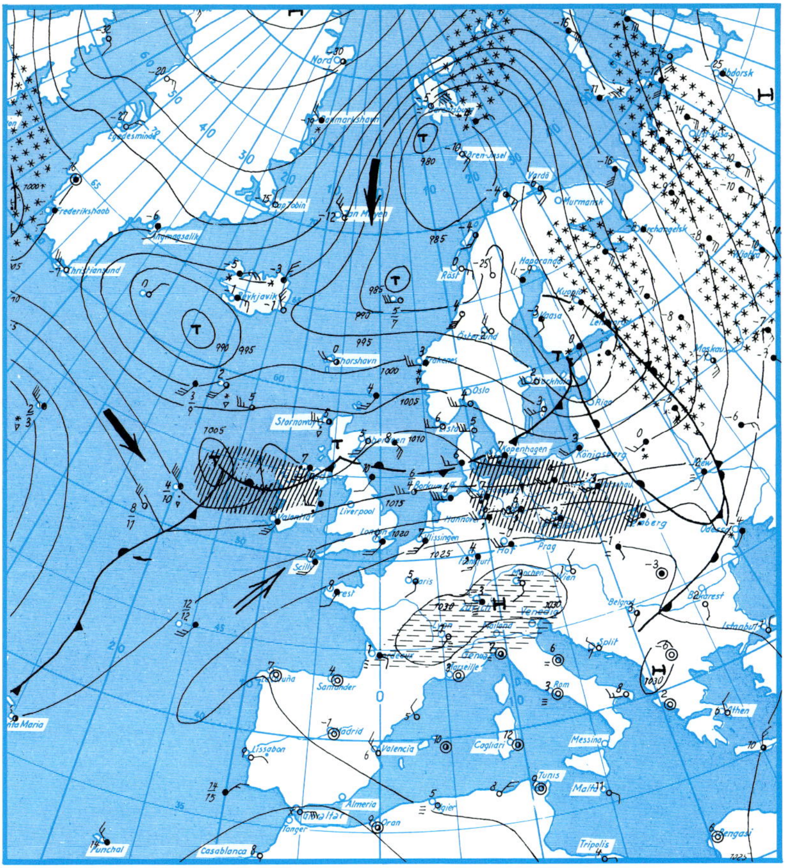

Oben: Bodenwetterkarte
Erklärung der Symbole
siehe Seite 124

Rechts: Höhenwetterkarte
Linien = Höhenschichtlinien
(Isohypsen)
der 500-hPa-Luftdruckfläche
von 12 zu 12 Dekametern
Pfeile in den Linien = Windrichtung
– 28 = Temperaturangabe in der
500-hPa-Fläche
H = Hoch T = Tief

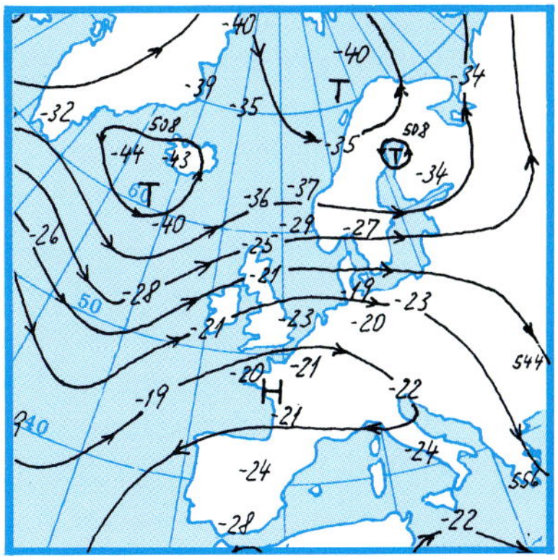

Zyklonale Westlage über Mitteleuropa
15. Januar 1968

Großwettertyp West.

Zirkulationsform Zonal, d. h. West-Oströmung zwischen einem Subtropenhoch über dem Nordatlantik und einem Tief im subpolaren Raum. In dieser Strömung bewegen sich eine Reihe von Tiefdruckgebieten mit ihren Fronten west-östlich von Nordatlantik hin zum europäischen Festland.

Lage In einer Frontalzone zwischen 50 und 60 Grad nördlicher Breite wandern Störungen und Zwischenhochdruckgebiete vom nördlichen Nordatlantik über die Britischen Inseln, die Nord- und Ostsee nach Osteuropa. Hauptsächlich im Winter schwenkt die Front über Osteuropa in nordöstliche Richtung ein. Das zentrale Tiefdruckgebiet befindet sich über dem Nordatlantik in der Höhe von Island. Ausläufer des Azorenhochs erreichen Spanien und Südfrankreich, gelegentlich auch die Alpen.

Wettergeschehen Die Witterung in Nord-, West- und Mitteleuropa ist recht unbeständig. Das Wettergeschehen wechselt ab zwischen Schauern und länger anhaltenden Niederschlägen (auch im Winter nur anfangs als Schnee) und mehrstündigen bis eintägigen Aufheiterungen, die den Einfluß eines Zwischenhochs anzeigen. Dabei wehen kräftige bis stürmische Winde aus westlicher Richtung. Im Winter ist es relativ mild, im Sommer kühl (mit Auftreten von Frontgewittern). Bereits in Mitteleuropa nimmt die Niederschlagstätigkeit gegen Süden und Osten hin ab. Im Mittelmeerraum und über dem Balkan herrscht in der Regel schönes, trockenes Wetter mit wenig Wind.

Häufigstes Auftreten in den Monaten Juli und August.

Geringstes Auftreten in den Monaten März und April.

Verwandte Großwetterlagen Antizyklonale Westlage über Mitteleuropa (siehe Seite 132) und Südliche Westlage (siehe Seite 136).

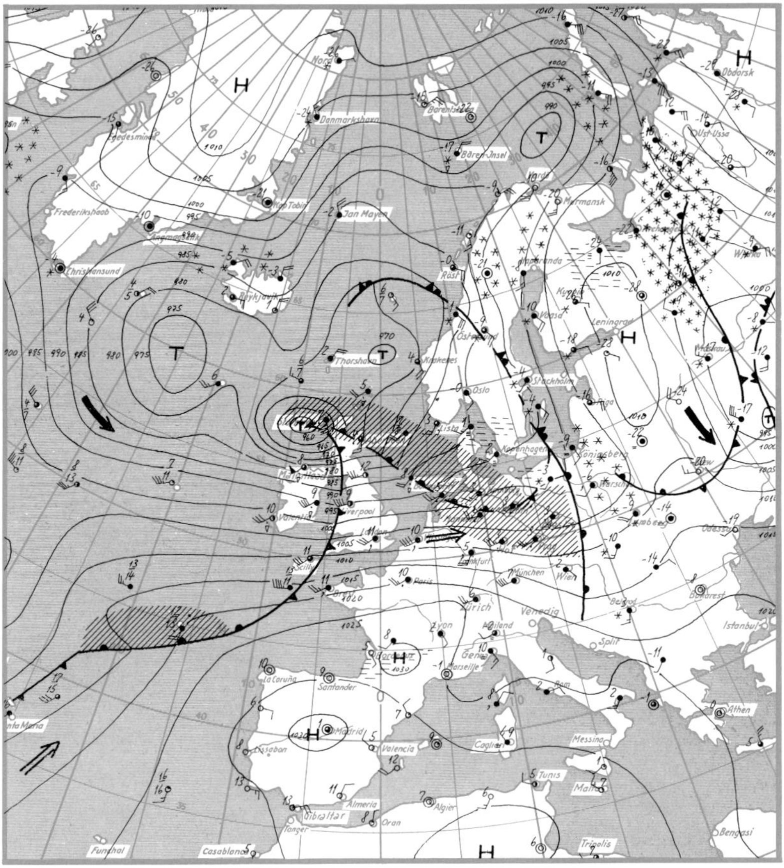

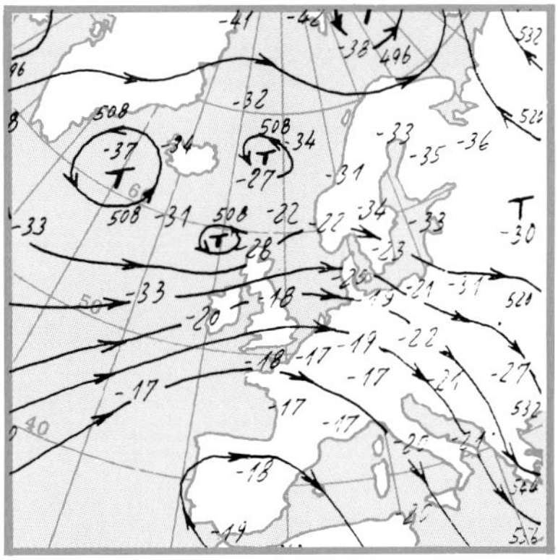

Oben: Bodenwetterkarte
Erklärung der Symbole
siehe Seite 124

Rechts: Höhenwetterkarte
Linien = Höhenschichtlinien (Isohypsen) der 500-hPa-Luftdruckfläche von 12 zu 12 Dekametern
Pfeile in den Linien = Windrichtung
– 28 = Temperaturangabe in der 500-hPa-Fläche
H = Hoch T = Tief

Südliche Westlage
25. Mai 1967

Großwetterlage West.

Zirkulationsform Zonal, d. h. West-Ostströmung zwischen einem Subtropenhoch über dem Nordatlantik und einem Tief im subpolaren Raum. In dieser Strömung bewegen sich eine Reihe von Tiefdruckgebieten mit ihren Fronten west-östlich vom Nordatlantik kommend hin zum europäischen Festland.

Lage Die Frontalzone ist hier auffallend weit nach Süden verschoben. Die Störungen wandern südlich der Britischen Inseln über Frankreich, Süddeutschland nach Osteuropa. Dort biegen sie in nordöstlicher Richtung ab. Zyklonale Einflüsse sind zum Teil bis nach Oberitalien und die nördlichen Zonen des Mittelmeers zu beobachten. Das zentrale, steuernde Tiefdruckgebiet befindet sich in der Regel nordwestlich der Britischen Inseln. Auf diese Weise gelangen Teile des Nordatlantiks und des Nordmeers unter den Einfluß eines Polarhochs. Von ihm geht Luftzufuhr aus dem Osten aus. Das Azorenhoch erstreckt seine Wirksamkeit kaum weiter als bis über nordwestliche Teile von Afrika.

Wettergeschehen In Mitteleuropa und Westeuropa überwiegend wolkenreiche und ergiebige Niederschläge. Im Frühjahr ist es warm bis schwül, im Sommer hingegen kühl. In Norddeutschland und den Küstengebieten der Ostsee besteht im Winter und auch noch im Frühjahr verstärkt die Möglichkeit von Schneefällen als Folge einer Kaltluftzufuhr aus nordöstlicher Richtung. Niederschläge in Form von Regen treten auch in Südfrankreich und Oberitalien auf. Schönes, trockenes Wetter herrscht in Spanien und Nordafrika. Über West- und Mitteleuropa wehen mäßige, zeitweise frische Winde aus südwestlicher Richtung.

Häufigstes Auftreten in den Monaten Dezember und März.

Geringstes Auftreten in den Monaten Mai und September.

Verwandte Großwetterlagen Zyklonale Westlage über Mitteleuropa (siehe Seite 134), Hoch Fennoskandien (siehe Seite 154) und Hoch Nordmeer-Fennoskandien (siehe Seite 158).

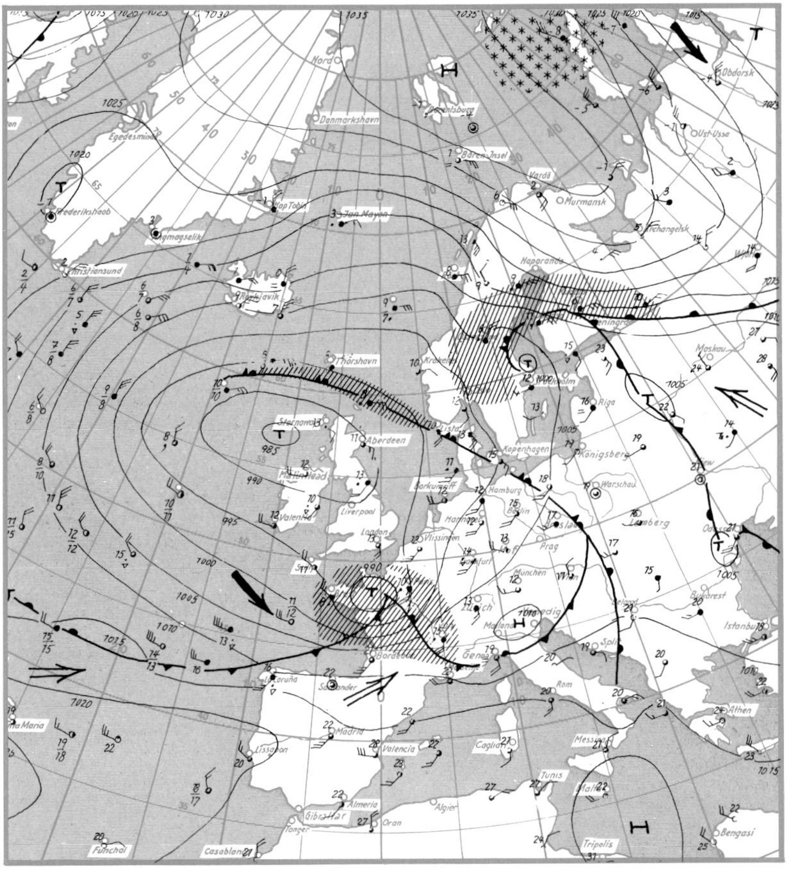

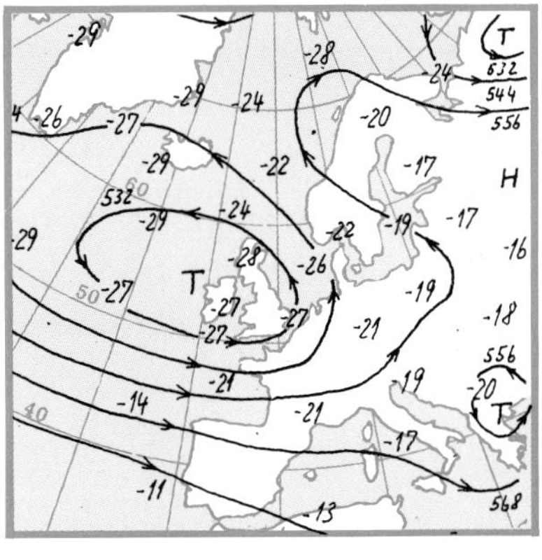

Oben: Bodenwetterkarte
Erklärung der Symbole
siehe Seite 124

Rechts: Höhenwetterkarte
Linien = Höhenschichtlinien
(Isohypsen)
der 500-hPa-Luftdruckfläche
von 12 zu 12 Dekametern
Pfeile in den Linien = Windrichtung
– 28 = Temperaturangabe in der
500-hPa-Fläche
H = Hoch T = Tief

Winkelförmige Westlage
27. November 1967

Großwetterlage West.

Zirkulationsform Zonal, d. h. West-Ostströmung zwischen einem Subtropenhoch über dem Nordatlantik und einem Tief im subpolaren Raum. In dieser Strömung bewegen sich eine Reihe von Tiefdruckgebieten mit ihren Fronten west-östlich vom Nordatlantik kommend hin zum europäischen Festland.

Lage Eine kräftige Frontzone im Raum Island – Britische Inseln wird bei Erreichen des europäischen Festlands scharf nach Norden abgelenkt. Ursache dafür ist ein Hochdruckgebiet über Rußland. Die vom Atlantik kommenden Schlechtwetterlagen dringen über Westeuropa nur bis in das östliche Mitteleuropa vor. Dort werden diese Störungen stationär. Das russische Hochdruckgebiet beherrscht ganz Osteuropa und den Balkan.

Wettergeschehen In Nord-, West- und weiten Teilen Mitteleuropas unbeständiges Wetter mit Niederschlägen. Teilweise ergiebige Regenfälle in Frankreich und Westdeutschland. Im Winter Schneefälle in Skandinavien und Mitteleuropa. Keine Niederschläge in Osteuropa, das unter dem Einfluß des russischen Hochs steht. Vor allem im Winter ist es dabei in Osteuropa kalt. Bewölkt und nicht niederschlagsfrei sind Südfrankreich, Oberitalien und Teile des westlichen Mittelmeers. Im Sommer ist die Wetterlage in West- und Mitteleuropa mit nur mäßigen Tagestemperaturen verbunden. Es wehen lebhafte Winde aus westlicher Richtung.

Häufigstes Auftreten in den Monaten November und Dezember.

Geringstes Auftreten in den Monaten Mai und Juli.

Verwandte Großwetterlagen Eine in Mitteleuropa überwiegend zyklonale Südostlage, die ein Hoch über Mittel- und Südrußland auslöst. In Mitteleuropa kommt besonders in den Monaten März und Oktober eine antizyklonale Südostlage vor, mit trockenem Wetter und Frühnebeln im Frühjahr und im Herbst. Eine verwandte Großwetterlage ist auch das Hoch Fennoskandien (siehe Seite 152).

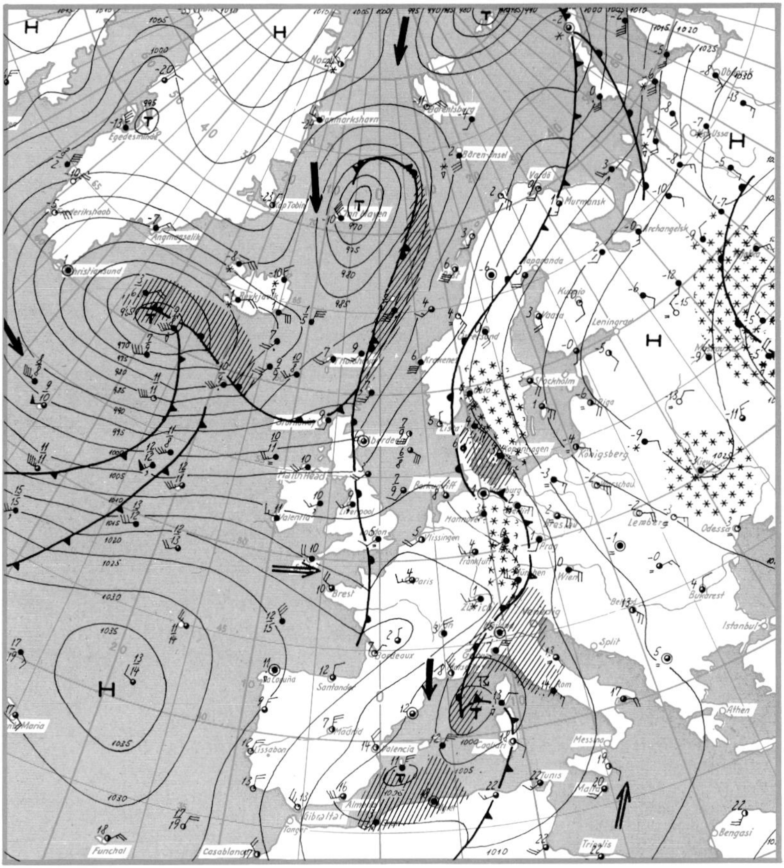

Oben: Bodenwetterkarte
Erklärung der Symbole
siehe Seite 124

Rechts: Höhenwetterkarte
Linien = Höhenschichtlinien (Isohypsen)
der 500-hPa-Luftdruckfläche
von 12 zu 12 Dekametern
Pfeile in den Linien = Windrichtung
– 28 = Temperaturangabe in der 500-hPa-Fläche
H = Hoch   T = Tief

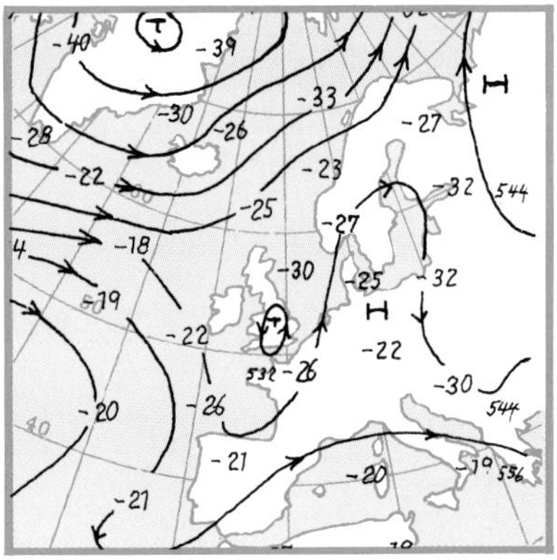

Antizyklonale Nordlage
12. Januar 1968

Großwetterlage Nord.

Zirkulationsform Meridional, d. h. besonders wirksam für den Verlauf der Strömung sind stationäre Hochdruckgebiete, die eine »blockierende« Wirkung ausüben. Diese Hochdruckgebiete treten auf zwischen 50 und 65 Grad nördlicher Breite. Bei den Nordlagen befindet sich dieses Hoch über den Britischen Inseln, während ein Zentraltief die Ostsee und das nordwestliche Rußland beherrscht.

Lage Nord-südlich erstreckt sich ein Hochdruckgebiet über der Nordsee und den Britischen Inseln. Gelegentlich tritt auch ein Hochdrucksystem auf, das von Spanien bis Spitzbergen reicht. Über Osteuropa befindet sich ein ausgeprägtes Tiefdrucksystem. Ein Hochdruckkeil über den Britischen Inseln reicht in größere Höhen. An der Ostflanke des Hochdruckgebiets über der Nordsee und den Britischen Inseln wandern Störungen nach Süd und Südost.

Wettergeschehen Norwegen und Westeuropa befinden sich unter Hochdruckeinfluß. Heiter bis wolkig. Zunehmende Bewölkung im westlichen Mitteleuropa. Im Winter Auftreten von Schneeschauern. Bei Aufklaren Frost. Zunehmende Niederschlagstätigkeit nach Osten. Im Winter kräftige Schneefälle über Osteuropa. Zum Teil strenge Frostlage. Im Sommer verhältnismäßig kühles Wetter im westlichen Mitteleuropa, im östlichen Mitteleuropa und in Osteuropa ausgesprochen kalt. Das über Osteuropa dominierende Tief ist mit sturmartigen Winden aus nördlicher und nordwestlicher Richtung verbunden. Auffrischende Winde aus dieser Richtung wehen auch über Mitteleuropa, Frankreich und Italien.

Häufigstes Auftreten in den Monaten Mai und Juni.

Geringstes Auftreten in den Monaten Januar und Oktober.

Verwandte Großwetterlagen Eine über Mitteleuropa zyklonale Nordlage (siehe Seite 142), ein Trog über Mitteleuropa (siehe Seite 150), ein Hoch über den Britischen Inseln (siehe Seite 148) und eine über Mitteleuropa antizyklonale Nordwestlage mit einem Hoch am Westrand des europäischen Festlands und tiefem Luftdruck über Skandinavien und dem Nordmeer.

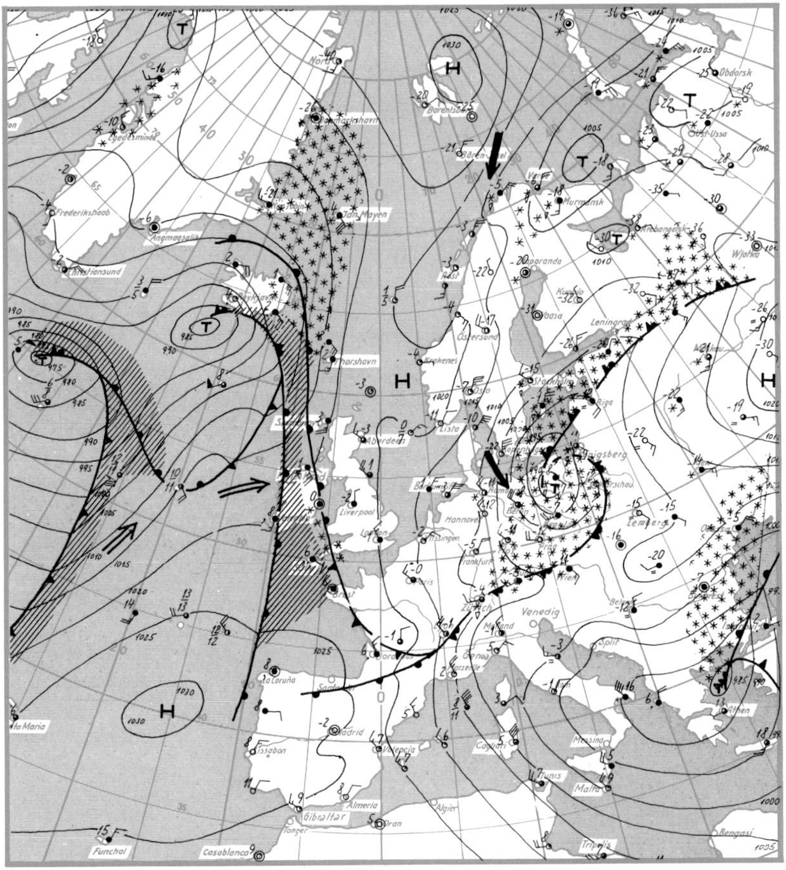

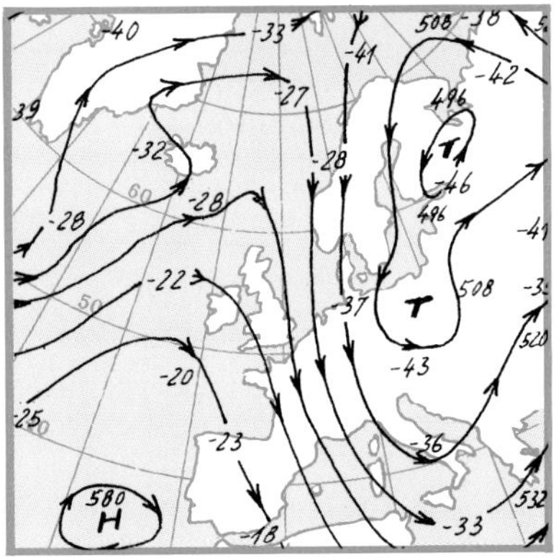

Oben: Bodenwetterkarte
Erklärung der Symbole
siehe Seite 124

Rechts: Höhenwetterkarte
Linien = Höhenschichtlinien
(Isohypsen)
der 500-hPa-Luftdruckfläche
von 12 zu 12 Dekametern
Pfeile in den Linien = Windrichtung
– 28 = Temperaturangabe in der
500-hPa-Fläche
H = Hoch T = Tief

Zyklonale Nordlage über Mitteleuropa
11. März 1968

Großwetterlage Nord.

Zirkulationsform Meridional, d. h. besonders wirksam für den Verlauf der Strömung sind stationäre Hochdruckgebiete, die eine »blockierende« Wirkung ausüben. Diese Hochdruckgebiete treten zwischen 50 und 65 Grad nördlicher Breite auf. Bei den Nordlagen befindet sich dieses Hoch über den Britischen Inseln, während ein Zentraltief die Ostsee und das nordwestliche Rußland beherrscht.

Lage Ausgedehntes Hochdruckgebiet westlich der Britischen Inseln. Gelegentlich auch Hochdruckbrücke zwischen einem Hoch über Spanien und einem Hoch über Spitzbergen. Ein ausgeprägtes Tiefdrucksystem ist über Skandinavien und dem westlichen Rußland wirksam. Dazwischen strömt kalte Meeresluft nach Mittel- und Westeuropa ein. Von Island aus wandern Schlechtwettergebiete über die Nordsee nach Süden und Südosten. Die Kaltluft dringt bis in das westliche Mittelmeer vor und löst Störungen aus.

Wettergeschehen Ganz Skandinavien, Ost- und Mitteleuropa, aber auch weite Teile Westeuropas sowie Spaniens und Italiens haben wechselvolles, mit Niederschlägen durchsetztes Wetter. Dabei herrschen kräftige, teilweise böige Winde aus nördlicher Richtung. Die Niederschläge sind im Gebirge sehr ausgiebig (»Stauregen«). Im Winter Schneefälle und im Frühjahr vor allem in Mitteleuropa Schauertätigkeit mit Regen und Schneefällen (»Aprilwetter«). Im Frühjahr oft empfindlich kalt (»Für die Jahreszeit zu kalt«). Diese Wetterlage bringt aber zu allen Jahreszeiten eine Witterung, die spürbar kälter als üblich ist.

Häufigstes Auftreten in den Monaten Mai und Juni.

Geringstes Auftreten in den Monaten November und Dezember.

Verwandte Großwetterlagen Trog über Mitteleuropa (siehe Seite 150). Zyklonale Nordwestlage über Mitteleuropa mit einer nach Südosten gerichteten kräftigen Frontalzone über den Britischen Inseln, der Nordsee und dem östlichen Mitteleuropa (ausgeprägter Alpenstau!), antizyklonaler Nordlage über Mitteleuropa (siehe Seite 140) und Hoch über den Britischen Inseln (siehe Seite 148).

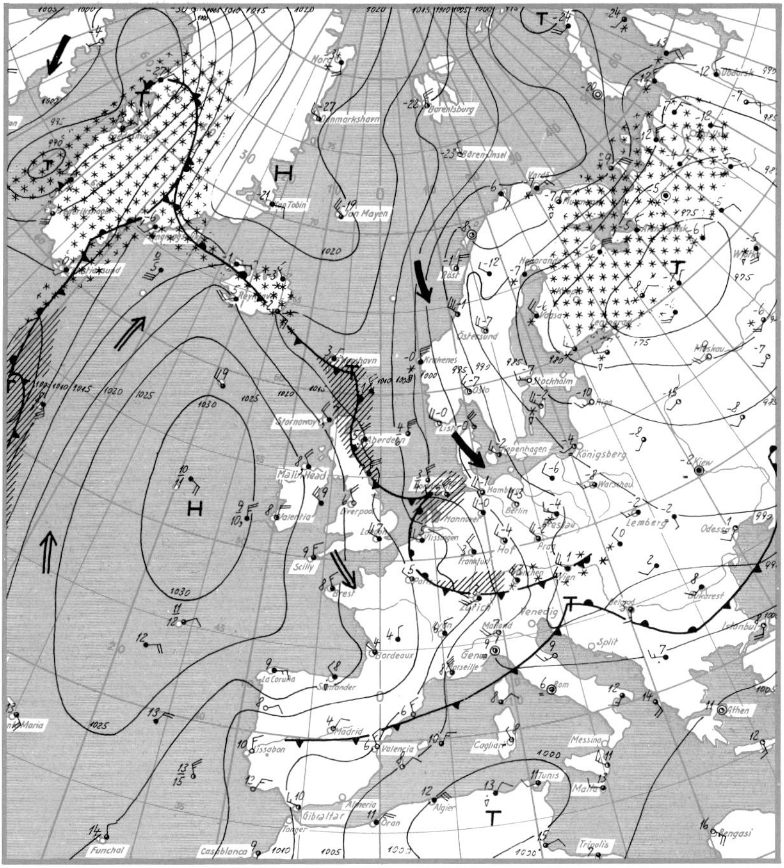

Oben: Bodenwetterkarte
Erklärung der Symbole
siehe Seite 124

Rechts: Höhenwetterkarte
Linien = Höhenschichtlinien (Isohypsen) der 500-hPa-Luftdruckfläche von 12 zu 12 Dekametern
Pfeile in den Linien = Windrichtung
– 28 = Temperaturangabe in der 500-hPa-Fläche
H = Hoch T = Tief

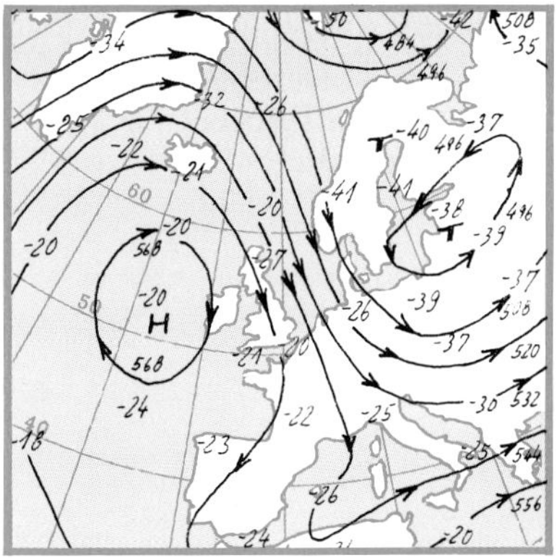

Hoch über dem Nordmeer und Island (über Westeuropa antizyklonal) 27. Mai 1966

Großwetterlage Nord.

Zirkulationsform Meridional, d. h. besonders wirksam für den Verlauf der Strömung sind stationäre Hochdruckgebiete, die eine »blockierende« Wirkung ausüben. Diese Hochdruckgebiete treten zwischen 50 und 65 Grad nördlicher Breite auf. Bei den Nordlagen befindet sich dieses Hoch über den Britischen Inseln, während ein Zentraltief die Ostsee und das nordwestliche Rußland beherrscht.

Lage In diesem Fall liegt nun das blockierende Hochdruckgebiet besonders weit nördlich, im Raum des Nordmeeres und nach Süden bis über Schottland. Ein Hochdruckkeil reicht sogar bis über das westliche Mitteleuropa. Eine westatlantische Frontalzone wird teilweise nach Norden (über Grönland und weiter nordostwärts) und teilweise nach Süden (südwestliches Europa und weiter in das Mittelmeer) abgelenkt. Die über dem nordwestlichen Rußland in südliche Richtung wandernden Tiefausläufer werden nur für Osteuropa wirksam.

Wettergeschehen Über West- und Mitteleuropa meist heiteres bis wolkiges Wetter. Niederschläge (Gewitter!) treten im östlichen Mitteleuropa und vor allem in Osteuropa auf. Im Winter bringt diese Lage in Mitteleuropa zum Teil strengen Frost (»Strahlungslage«). Auch im Frühjahr sind noch Bodenfröste möglich. Die Aufheiterungen bringen im Sommer zwar schönes, warmes Wetter, aber ohne hochsommerliche Hitze. Im Mittelmeerraum, vor allem in seinen östlichen und mittleren Teilen, sind bei niedrigem Luftdruck und den eingewanderten Störungen Niederschläge möglich. Die Windtätigkeit ist dort mäßig, hingegen treten über der Nordsee frische bis starke Winde aus nördlicher bis nordöstlicher Richtung auf.

Häufigstes Auftreten in den Monaten Mai und Juni.

Geringstes Auftreten in den Monaten Februar und November.

Verwandte Großwetterlagen Hoch über dem Nordmeer und Island, über Mitteleuropa zyklonal (siehe Seite 146), zyklonale Nordlage über Mitteleuropa (siehe Seite 142), antizyklonale Nordlage über Mitteleuropa (siehe Seite 140) und Hoch über den Britischen Inseln (siehe Seite 148).

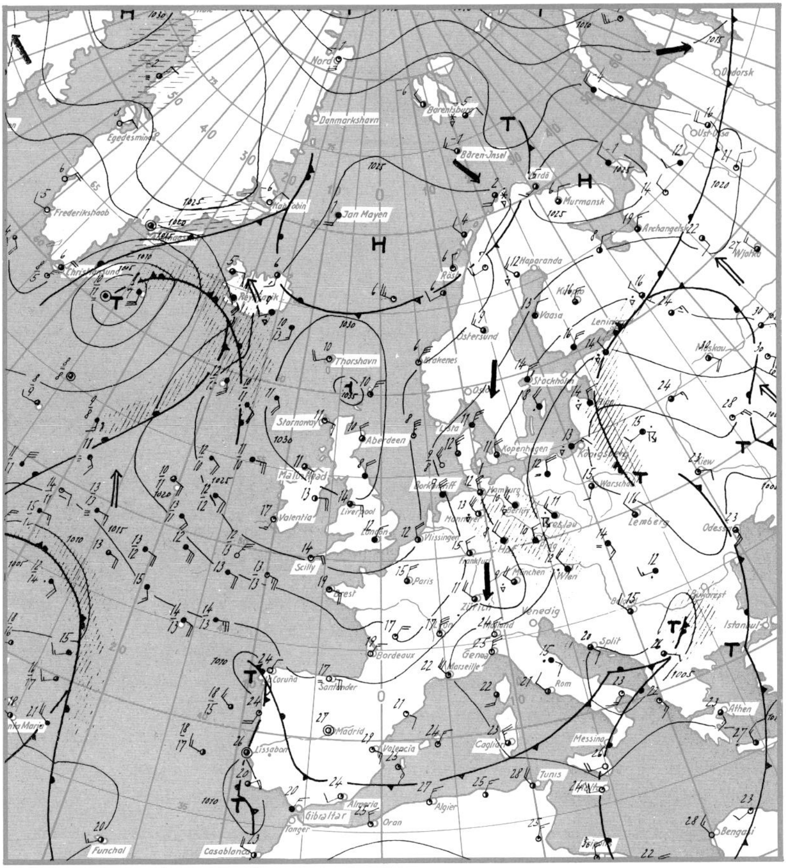

Oben: Bodenwetterkarte
Erklärung der Symbole
siehe Seite 124

Rechts: Höhenwetterkarte
Linien = Höhenschichtlinien (Isohypsen)
der 500-hPa-Luftdruckfläche
von 12 zu 12 Dekametern
Pfeile in den Linien = Windrichtung
– 28 = Temperaturangabe in der 500-hPa-Fläche
H = Hoch   T = Tief

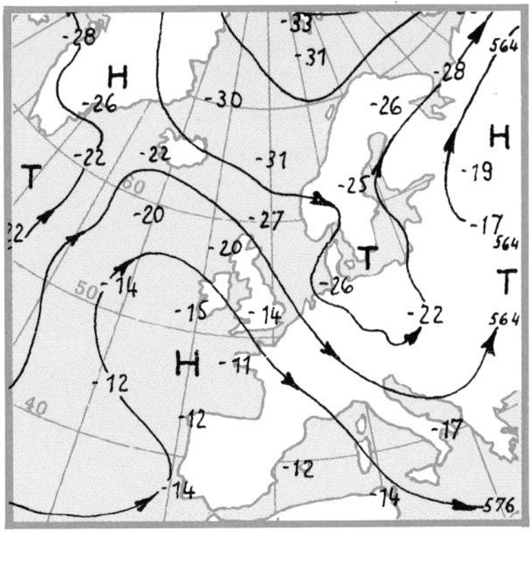

Hoch über dem Nordmeer und Island (über Mitteleuropa zyklonal) 22. August 1966

Großwetterlage Nord.

Zirkulationsform Meridional, d. h. besonders wirksam für den Verlauf der Strömung sind stationäre Hochdruckgebiete, die eine »blockierende« Wirkung ausüben. Diese Hochdruckgebiete treten zwischen 50 und 65 Grad nördlicher Breite auf. Bei den Nordlagen befindet sich das Hoch über den Britischen Inseln, während ein Zentraltief die Ostsee und das nordwestliche Rußland beherrscht.

Lage Die Strömungsverhältnisse und die Luftdruckverteilung sind vergleichbar mit dem auf Seite 144 beschriebenen Hoch über dem Nordmeer und Island antizyklonaler Form. Was fehlt, ist der Hochdruckkeil über der Nordsee bis zum westlichen Mitteleuropa. Dadurch bekommen die nach Südwesteuropa und das Mittelmeer abgelenkten Teile der Frontalzone Gelegenheit, auf das Wetter in Mitteleuropa stärker Einfluß zu nehmen. Aber auch kalte Luft aus dem Ostseeraum kann Störungen über Mitteleuropa auslösen.

Wettergeschehen Niederschläge vor allem im südlichen Mitteleuropa und in Westeuropa. Im Winter Schneefälle. Im Sommer Gewitter, zum Teil mit schauerartigen, sehr ergiebigen Niederschlägen. Während es in Westeuropa und im südlichen Mitteleuropa auch im Winter verhältnismäßig mild sein kann, sind die Tage mit dieser Wetterlage in den nördlichen Teilen von Mitteleuropa, in Osteuropa und Skandinavien im Winter sehr kalt und auch im Sommer noch als kühl zu bezeichnen. Überwiegend heiteres Wetter in England und Irland sowie in Spanien und Portugal. Wechselnd bewölkt und nicht niederschlagsfrei in Südfrankreich und Italien.

Häufigstes Auftreten in den Monaten Mai und Oktober.

Geringstes Auftreten in den Monaten August und September.

Verwandte Großwetterlagen Zyklonale Nordlage über Mitteleuropa (siehe Seite 142), südliche Westlage (siehe Seite 136), abgeschlossenes Tief über Mitteleuropa, Hoch über Nordmeer-Island, über Mitteleuropa antizyklonal (siehe Seite 144).

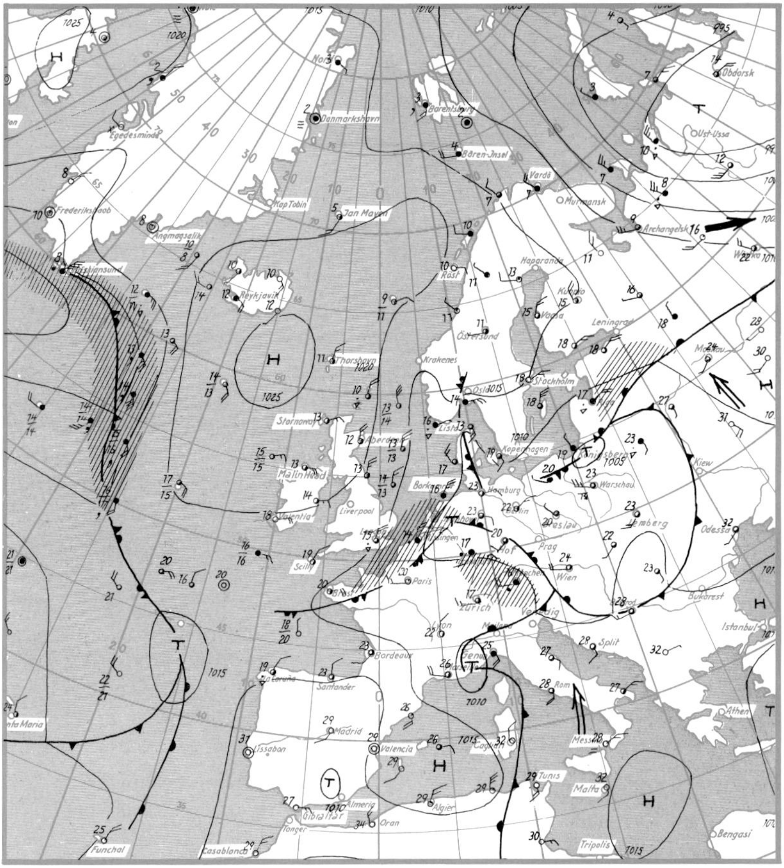

Oben: Bodenwetterkarte
Erklärung der Symbole
siehe Seite 124

Rechts: Höhenwetterkarte
Linien = Höhenschichtlinien (Isohypsen)
der 500-hPa-Luftdruckfläche
von 12 zu 12 Dekametern
Pfeile in den Linien = Windrichtung
– 28 = Temperaturangabe in der 500-hPa-Fläche
H = Hoch T = Tief

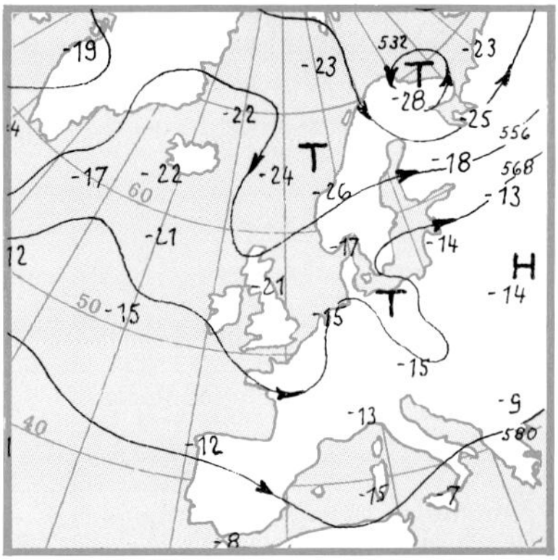

Hoch über den Britischen Inseln
8. April 1968

Großwetterlage Nord.

Zirkulationsform Meridional, d. h. besonders wirksam für den Verlauf der Strömung sind stationäre Hochdruckgebiete, die eine »blockierende« Wirkung ausüben. Diese Hochdruckgebiete treten zwischen 50 und 65 Grad nördlicher Breite auf. Bei den Nordlagen befindet sich das Hoch über den Britischen Inseln, während ein Zentraltief die Ostsee und das nordwestliche Rußland beherrscht.

Lage Über den Britischen Inseln oder der unmittelbar angrenzenden Nordsee bzw. dem unmittelbar angrenzenden atlantischen Ozean befindet sich das »blockierende« Hoch. Oft ist es mit einem Hochdruckgebiet verbunden, das über Grönland und Island lagert. Das Tief befindet sich über der Ostsee, häufig weit nach Südosten reichend. Randstörungen zwischen dem Hoch und dem Tief beeinflussen vor allem das Wetter in Mitteleuropa. Mit dieser Wetterlage verbunden ist häufig tiefer Luftdruck über dem Mittelmeer.

Wettergeschehen Die Luft strömt über Mittel- und Westeuropa, vorwiegend aus nördlicher Richtung. Das Wetter ist im Sommer meist trocken und sonnig. Im Winter hingegen häufig Bildung einer kräftigen Hochnebelschicht. Es bleibt trüb. Die Bewölkung nimmt im östlichen Mitteleuropa zu. Dort kommt es auch zeitweise zu Niederschlägen, die besonders in den Ostalpen ergiebig werden können (»Stauregen«). In allen Jahreszeiten nur mäßig warm, in den Wintermonaten mäßiger bis strenger Frost. Südlich der Alpen wechselhafte Witterung, vor allem in Italien.

Häufigstes Auftreten in den Monaten Februar und September.

Geringstes Auftreten in den Monaten Juli und Dezember.

Verwandte Großwetterlagen Hoch über dem Nordmeer und Island, über Mitteleuropa antizyklonal (siehe Seite 144), Hoch über dem Nordmeer und Island, über Mitteleuropa zyklonal (siehe Seite 146), sowie antizyklonale und zyklonale Nordwestlagen mit unbeständiger Witterung, zum Teil mit kräftigen Niederschlägen an der Alpennordseite (»Stauregen«).

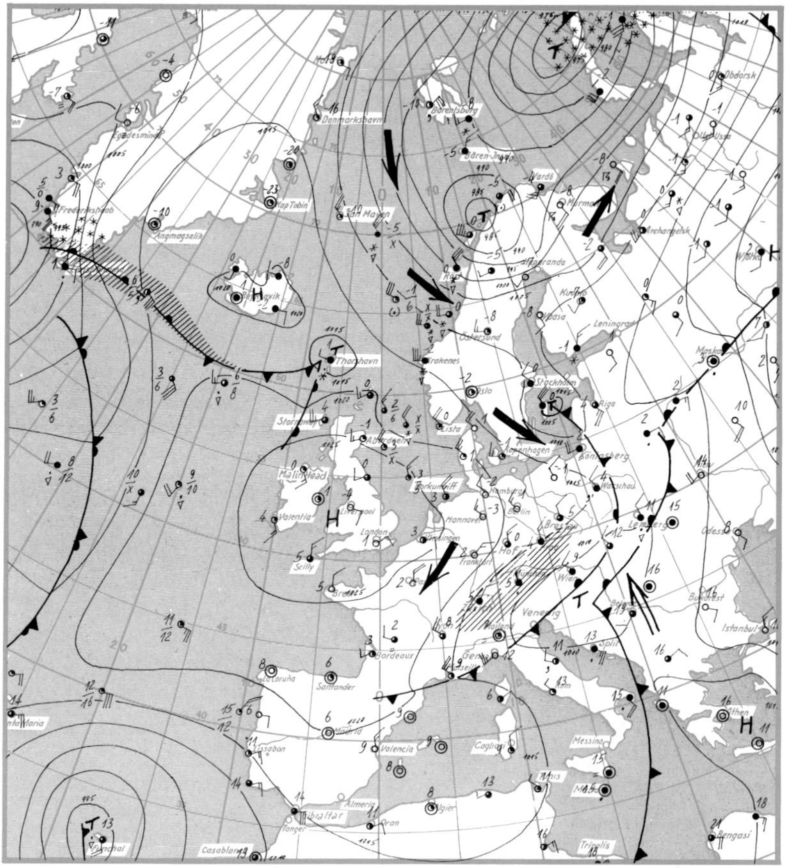

Oben: Bodenwetterkarte
Erklärung der Symbole
siehe Seite 124

Rechts: Höhenwetterkarte
Linien = Höhenschichtlinien
(Isohypsen)
der 500-hPa-Luftdruckfläche
von 12 zu 12 Dekametern
Pfeile in den Linien = Windrichtung
– 28 = Temperaturangabe in der
500-hPa-Fläche
H = Hoch   T = Tief

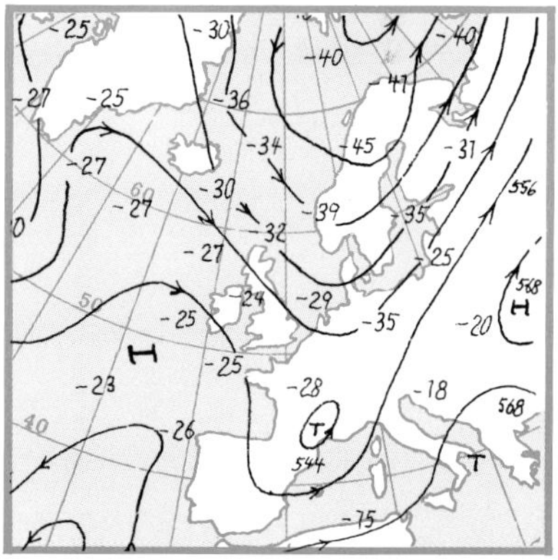

Trog über Mitteleuropa
31. Dezember 1967

Großwetterlage Nord.

Zirkulationsform Meridional, d. h. besonders wirksam für den Verlauf der Strömung sind stationäre Hochdruckgebiete, die eine »blockierende« Wirkung ausüben. Diese Hochdruckgebiete treten zwischen 50 und 65 Grad nördlicher Breite auf. Bei den Nordlagen befindet sich das Hoch über den Britischen Inseln, während ein Zentraltief die Ostsee und das nordwestliche Rußland beherrscht.

Lage Besonders tiefer Luftdruck weit hinter der Kaltfront eines Tiefs kennzeichnet die Troglage. Nord- und Mitteleuropa stehen unter dem Einfluß der Troglage. Unter Hochdruckeinfluß stehen der östliche Nordatlantik und der nördliche Ostseeraum. Im Verlauf der Frontalzone ziehen über West- und Mitteleuropa Störungen, die auch noch über dem Mittelmeerraum wirksam bleiben, vor allem in seinem östlichen Teil.

Wettergeschehen Bei frischen Winden aus westlichen und nördlichen Richtungen ist das Wetter in West- und Mitteleuropa gekennzeichnet von großer Unbeständigkeit. Häufiges Auftreten von schauerartigen Niederschlägen (im Winter als Schnee). In West- und Mitteleuropa ist diese Wetterlage mit niedrigen Temperaturen in allen Jahreszeiten verbunden. Im Gegensatz zu Osteuropa, wo vor allem im Winter die Temperaturen um 0 °C liegen (und darüber!). Dafür sind dort die Niederschläge ausgesprochen ergiebig. Der Mittelmeerraum steht, vor allem sein östlicher Teil, unter dem Einfluß der von West- und Mitteleuropa südöstlich ziehenden Störungen.

Häufigstes Auftreten in den Monaten April und November.

Geringstes Auftreten in den Monaten Juni und August.

Verwandte Großwetterlagen Zyklonale Nordlage über Mitteleuropa (siehe Seite 142) und die Nordwestlage, über Mitteleuropa zyklonal, mit kalter Witterung, schauerartigen Niederschlägen (im Winter ergiebige Schneefälle!).

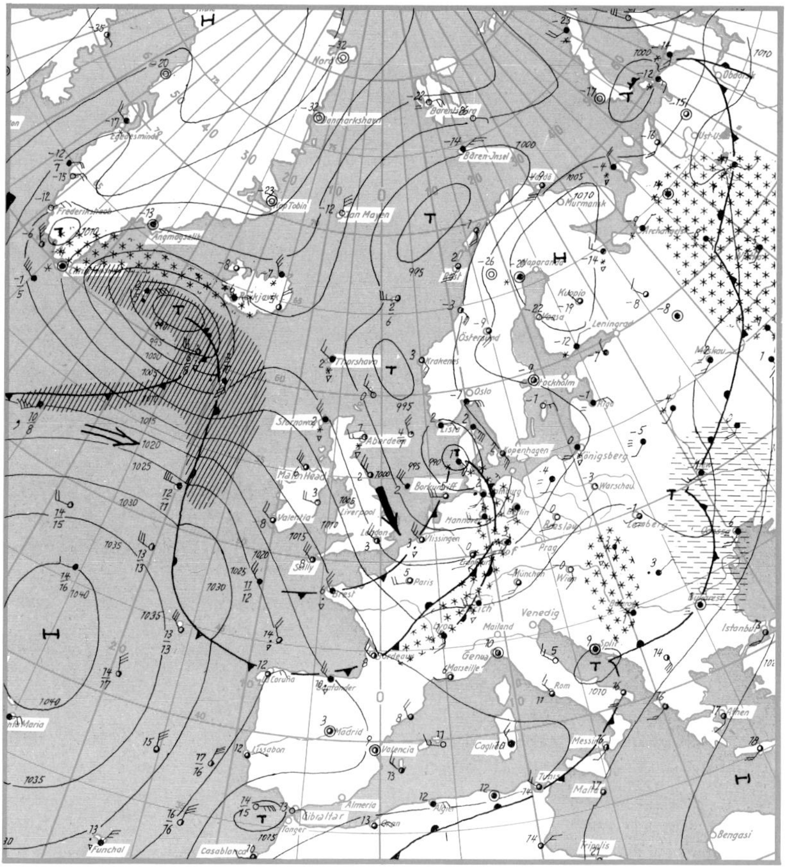

Oben: Bodenwetterkarte
Erklärung der Symbole
siehe Seite 124

Rechts: Höhenwetterkarte
Linien = Höhenschichtlinien (Isohypsen) der 500-hPa-Luftdruckfläche von 12 zu 12 Dekametern
Pfeile in den Linien = Windrichtung
– 28 = Temperaturangabe in der 500-hPa-Fläche
H = Hoch T = Tief

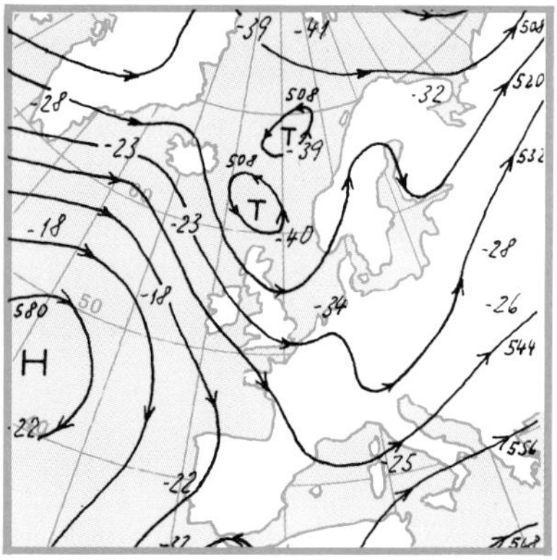

Hoch Fennoskandien (über Mitteleuropa antizyklonal) 9. Januar 1966

Großwetterlage Ost.

Zirkulationsform Meridional, d. h. besonders wirksam für den Verlauf der Strömung sind stationäre Hochdruckgebiete, die eine »blockierende« Wirkung ausüben. Diese Hochdruckgebiete treten zwischen 50 und 65 Grad nördlicher Breite auf. Bei Ostlagen befindet sich das Hoch über Nordeuropa, während ein Zentraltief den Mittelmeerraum beherrscht.

Lage Diese vor allem im Winter häufige Wetterlage ist gekennzeichnet durch ein kräftiges Hochdruckgebiet über Finnland, manchmal auch über Nordrußland. Das Tief im Mittelmeerraum ist nur schwach ausgeprägt. Ein umfangreiches Tief liegt über dem Atlantischen Ozean, westlich der Britischen Inseln. Der Hochdruckeinfluß reicht über Nordeuropa hinaus nach Mitteleuropa.

Wettergeschehen In der Regel in weiten Teilen Mitteleuropas trockenes und schönes Wetter. Allerdings mit viel Kaltluft aus nördlichen Richtungen. Deshalb im Winter häufig strenger Frost. Auch im Frühjahr oft »für die Jahreszeit zu kalt«. Im Sommer hingegen oft recht heiß (ohne Gewitterbildung!). Westeuropa unter dem Einfluß von Störungen, die das atlantische Tief auslösen. Wechselnd bewölkt und unbeständig im Mittelmeerraum.

Häufigstes Auftreten in den Monaten Januar und Februar.

Geringstes Auftreten in den Monaten Juni und Juli.

Verwandte Großwetterlagen Hoch über Fennoskandien, über Mitteleuropa zyklonal (siehe Seite 154), Hoch Nordmeer-Fennoskandien, über Mitteleuropa antizyklonal (siehe Seite 156), Hoch Nordmeer-Fennoskandien, über Mitteleuropa zyklonal (siehe Seite 158), Nordostlage, über Mitteleuropa antizyklonal (heiter und trocken), Nordostlage, über Mitteleuropa zyklonal (kühl und niederschlagsreich), Südostlage, über Mitteleuropa antizyklonal (heiter, trocken, im Herbst und Winter Frühnebel), Südostlage, über Mitteleuropa zyklonal (unbeständige Witterung).

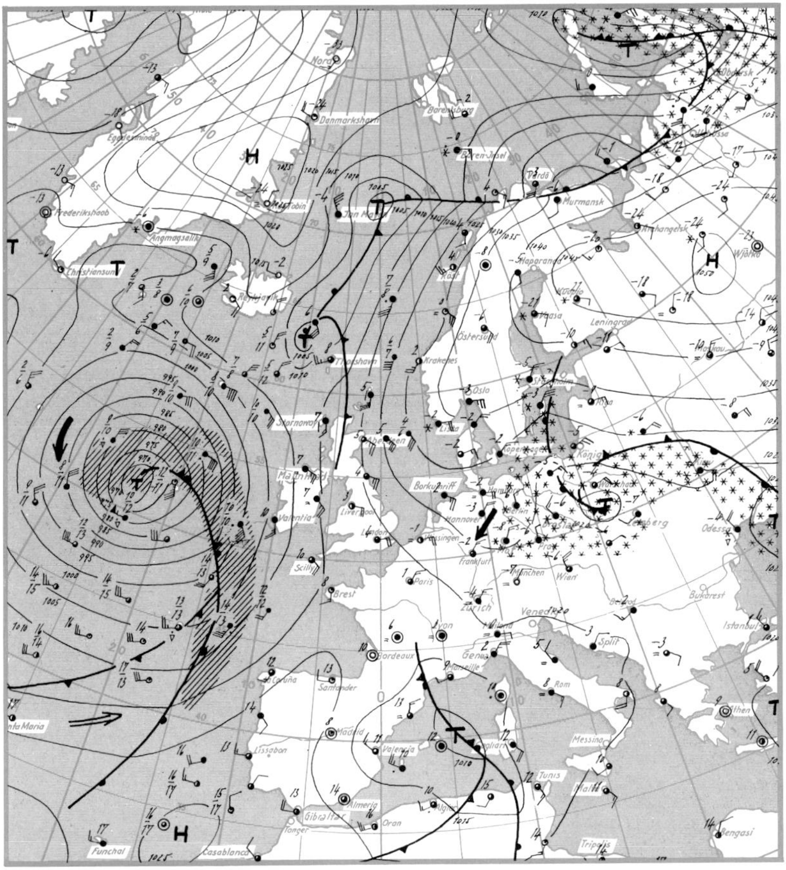

Oben: Bodenwetterkarte
Erklärung der Symbole
siehe Seite 124

Rechts: Höhenwetterkarte
Linien = Höhenschichtlinien (Isohypsen) der 500-hPa-Luftdruckfläche von 12 zu 12 Dekametern
Pfeile in den Linien = Windrichtung
– 28 = Temperaturangabe in der 500-hPa-Fläche
H = Hoch T = Tief

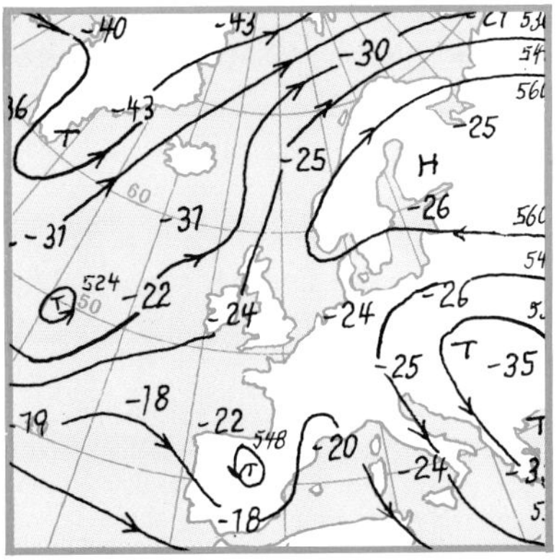

Hoch Fennoskandien (über Mitteleuropa zyklonal) 16. September 1967

Großwetterlage Ost.

Zirkulationsform Meridional, d. h. besonders wirksam für den Verlauf der Strömung sind stationäre Hochdruckgebiete, die eine »blockierende« Wirkung ausüben. Diese Hochdruckgebiete treten zwischen 50 und 65 Grad nördlicher Breite auf. Bei Ostlagen befindet sich das Hoch über Nordeuropa, während das Zentraltief den Mittelmeerraum beherrscht.

Lage Über Finnland befindet sich ein Hochdruckgebiet und über dem nördlichen Mittelmeerraum und dem südlichen Mitteleuropa ein Tiefdrucksystem. Dazwischen strömt Luft aus östlichen Richtungen nach Mitteleuropa ein. Vom Westen über dem Atlantik anrückende Störungen werden geteilt. Ein Teil strömt nordostwärts an Grönland vorbei zum Eismeer hin. Ein anderer Teil strömt südöstlich über die Biskaya in das Mittelmeer. Von hier aus erreichen Störungen das Alpenvorland (südliches Mitteleuropa).

Wettergeschehen Heiteres und trockenes Wetter in Nordeuropa. Dagegen unbeständiges Wetter, mit Niederschlägen durchsetzt, in Mittel- und Westeuropa, teilweise auch im Mittelmeerraum. Die auftretenden Niederschläge fallen im Winter überwiegend als Schnee. Im Sommer sind damit Gewitter verbunden. Im Winter durchweg kalt und Frostlage, im Sommer dagegen ausgesprochen schwül (nicht heiß!). Der Wind weht in Mitteleuropa, aber auch in Westeuropa und im Mittelmeerraum meist aus östlichen Richtungen.

Häufigstes Auftreten in den Monaten März, November und Dezember.

Geringstes Auftreten in den Monaten Juli und August.

Verwandte Großwetterlagen Hoch Nordmeer-Fennoskandien, über Mitteleuropa zyklonal (siehe Seite 158), Hoch Nordmeer-Fennoskandien, über Mitteleuropa antizyklonal (siehe Seite 156), Hoch Fennoskandien, über Mitteleuropa antizyklonal (siehe Seite 152), Tief über Mitteleuropa.

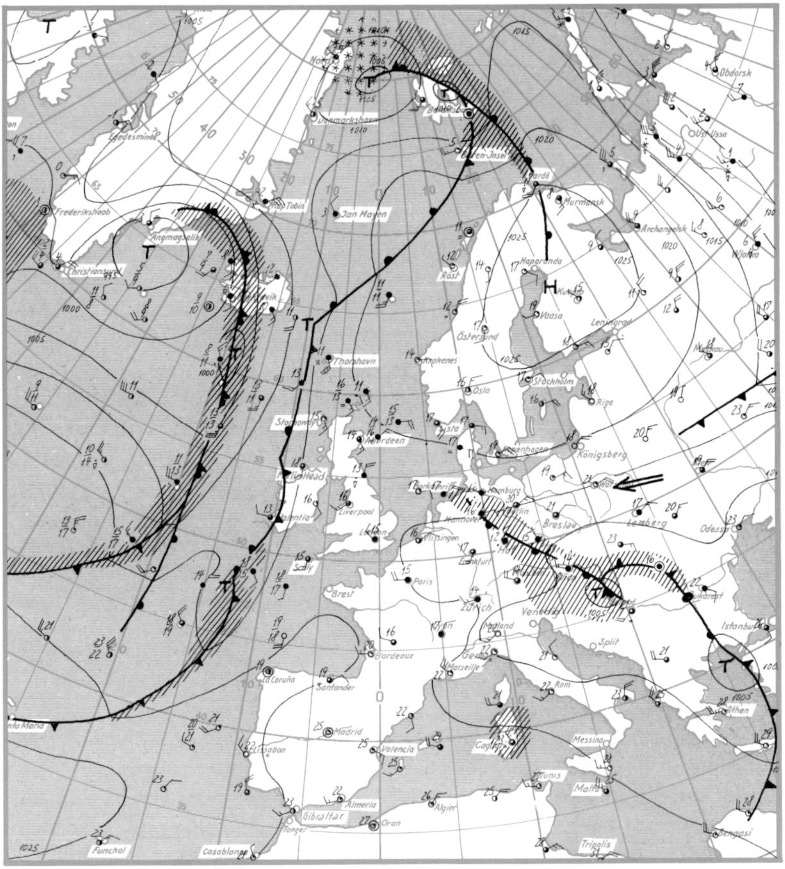

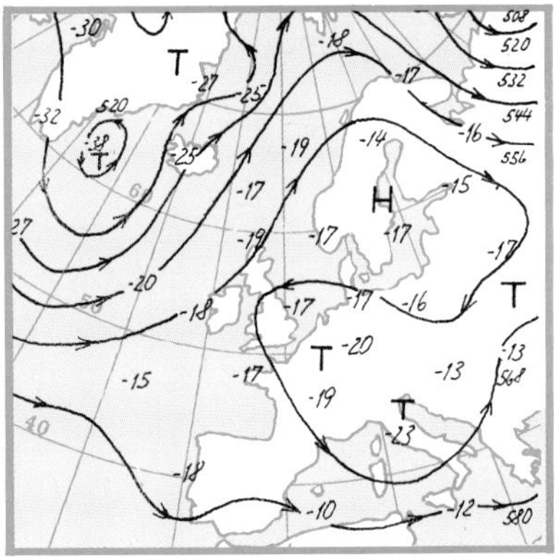

Oben: Bodenwetterkarte
Erklärung der Symbole
siehe Seite 124

Rechts: Höhenwetterkarte
Linien = Höhenschichtlinien (Isohypsen) der 500-hPa-Luftdruckfläche von 12 zu 12 Dekametern
Pfeile in den Linien = Windrichtung
– 28 = Temperaturangabe in der 500-hPa-Fläche
H = Hoch T = Tief

Hoch Nordmeer-Fennoskandien (über Mitteleuropa antizyklonal) 16. April 1968

Großwetterlage Ost.

Zirkulationsform Meridional, d. h. besonders wirksam für den Verlauf der Strömung sind stationäre Hochdruckgebiete, die eine »blockierende« Wirkung ausüben. Diese Hochdruckgebiete treten zwischen 50 und 65 Grad nördlicher Breite auf. Bei Ostlagen befindet sich das Hoch über Nordeuropa, während das Zentraltief den Mittelmeerraum beherrscht.

Lage In diesem Fall befindet sich eine ausgedehnte Hochdruckzone über Island und reicht bis nach Nordrußland. Auch das nördliche Mitteleuropa wird von diesem Hochdruckgebiet erreicht. Tiefer Luftdruck wird über dem westlichen Mittelmeer und über dem südlichen Nordatlantik registriert. Ganz Mitteleuropa und Westeuropa bekommen Luft aus östlicher Richtung.

Wettergeschehen Nordeuropa, weite Teile des nördlichen und östlichen Mittel- und Westeuropas haben überwiegend heiteres Wetter und keine Niederschläge. Zunehmende Bewölkung im südlichen Mitteleuropa und südlich der Alpen, allerdings ohne größere Niederschläge. Im Sommer ist es in der Regel recht warm. Im Winter ist es bei dieser Wetterlage kalt, in nördlichen Gebieten Mitteleuropas, in Nord- und Osteuropa strenger Frost.

Häufigstes Auftreten in den Monaten Mai und Juni.

Geringstes Auftreten in den Monaten Juli und August.

Verwandte Großwetterlagen Hoch Nordmeer-Fennoskandien, über Mitteleuropa zyklonal (siehe Seite 158), Hoch über Nordmeer-Island, über Mitteleuropa antizyklonal (siehe Seite 144), Hoch über Nordmeer-Island, über Mitteleuropa zyklonal (siehe Seite 146). Sowie Südostlagen, über Mitteleuropa antizyklonal oder zyklonal, mit überwiegend heiterem und trockenem Wetter, an den Nordalpen föhnig (antizyklonal) oder unbeständig mit Niederschlägen, im Sommer schwül und gewittrig (zyklonal).

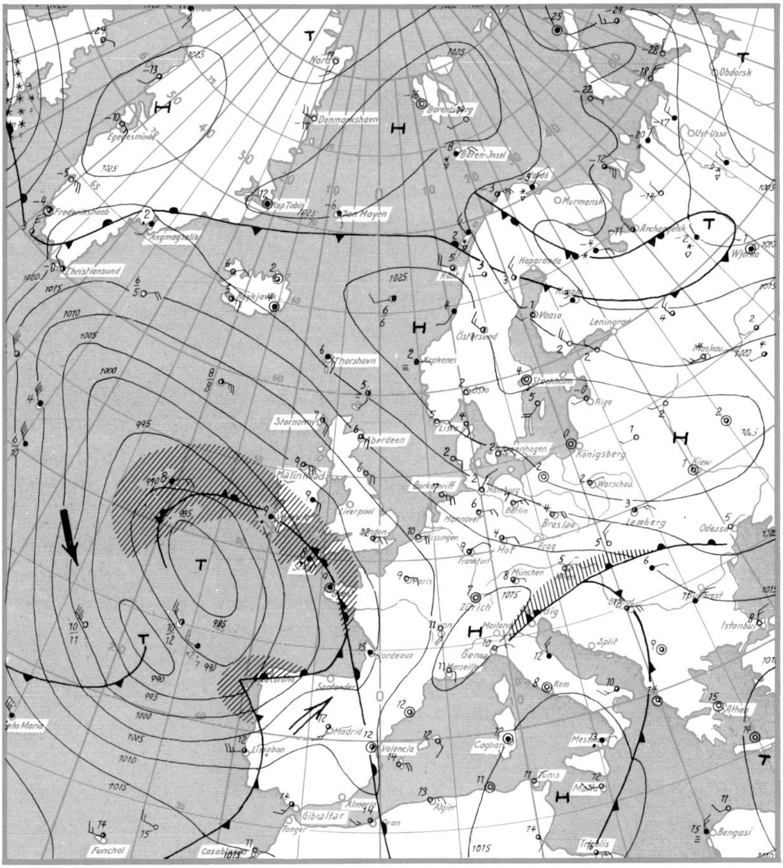

Oben: Bodenwetterkarte
Erklärung der Symbole
siehe Seite 124

Rechts: Höhenwetterkarte
Linien = Höhenschichtlinien
(Isohypsen)
der 500-hPa-Luftdruckfläche
von 12 zu 12 Dekametern
Pfeile in den Linien = Windrichtung
– 28 = Temperaturangabe in der
500-hPa-Fläche
H = Hoch T = Tief

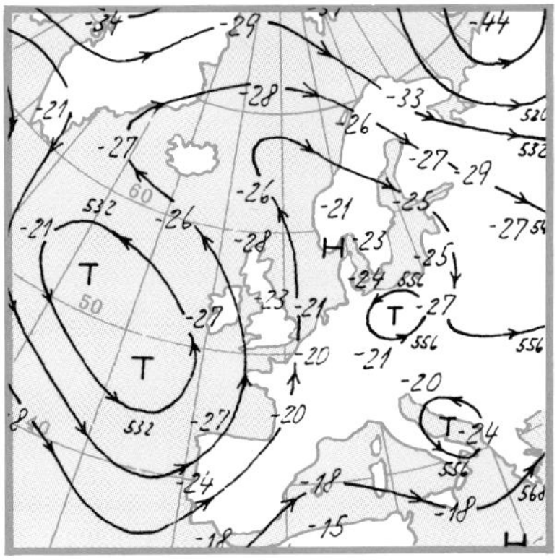

Hoch Nordmeer-Fennoskandien (über Mitteleuropa zyklonal) 23. Februar 1968

Großwetterlage Ost.

Zirkulationsform Meridional, d. h. besonders wirksam für den Verlauf der Strömung sind stationäre Hochdruckgebiete, die eine »blockierende« Wirkung ausüben. Diese Hochdruckgebiete treten zwischen 50 und 65 Grad nördlicher Breite auf. Bei Ostlagen befindet sich das Hoch über Nordeuropa, während das Zentraltief den Mittelmeerraum beherrscht.

Lage Genauso wie beim Hoch Nordmeer-Fennoskandien, über Mitteleuropa antizyklonal (siehe Seite 156), lagert über Island und Nordrußland eine ausgedehnte Zone hohen Luftdrucks, die eine »blockierende« Wirkung ausübt. Dieses Hoch wird an der skandinavischen Westküste unterbrochen. Ausgeprägte Tiefdrucktätigkeit über dem westlichen Mittelmeer und über Westeuropa. Eine von Westen über dem Atlantischen Ozean heranziehende Frontalzone wird vom Hoch nach Nordosten bzw. Südosten abgelenkt.

Wettergeschehen Meist bedeckt in West- und Mitteleuropa mit recht ergiebigen Niederschlägen (im Winter intensive Schneefälle!). Im Sommer kommt es zu Gewitterbildung mit viel Regen. Dabei ist es in den genannten europäischen Zonen schwül-warm. Ausgesprochen kalt ist es bei dieser Lage im Winter in Nord- und Osteuropa, mit zum Teil strengem Frost. Ausgeprägte Frostlagen treten dann auch im nördlichen Mitteleuropa auf. Die abgelenkten Störungen machen sich vor allem im westlichen Mittelmeerraum in Form von Bewölkung und Niederschlägen bemerkbar.

Häufigstes Auftreten in den Monaten März und Mai.

Geringstes Auftreten in den Monaten September, Oktober und Dezember.

Verwandte Großwetterlagen Hoch Fennoskandien, über Mitteleuropa zyklonal (siehe Seite 154), Tief über Mitteleuropa, südliche Westlage (siehe Seite 136), Hoch Nordmeer-Fennoskandien, über Mitteleuropa antizyklonal (siehe Seite 156), Südostlage, über Mitteleuropa antizyklonal.

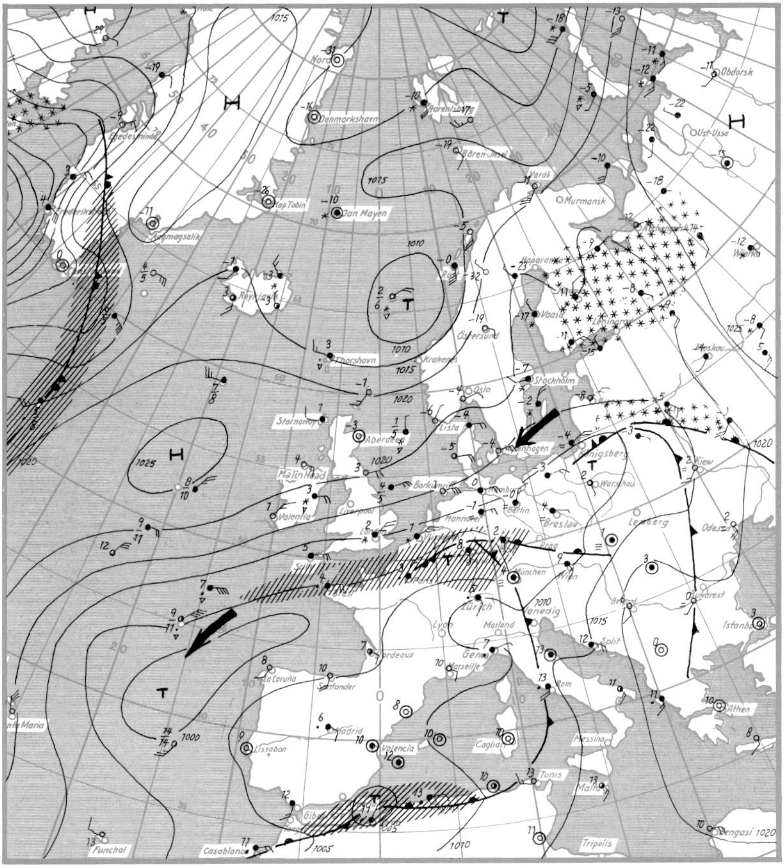

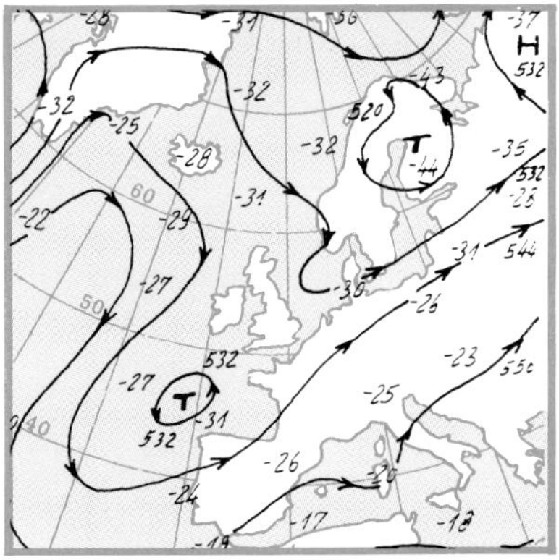

Oben: Bodenwetterkarte
Erklärung der Symbole
siehe Seite 124

Rechts: Höhenwetterkarte
Linien = Höhenschichtlinien
(Isohypsen)
der 500-hPa-Luftdruckfläche
von 12 zu 12 Dekametern
Pfeile in den Linien = Windrichtung
– 28 = Temperaturangabe in der
500-hPa-Fläche
H = Hoch T = Tief

Südlage
(über Mitteleuropa antizyklonal)
8. November 1966

Großwetterlage Süd.

Zirkulationsform Meridional, d. h. besonders wirksam für die Strömung sind stationäre Hochdruckgebiete, die eine »blockierende« Wirkung ausüben. Diese Hochdruckgebiete treten zwischen 50 und 65 Grad nördlicher Breite auf. Bei Südlagen befindet sich das Hoch über Osteuropa, während das Zentraltief über Westeuropa wirksam wird.

Lage Das Hochdruckgebiet über Osteuropa ist kräftig ausgeprägt. Über dem östlichen Atlantischen Ozean und Westeuropa befindet sich ein Tiefdrucksystem. Die atlantische Frontalzone verläuft nördlich der Azoren zur westeuropäischen Küste und schwenkt hier nach Norden um. Die Störungen machen sich besonders in Frankreich und Spanien bemerkbar.

Wettergeschehen In West- und Südwesteuropa zum Teil ausgedehnte Niederschlagszonen. Dagegen ist es in Mitteleuropa nur im Westen wolkig. Es überwiegt im übrigen Mitteleuropa das heitere, niederschlagsfreie Wetter. Das gilt auch für Osteuropa. Bei dieser Wetterlage können in Mitteleuropa Morgennebel auftreten. Im Winter auch Hochnebel. Im Alpenvorland häufig Föhneinfluß. Die Wetterlage führt im Sommer zu heißem Wetter, weniger zu schwül-warmer Witterung. Auch im Frühjahr und Herbst recht mildes Wetter. Im Winter strenge Fröste in Osteuropa und östlichen Teilen Mitteleuropas (»Strahlungsfrost«).

Häufigstes Auftreten in den Monaten Januar und November.

Geringstes Auftreten in den Monaten Juni und Juli.

Verwandte Großwetterlagen Südlage, über Mitteleuropa zyklonal (siehe Seite 162), Hoch über Mitteleuropa, Südostlagen.

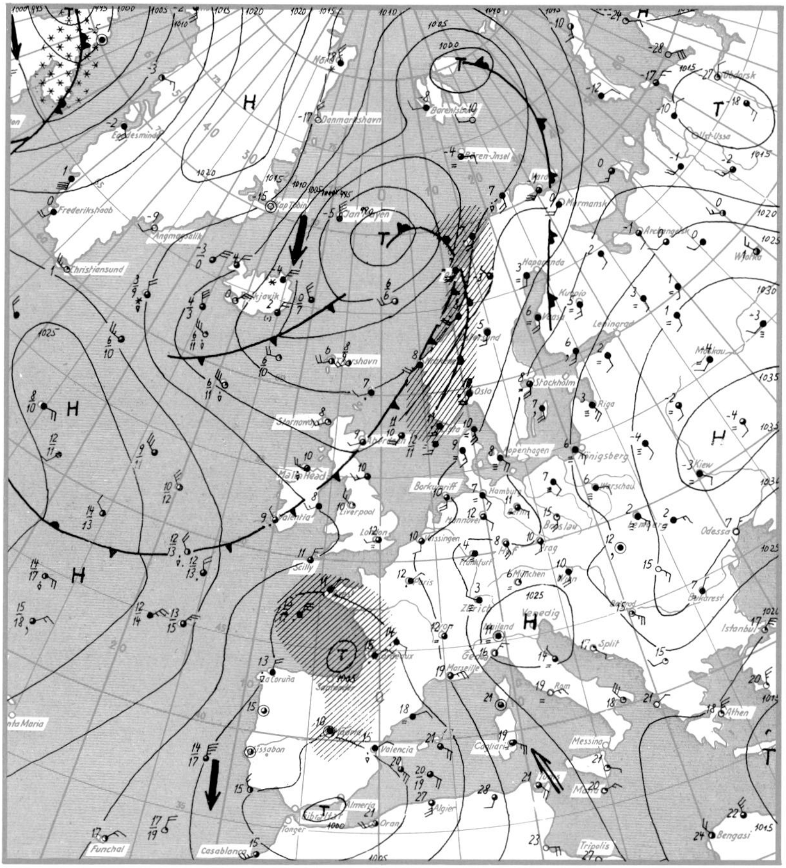

Oben: Bodenwetterkarte
Erklärung der Symbole
siehe Seite 124

Rechts: Höhenwetterkarte
Linien = Höhenschichtlinien
(Isohypsen)
der 500-hPa-Luftdruckfläche
von 12 zu 12 Dekametern
Pfeile in den Linien = Windrichtung
– 28 = Temperaturangabe in der
500-hPa-Fläche
H = Hoch T = Tief

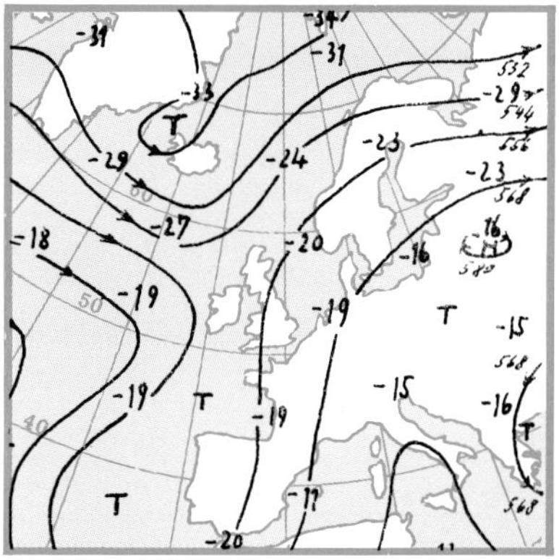

Südlage
(über Mitteleuropa zyklonal)
26. Februar 1967

Großwetterlage Süd.

Zirkulationsform Meridional, d. h. besonders wirksam für die Strömung sind stationäre Hochdruckgebiete, die eine »blockierende« Wirkung ausüben. Diese Hochdruckgebiete treten zwischen 50 und 65 Grad nördlicher Breite auf. Bei Südlagen befindet sich das Hoch über Osteuropa, während das Zentraltief über Westeuropa wirksam wird.

Lage Dem sehr stabilen Hochdruckgebiet über Osteuropa steht ein Zentraltief im Raum zwischen Island und den Britischen Inseln gegenüber. Die atlantische Frontalzone verläuft über Frankreich und schwenkt im weiteren Verlauf nach Norden um. Störungsgebiete wandern über Frankreich, Spanien und Italien hinweg in nördlicher Richtung.

Wettergeschehen In weiten Teilen West- und Mitteleuropas Bewölkung und veränderliches Wetter. Die Niederschläge fallen unterschiedlich aus. Im Sommer Gewitterneigung. Niederschläge auch im Winter in West- und Mitteleuropa als Regen. In dieser Jahreszeit vermehrte Neigung zu Nebel und Hochnebel. Alpenraum unter Föhneinfluß. Ergiebigere Schneefälle über Skandinavien und Osteuropa. Charakteristisch für alle Jahreszeiten ist in West- und Mitteleuropa eine überdurchschnittlich warme Temperatur. Im Sommer ist es ausgesprochen schwül. Über Mitteleuropa wehen Winde aus südlichen Richtungen, an der Küste zum Teil kräftig auffrischend. Der Mittelmeerraum ist nicht störungsfrei. Niederschläge vor allem in Oberitalien.

Häufigstes Auftreten in den Monaten Februar und Dezember.

Geringstes Auftreten in den Monaten Mai bis Juli.

Verwandte Großwetterlagen Tief über den Britischen Inseln (siehe Seite 164), Südlage, über Mitteleuropa antizyklonal (siehe Seite 160).

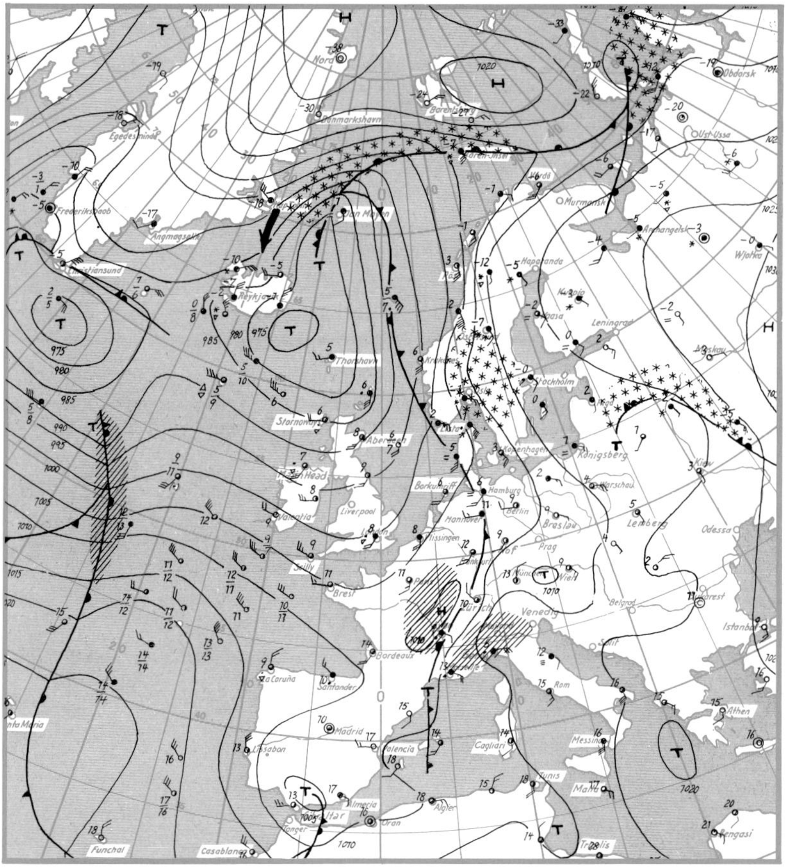

Oben: Bodenwetterkarte
Erklärung der Symbole
siehe Seite 124

Rechts: Höhenwetterkarte
Linien = Höhenschichtlinien
(Isohypsen)
der 500-hPa-Luftdruckfläche
von 12 zu 12 Dekametern
Pfeile in den Linien = Windrichtung
– 28 = Temperaturangabe in der
500-hPa-Fläche
H = Hoch T = Tief

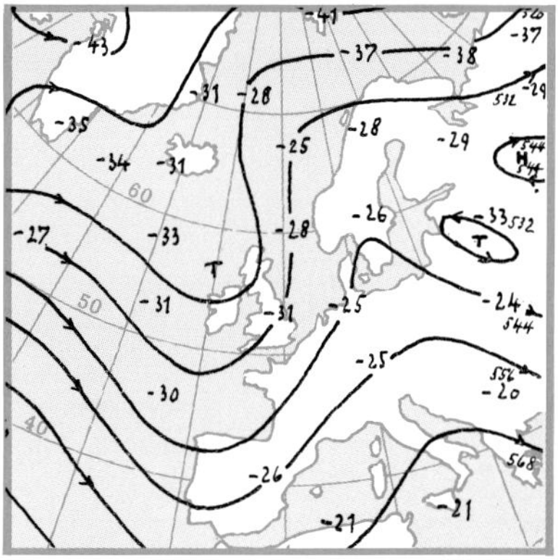

Tief über den Britischen Inseln
7. Februar 1968

Großwetterlage Süd.

Zirkulationsform Meridional, d. h. besonders wirksam für die Strömung sind stationäre Hochdruckgebiete, die eine »blockierende« Wirkung ausüben. Diese Hochdruckgebiete treten zwischen 50 und 65 Grad nördlicher Breite auf. Bei Südlagen befindet sich das Hoch über Osteuropa, während das Zentraltief über Westeuropa wirksam wird.

Lage In diesem Fall befindet sich das Hoch sehr weit östlich über Rußland. Über den Britischen Inseln lagert ein kräftiges Tiefdrucksystem. Es bildet den Steuerungsmechanismus für Störungen über Frankreich, Italien, Mitteleuropa und Teile von Skandinavien.

Wettergeschehen Bewölkung und strichweise Niederschläge in England, Fankreich, westliches Mitteleuropa und Italien. Gesamtwitterung unbeständig. Verhältnismäßig warm, auch im Winter. Die Wetterlage begünstigt im Winter Tauwetter. In der wärmeren Jahreszeit Auftreten von Gewittern. Nach Osten zu treten Aufheiterungen auf. Alpengebiet unter Föhneinfluß. Winde wehen meist aus südöstlichen Richtungen, zum Teil frisch bis stark.

Häufigstes Auftreten in den Monaten Mai und August.

Geringstes Auftreten in den Monaten Januar und März.

Verwandte Großwetterlagen Südlage, über Mitteleuropa zyklonal (siehe Seite 162), Südlage, über Mitteleuropa antizyklonal (siehe Seite 160).

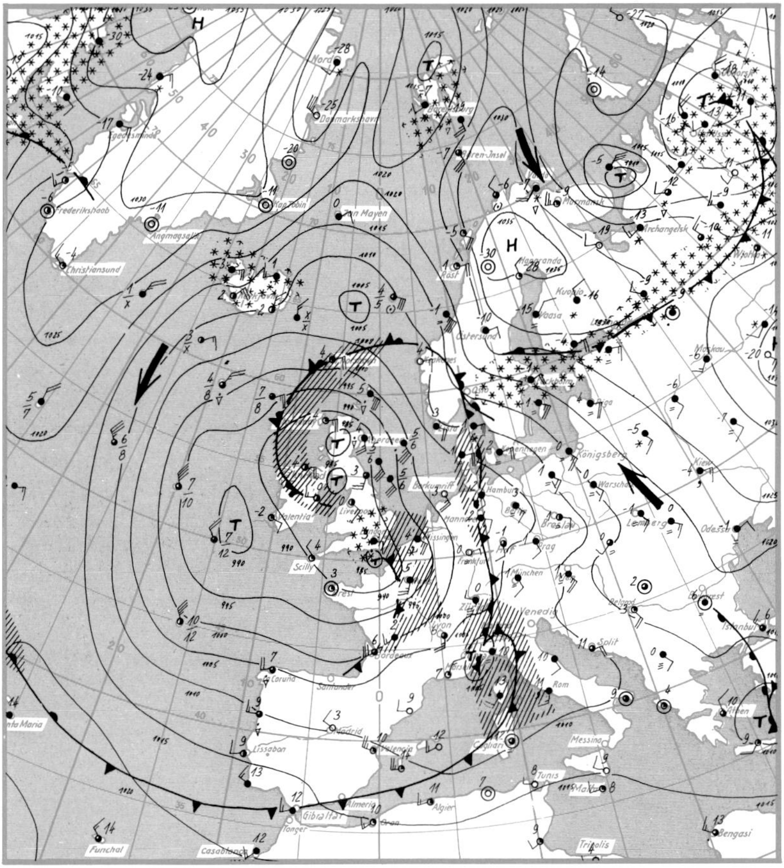

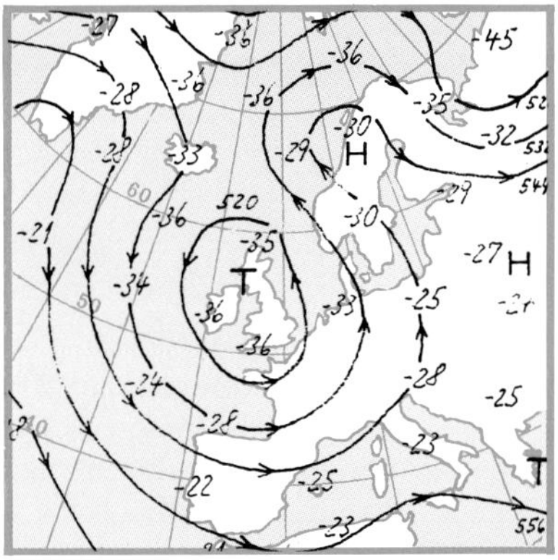

Oben: Bodenwetterkarte
Erklärung der Symbole
siehe Seite 124

Rechts: Höhenwetterkarte
Linien = Höhenschichtlinien
(Isohypsen)
der 500-hPa-Luftdruckfläche
von 12 zu 12 Dekametern
Pfeile in den Linien = Windrichtung
– 28 = Temperaturangabe in der
500-hPa-Fläche
H = Hoch T = Tief

Trog über Westeuropa
15. November 1967

Großwetterlage Süd.

Zirkulationsform Meridional, d. h. besonders wirksam für die Strömung sind stationäre Hochdruckgebiete, die eine »blockierende« Wirkung ausüben. Diese Hochdruckgebiete treten zwischen 50 und 65 Grad nördlicher Breite auf. Bei Südlagen befindet sich das Hoch über Osteuropa, während das Zentraltief über Westeuropa wirksam wird.

Lage Hohem Luftdruck über Westrußland steht tiefer Luftdruck gegenüber, der den gesamten Raum vom Nordmeer bis nach Spanien ausfüllt. Der tiefe Luftdruck erstreckt sich in Trogform. Die Frontalzone, die vom Atlantik nach Nordspanien verläuft und dort nordostwärts über Mitteleuropa nach Nordeuropa umbiegt, bringt Störungen nach Mittel- und Osteuropa.

Wettergeschehen Weite Teile Europas bewölkt und strichweise ergiebige Niederschläge. Vor allem in Nordspanien, Frankreich, Deutschland und im Ostseeraum. Im Sommer verbunden mit Gewittern. Die verhältnismäßig milden Temperaturen bringen auch im Winter überwiegend Regen. Im Alpenraum Föhneinfluß. Aufheiterungen nach Osten hin. Westliches Mittelmeer bewölkt, aber meist niederschlagsfrei. Italien und östliches Mittelmeer eher heiter. Aus dem Mittelmeerraum dringen Luftströmungen aus südlichen Richtungen nach Mitteleuropa vor. In Westeuropa und im nördlichen Mitteleuropa hingegen frische Winde aus westlicher und nordwestlicher Richtung.

Häufigstes Auftreten in den Monaten Juli und August.

Geringstes Auftreten in den Monaten Januar und Februar.

Verwandte Großwetterlagen Südostlagen.

Die »typischen Großwetterlagen in Europa« sind immer wiederkehrende Wetterlagen. Die 1969 vom Deutschen Wetterdienst herausgegebenen Karten haben Modellcharakter. Sie beschreiben Zirkulationsformen, die heute so aktuell sind wie zum Zeitpunkt ihrer Veröffentlichung.

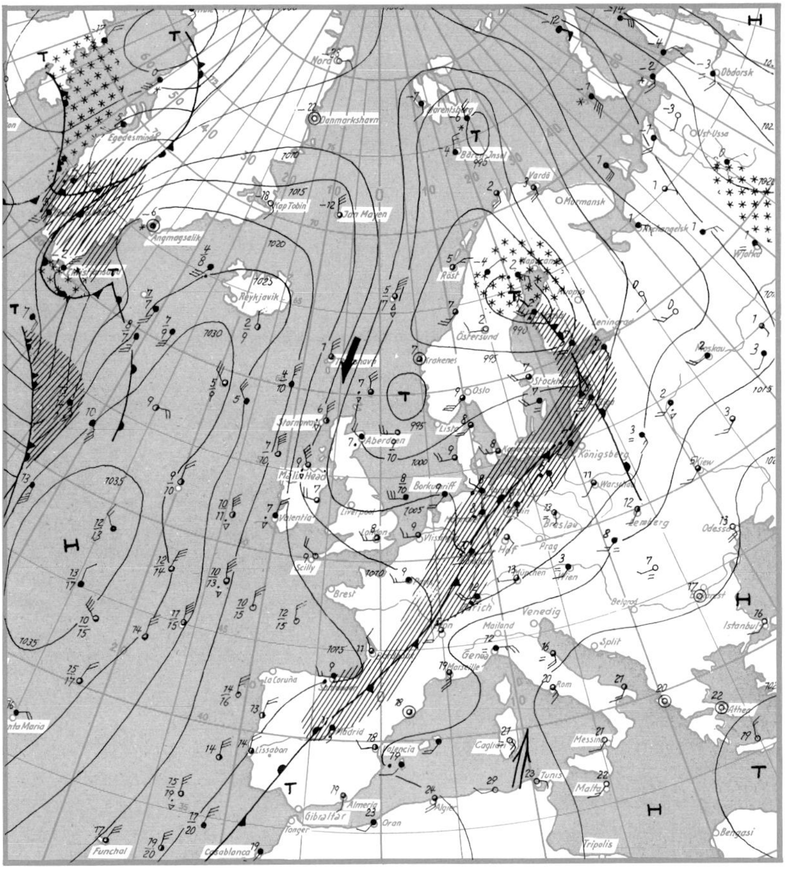

Oben: Bodenwetterkarte
Erklärung der Symbole
siehe Seite 124

Rechts: Höhenwetterkarte
Linien = Höhenschichtlinien (Isohypsen) der 500-hPa-Luftdruckfläche von 12 zu 12 Dekametern
Pfeile in den Linien = Windrichtung
– 28 = Temperaturangabe in der 500-hPa-Fläche
H = Hoch T = Tief

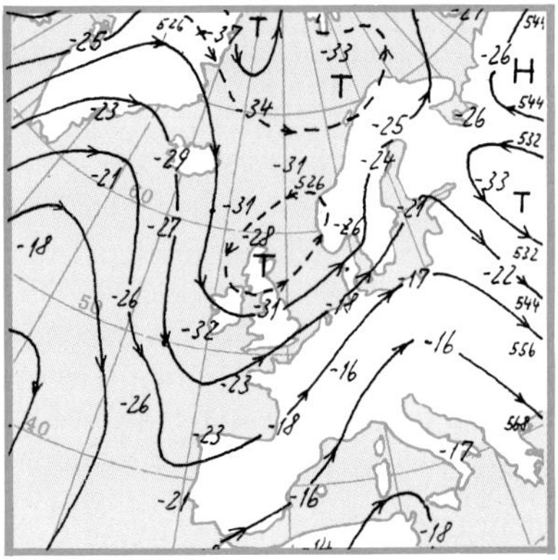

Vertiefung der Wetterkunde

Auf Seite 11 bis 25 wurden die grundsätzlichen Kräfte beschrieben, die für das Wettergeschehen verantwortlich sind. Davon gehen wir jetzt aus und lernen nun die wichtigsten Erscheinungen näher kennen, die die Witterung charakterisieren.

Erwärmung von Land, Wasser und Luft

Weniger als die Hälfte der Sonnenstrahlung gelangt bis auf die Erdoberfläche. Das meiste davon gibt die Erdoberfläche wieder an die Atmosphäre ab. Die auf die Erdoberfläche auftreffende Strahlung ist dort am stärksten, wo sie senkrecht einfällt (Äquatornähe, Tropen!). Entsprechend schwächer wird die Strahlung, wenn sie sehr schräg einfällt (Polarregionen!). Die Strahlung, die von der Erdoberfläche in die Atmosphäre zurückgestrahlt wird, ist langwellig. Sie wird von der wasserdampfhaltigen Atmosphäre überwiegend absorbiert. Ganze 8 Prozent gelangen durch die Lufthülle der Erde hindurch in den Weltraum. Wolken hindern die Rückstrahlung von der Erdoberfläche. Es kommt zu jener Glashauswirkung der Atmosphäre, die vergleichbar ist mit dem Vorgang im Glashaus des Gärtners. Nur treten an die Stelle des Glases in der Atmosphäre der Wasserdampf, das Wasser in den Wolken und auch das Kohlendioxid.

Die »Erwärmung von unten« ist es, die eine wichtige Rolle im Wettergeschehen spielt. Sie löst starke, nach oben gerichtete Luftströmungen aus. Es ist nicht nur die unmittelbare Wärmeabgabe an die Luft über dem Erdboden, zumal die Luft kein guter Wärmeleiter ist. Es ist vielmehr die erwärmte Luft über dem Erdboden, die Wärme in größere Höhen bringt. Andererseits sinkt kühlere Luft aus der Höhe auf die Erdoberfläche. Diese Turbulenzerscheinungen unterstützen den Temperaturausgleich und mischen verschieden temperierte Luftmassen.

Zu beachten ist außerdem die unterschiedliche Erwärmung von Festland und Meer. Das Wasser reflektiert mehr Strahlung und erwärmt sich langsamer. Die Strahlung dringt bis zu 20 Meter tief in Wasser ein und erwärmt dadurch eine größere Masse als auf dem Festland. Die Strahlung dringt aber nur ganz wenig tief in den Erdboden ein. Da dieser aber weniger stark reflektiert als das Wasser, erfolgt die Erwärmung rascher, jedoch auch die Wärmeabgabe. Für Verdunstung wird über Wasser Wärme verzehrt. Die unterschiedliche Erwärmung von Festland und Meer macht sich sowohl im täglichen als auch im jährlichen Gang der Lufttemperatur bemerkbar (siehe auch Seite 102). Die grundsätzlichen Erfahrungen von Erwärmung und Auskühlung des Bodens und der Meere im Verlauf von Tag und Nacht und im Jahresgang finden

Das Wettergeschehen in Europa wird stark beeinflußt vom Azorenhoch und vom Islandtief. Aus dem Azorenhoch fließt warme Luft nach Norden. Im Einflußgebiet des Islandtiefs wird diese Luft angehoben und dabei abgekühlt. Die Warm- und Kaltluftmassen zwischen diesen beiden Luftdruckgebilden lösen Störungen aus, die vom Atlantischen Ozean nach Europa wandern.

sich auch in volkstümlichen Wetterregeln wieder. Dazu gehören die Erfahrungen mit dem Land- und Seewind an Küsten und größeren Binnenseen und dem Berg- und Talwind im Gebirge (siehe Seite 54). Der tägliche Seewind tritt nicht nur an den Küsten, sondern z. B. auch am Bodensee und am Genfer See auf. Übers Jahr gesehen, führt die unterschiedliche Erwärmung bzw. Abkühlung von Festland und Meer zu periodischen Luftströmungen (»Monsun«). So gibt es auch in Europa im Juni Sommermonsunlagen mit böigen nordwestlichen Winden und regnerischem Wetter und ab Oktober »Wintermonsunlagen« mit südöstlichen Winden und trockenem Wetter. Bei allen Wetterregeln ist zu beachten, daß örtliche Verhältnisse einen sehr großen Einfluß ausüben können. In gebirgigen Gegenden ist der Ablauf anders als im Flachland und unter dem Einfluß des Seeklimas wieder anders als unter Einfluß des Kontinentalklimas (siehe Seite 179).
Im Lauf der Zeiten ist so manche Bauernregel »ausgewandert« und stimmt nun in einem anderen Gebiet nicht mehr richtig. Es erklären sich so Widersprüche und Fehlprognosen. Das gilt auch für die mit den Lostagen verbundenen Wetterprognosen, z. B. »Eisheilige«.

Mit der täglichen Erwärmung im Tal und an den Hängen gelangt warme Luft in die Höhe und kühlt sich ab (pro 100 Meter um 1 °C). Dabei nimmt die relative Feuchtigkeit zu. In einer bestimmten Höhe erreicht die Luft ihren Sättigungspunkt. Es kommt dann in dieser Höhe zur Kondensation des überschüssigen Wasserdampfs, es bilden sich Wolken. Bei der Kondensation wird Wärme frei. Die Luft in der Wolke bekommt weiter Auftrieb, die Wolke wächst, wobei die weitere Abkühlung nur noch 0,5 °C je 100 Meter ausmacht.

Steigende und geschichtete Luft

Aufsteigende Luft kühlt sich ab. Dabei ist es nicht gleichgültig, ob es sich um trockene oder feuchte Luft handelt. Denn aufsteigende trockene Luft kühlt sich gleichmäßig nach je 100 Meter um 1 °C ab. Die feuchte Luft hingegen kühlt sich nur solange um 1 °C je 100 Meter ab, bis sie ihren Sättigungszustand erreicht hat. Steigt sie weiter, kondensiert der Wasserdampf und die dabei freiwerdende Wärme bremst die Abkühlung, etwa auf 0,5° C pro 100 Meter. Anders ist es bei herabsinkender Luft. Sowohl trockene als auch feuchte Luft erwärmt sich um 1 °C je 100 Meter. Es handelt sich hier um Vorgänge, die ohne Wärmezufuhr von außen (bzw. Wärmeabgabe) ablaufen (»adiabatischer Prozeß«) und für das tägliche Wettergeschehen äußerst wirksam sind. Allein die Tatsache, daß der Luftdruck mit steigender Höhe abnimmt, führt zu dem erwähnten Abkühlungsvorgang. Der Luftdruck

nimmt mit der Höhe verhältnismäßig schnell ab. Ist die Aufstiegsgeschwindigkeit der Luft entsprechend groß, wird die Abkühlung rasch wirksam. Bei bestimmten Wetterlagen, z. B. bei Föhn (siehe Seite 50), sind Aufstiegsgeschwindigkeiten von 10 Meter pro Sekunde keine Seltenheit. Ein anderes Beispiel ist die Bildung von sogenannter Thermikbewölkung, bei der die Luft in wenigen Minuten um einige hundert Meter angehoben wird. Besonders rasant sind die Aufstiegsgeschwindigkeiten in Gewittern. Auch werden hier beträchtliche Aufstiegshöhen der Luftmassen erreicht (bis 10000 Meter!). Die mit dem Aufstieg verbundene Abkühlung feuchter Luft führt also früher oder später zur Wolkenbildung. Umgekehrt erwärmt sich mit der Senkung die Luft, sie wird trockener, und das führt zur Wolkenauflösung.
Das Auf und Ab der Luftbewegung ist nicht zu jeder Zeit gleich und ungestört. Die Erwärmung der Luft geschieht in erster Linie von unten: die von der Sonnenstrahlung erwärmte Erdoberfläche gibt Wärme an die darüber lagernde Luft ab. Da aber ein Teil der ankommenden Sonnenstrahlung von der Luft absorbiert wird, erwärmt sie sich auch auf diese Weise. Das gilt hauptsächlich für höhere Schichten der Atmosphäre. Die Beobachtung, daß mit zunehmender Höhe die Temperatur der Luft abnimmt, kann man jedoch nicht immer machen. Da gibt es Luftschichtungen, die nach oben eine Zunahme der Temperatur erkennen lassen. Mit anderen Worten: warme Luft lagert über kalter Luft. Diese »besondere Temperaturschichtung« stört das Aufsteigen und Absinken der Luft. Ihre Grenzschicht (zwischen höherer Warmluft und tieferer Kaltluft) heißt Inversion (siehe Seite 64).
Diese Sperrschicht erkennt man sofort daran, daß sich aufsteigende Wolken (Haufenwolken) auffällig in die Breite ziehen. Manchen wird es überraschen, daß er eine derartige Bewölkung ausgerechnet an Tagen mit hohem Luftdruck feststellen muß, z. B. im Herbst und im Winter. Es bleibt dann trotz Hochdrucklage den ganzen Tag über wolkig und neblig trüb. Seinen Ruf als Schönwetterlage verdankt das Hoch ausschließlich dem Umstand, daß die nach außen abfließende und von oben nach unten nachströmende Luft Wolken auflöst. Wird nun diese Senkung der Luft gebremst oder gar unterbrochen, macht sich die Wirkung der Inversion bemerkbar. Die vertikalen Luftströmungen kommen zum Stillstand. Die Erwärmung tagsüber ist nicht fähig, eine Aufwärtsströmung anzuregen, die die Sperrschicht auflöst. Dabei ist die Kaltluftschicht in der Regel nur einige 100 m stark. Das Wetter hier am Boden ist feuchtkalt und neblig. Eine Änderung der Wetterlage tritt erst ein, wenn die Inversion bzw. die herrschende Hochdrucklage durch den Zustrom labiler Luftmassen zerstört wird. Über der Inversion ist das Wetter wolkenlos und die Fernsicht erstaunlich gut.
Eine Luftschichtung mit schwerer Kaltluft unten und leichter Warmluft darüber ist verhältnismäßig stabil. Ausgesprochen labil hingegen sind Schichtungen, bei denen schwere Kaltluft über leichte Warmluft zu liegen kommt. Hierbei ist die Neigung zu turbulentem Wettergeschehen sehr groß, da die kalte Luft den Weg nach unten und die warme Luft den Weg nach oben sucht. Gewitter und Sturm kennzeichnen labile Luftschichtungen.

Hoch und Tief

Die unterschiedliche Erwärmung von Festland und Meer sowie das Verhalten aufsteigender und sinkender Luft machen interessante Aussagen über das Strömen der Luft möglich, insbesondere auch über die in jeder Wettervorhersage vorkommenden Begriffe »Hoch« und »Tief«.
Bei Sonneneinstrahlung im Verlauf eines Tages ist die Erwärmung des Festlands kräftiger als einer anliegenden Wasserfläche. Das bedeutet, daß sich die Luft über Land auch erwärmt und ausdehnt, hauptsächlich in die Höhe. Die aufgestiegene Luft strömt nach allen Seiten ab. Dadurch wird der Luftdruck über Land geringer. Es herrscht Tiefdruck. In dieses Tief fließt Luft von allen Seiten ein. Sehen wir das Ganze einmal als isoliertes Modell, haben wir einen Kreislauf der Luftströmungen vor uns:

1. Aufsteigende Luft über dem erwärmten Land.
2. In der Höhe wegströmende Luft, die wieder absinkt
3. In Bodennähe Zustrom von Luft, die über der kühleren Wasserfläche lagert.
4. Die aus der Höhe absinkende Luft füllt den Luftbestand über der Wasserfläche wieder auf und strömt erneut auf das erwärmte Festland.

Siehe dazu auch die Abbildung auf Seite 174. Der Kreislauf wird spätestens mit dem Nachlassen der Sonneneinstrahlung gestoppt. In der Nacht strahlt das Land die Wärme rascher ab als das Wasser. Die Luft über Land wird kühl und zieht sich zusammen. In der Höhe strömt jetzt neue Luft ein und erhöht dadurch insgesamt den Luftdruck über Land. Es herrscht Hochdruck. Wieder bildet sich ein Kreislauf der Luftströmungen:

1. Absinkende Luft über dem abgekühlten Land.
2. Am Boden wegströmende Luft, die über dem wärmeren Wasser wieder aufsteigt.
3. In der Höhe Zustrom von Luft, die über der wärmeren Wasserfläche lagert.
4. Die am Boden wegströmende Luft steigt über der Wasserfläche wieder auf und strömt in der Höhe erneut in das Hoch über Land ein.

Auslösendes Moment ist in beiden Fällen der Temperaturunterschied der verschiedenen Luftmassen, wodurch ein Druckunterschied entsteht. Das Vorhandensein eines Druckgefälles markiert auch das Einwirken von Kraft auf die Luft. So kommt die Luftströmung in Gang. Mit anderen Worten: es weht ein Wind.
Das Verhalten verschieden temperierter Luft kann jeder mit Hilfe eines kleinen Experiments selbst studieren. Man benötigt dazu eine Kerze und zwei Zimmer, eines warm (geheizt), das andere kalt (ungeheizt). Öffnet man die Verbindungstür zwischen beiden Zimmern und stellt die brennende Kerze auf die Schwelle, so stellt man am Flackern des Kerzenlichts schnell den sich anbahnenden Austausch der Luft zwischen beiden Zimmern fest. Es

Im Tiefdruckgebiet steigt Luft, die von einem Hochdruckgebiet abgeflossen ist und erwärmt wurde sowie an der Erdoberfläche Feuchtigkeit aufgenommen hat, wieder nach oben. Mit dem Aufsteigen sind Abkühlung der Luft, Wolkenbildung und Niederschlag verbunden.

Im Hochdruckgebiet fließt die Luft nach unten ab in das Tiefdruckgebiet. Bodenwinde führen die Luft aus den unteren Schichten des Hochs weg. Neue Luft kommt aus höheren Luftschichten nach. Die absinkende Luftbewegung bewirkt Temperaturzunahme und Abnahme der relativen Feuchtigkeit der Luft, verbunden mit Wolkenauflösung. Kräftige Sonneneinstrahlung führt zu vorübergehender Quellwolkenbildung (»Schönwetter-Cumuli«).

Die Luftströmungen finden auf der Erde statt, die sich dreht. Dies löst eine Ablenkung aus (»Corioliskraft«). Die Luft umströmt den Kern von Hoch- und Tiefdruckgebieten in Kreisbahnen. Die Corioliskraft gibt den Anstoß zur Rechtsdrehung im Hoch und zur Linksdrehung im Tief. In den untersten Luftschichten (unterhalb 2000 Meter Höhe) macht sich die Bremswirkung der »rauhen« Erdoberfläche bemerkbar. So findet ein Austausch zwischen Luft aus dem Hoch und dem Tief statt: Luft strömt aus dem Hoch in das Tief ein.

ist die Kaltluft aus dem ungeheizten Zimmer, die in Bodennähe in den Raum mit der Warmluft einfließt. Die Kaltluft schiebt sich unter die Warmluft. Diese wird dadurch angehoben und strömt in der Höhe in den Raum mit Kaltluft. Allmählich sinkt sie dort nieder und nimmt den durch das Abfließen der Kaltluft frei gewordenen Raum ein. Am Verhalten des Kerzenlichts läßt sich die Strömungsrichtung deutlich erkennen. Die Luftumwälzung kommt dann zur Ruhe, wenn die kalte Luft den bodennahen Raum in beiden Zimmern ausfüllt und die warme Luft den oberen Raum. Im »Idealfall« sind beide Luftmassen durch eine waagrecht verlaufende Grenzfläche getrennt.
Wie verhält es sich dabei mit dem Luftdruck? Während der Luftumwälzung ist in Bodennähe der Luftdruck unter der Kaltluft, weil sie die schwerere ist, höher. Unter der Warmluft herrscht niedrigerer Luftdruck. Die Strömung folgt dem Druckgefälle: die kalte Luft fließt am Boden zur warmen Luft. Ist die Luftumwälzung zum Stillstand gekommen, haben wir am Boden einheitlich höheren Luftdruck als im Warmluftsektor darüber.
Obwohl nur ein Modellfall (in der freien Atmosphäre gibt es keine Zimmerwände), lenkt dieses Beispiel die Aufmerksamkeit auf eine für das Wettergeschehen wichtige Erscheinung: die Zirkulation mit Bodenströmung (»Strö-

mung bei hohem Luftdruck«) und Höhenströmung (»Strömung bei niedrigem Luftdruck«). Dabei ist die Strömungsrichtung der Höhenströmung entgegengesetzt der Richtung der Bodenströmung.

1. Am Boden strömt Kaltluft zur Warmluft.
2. In der Höhe strömt Warmluft zur Kaltluft.

Das gilt für eine Zirkulation, die durch Temperaturunterschiede ausgelöst worden ist. Bei der Beobachtung des Wetters folgt aber rasch die Feststellung, daß in der Nähe des Erdbodens keineswegs Luft immer von Kalt nach Warm strömt.

Wirkung der Erddrehung auf das Wetter

Die Strömungsverhältnisse wären wesentlich einfacher ohne die tägliche Drehung der Erde. Luftdruckunterschiede würden sich schnell ausgleichen, die Luft aus dem Hoch in das Tief einfließen. Nun ist da aber die Erddrehung und die dadurch verursachte Zentrifugalkraft mit einer ablenkenden Wirkung auf die strömende Luft. Es gelang erstmals dem französischen Physiker C. G. de Coriolis (1792–1843) diese ablenkende Wirkung in Form einer scheinbaren Beschleunigung, die einen bewegten Körper von seiner Bahn ablenkt, wenn seine Bewegung durch Trägheitskräfte an die Drehbewegung eines Bezugskörpers gebunden ist, nachzuweisen (»Coriolisbeschleunigung«, »Corioliskraft«).
Die Erddrehung zeigt Wirkung sowohl in vertikaler wie in horizontaler Richtung. Ein Körper bewegt sich in bezug auf die Erde ostwärts. Er bewegt sich schneller um die Erdachse als die Erde, die Zentrifugalkraft ist stärker als die Ruhe und die Erdanziehung scheinbar schwächer. Ein Körper bewegt sich in bezug auf die Erde westwärts. Er bewegt sich langsamer um die Erdachse als die Erde, die Zentrifugalkraft ist schwächer als die Ruhe und die Erdanziehung scheinbar stärker. Der sich ostwärts bewegende Körper ist scheinbar leichter, der westwärts gerichtete schwerer. Das ist eine Komponente der Coriolisbeschleunigung, die vertikale. Sie ist bei geringen Geschwindigkeiten unbedeutend. Bei Geschossen, Flugzeugen und Raumfahrzeugen hingegen macht sie sich kräftig bemerkbar. Bei den in der Troposphäre üblichen Windgeschwindigkeiten spielt sie eine untergeordnete Rolle.
Zur horizontalen Komponente. Während am Erdäquator nur die vertikale Coriolisbeschleunigung wirkt, ist mit zunehmender geographischer Breite eine horizontale Kraft wirksam. Sie bewirkt, daß eine von West nach Ost gerichtete Strömung abgelenkt wird:

auf der Nordhemisphäre nach rechts,
auf der Südhemisphäre nach links.

Die Ablenkung trifft nicht nur eine Strömung, die parallel zu den Breitenkreisen verläuft. Die horizontale Komponente der Coriolisbeschleunigung

gilt für jede Luftströmung auf der Erde, wie auch immer sie gerichtet ist, z. B. von Nord nach Süd. Schließlich ist immer wieder eine Ablenkung nach rechts (Nordhemisphäre) bzw. nach links (Südhemisphäre) die Folge. Einzige Ausnahme: eine Bewegung unmittelbar auf dem Äquator.
Was bisher über die vertikale und horizontale Coriolisbeschleunigung erwähnt wurde, bezieht sich auf eine gerade verlaufende Strömung. Bei Luftströmungen sind aber gekrümmte Strömungsbahnen die Regel. Die hier auftretende Zentrifugalkraft wird nicht von der Rotation der Erde beeinflußt. Vielmehr sind es der Grad der Krümmung und die Strömungsgeschwindigkeit, die die Stärke der nach außen gerichteten Zentrifugalkraft bestimmen.
Und noch eine dritte Kraft wirkt auf die durch den Mechanismus des Druckgefälles bewegte Luftströmung ein. Gemeint ist die Reibung, die an der Erdoberfläche entsteht, wenn die Strömung darüber fließt. Besonders rauh ist die Oberfläche des Festlands. Die hier erzeugte Reibung ist größer als über dem offenen Meer. Diese Reibung zu überwinden, kostet die Strömungsbewegung Energie (»Bremswirkung«).
Der Einfluß der Erddrehung auf die großräumigen Luftströmungen ist sehr groß: »Ohne Verständnis für die Corioliskraft sind die aus der Luftdruckverteilung resultierenden Windströmungen, wie wir sie täglich auf den Wetterkarten ablesen können, schlechthin unerklärlich« (Prof. Heinz Reuter in »Die Wissenschaft vom Wetter«).
Der Abstand der Isobaren (siehe Seite 100) markiert auf der Wetterkarte die Stärke des Druckgefälles (damit die Windstärke!), dessen Kraft vom höheren Druck zum niedrigeren gerichtet ist. Die Corioliskraft bewirkt nun die Ablenkung der Druckkraft vom höheren Druck zum niedrigeren. Mit steigender Strömungsgeschwindigkeit (= Windgeschwindigkeit) fällt auch diese Ablenkung stärker aus. Erst wenn der Gleichgewichtszustand zwischen Druckkraft und Coriolisbeschleunigung hergestellt ist, kommt es zu einem »quasistationären Zustand«.
Wie verhält es sich mit der Luftströmung um ein Tiefdruck- bzw. Hochdruckgebiet? Dabei muß vor allem noch die Wirkung der Reibung berücksichtigt werden. Sie ist nämlich die »Bremse« für die Luftströmung. Dadurch kommt es, daß die Luft spiralförmig in das Tiefdruckgebiet einströmt. Die Spiralen weisen auf der Nordhemisphäre der Erde eine Linksorientierung und auf der Südhemisphäre eine Rechtsorientierung ihrer Krümmung auf. Im Tiefdruckgebiet strömt die Luft nach oben, gerät so unter niedrigeren Druck und kühlt ab. Werden 100 Prozent relative Feuchte (siehe Seite 86) erreicht, kommt es zur Wolkenbildung (Kondensation von Wasserdampf in der Luft) und gegebenenfalls zu Niederschlägen. Die Zentrifugalkraft, die in der spiralförmigen Luftbahn auftritt, führt Luft nach außen. So entstehen Luftwirbel, die kreisförmige Bahnen um den Mittelpunkt des Tiefs beschreiben. Solche Luftwirbel, mit senkrechten Achsen, prägen sich besonders kräftig im Orkan aus. Dabei ist bemerkenswert, daß im Mittelpunkt des Tiefs kaum Luftströmungen zu beobachten sind (Windstille im Orkanzentrum).

Aus dem Hochdruckgebiet strömt die Luft spiralförmig heraus. Die Spiralen weisen dabei eine rechtsorientierte (Nordhemisphäre) bzw. linksorientierte (Südhemisphäre) Krümmung auf. Im Hochdruckgebiet strömt die Luft nach unten, kommt unter höheren Druck und erwärmt sich. Da die Luft mehr Wasserdampf aufnehmen kann, lösen sich die Wolken auf und es klart wieder auf.
Auf der Wetterkarte ist der Isobarenverlauf für Tiefdruck- bzw. Hochdruckgebiete kreisförmig oder elliptisch (siehe Seite 98). Der Isobarenverlauf markiert die Strömungsrichtung:

Hoher Druck rechts, tiefer Druck links
der Strömungsrichtung (Nordhemisphäre).
Hoher Druck links, tiefer Druck rechts
der Strömungsrichtung (Südhemisphäre).

Eng beieinanderstehende Isobaren auf der Wetterkarte weisen auf ein großes Druckgefälle und damit hohe Windgeschwindigkeit hin. Wegen der geringeren Reibung ist die Windstärke auf dem Meer und in der Höhe größer.
Für europäische Verhältnisse kann man davon ausgehen, daß sich die Windstärke ungefähr wie folgt darstellt:

Abstand der 5-hPa-Isobaren	Windstärke
600 km	Leichte Brise (Beaufortskala 2)
500 km	Mäßige Brise (Beaufortskala 4)
400 km	Frische Brise (Beaufortskala 5)
300 km	Starker Wind (Beaufortskala 6)
200 km	Steifer Wind (Beaufortskala 7)
100 km	Sturm (Beaufortskala 9)

Aus dem Vorstehenden wird auch erkennbar, daß die Luftdruckverteilung für die Beurteilung des Wettergeschehens sehr bedeutsam ist. Es wäre jedoch falsch, die Wettervorhersage ausschließlich davon abhängig zu machen.

Ablenkende Funktion der Gebirge

Die Oberflächengestaltung des Festlands beeinflußt nicht nur den energieverbrauchenden Prozeß der Reibung. Gebirgige Küsten und Berge bzw. Gebirgszüge im Landesinneren stellen sich der bodennahen Luftströmung entgegen und zwingen sie, ihre Bahn zu ändern. Damit sind für das regionale Wettergeschehen oft recht wirksame und typische Erscheinungen verbunden. Die großen orographisch bedingten Barrieren in Europa sind:
1. In Skandinavien das nord-südlich ausgerichtete norwegische Gebirgsland mit Erhebungen bis zu 2500 Meter.

2. In Zentraleuropa das höchste Gebirge Europas, die Alpen. Sie reichen von Südostfrankreich bis nach Österreich. Gesamtlänge rund 1200 km. Mittlere Höhe 1400 Meter, höchste Erhebung 4807 Meter (Montblanc).
3. In Spanien die Pyrenäen (435 km lang, Pico de Aneto 3404 Meter hoch) mit der westlichen Fortsetzung im Kantabrischen Gebirge (bis 2600 Meter hoch).

Neben diesen großen Gebirgszügen sind mehrere Erhebungen von örtlicher Bedeutung, so z. B. die Mittelgebirgsschwelle in Deutschland, die Cevennen und Vogesen in Frankreich, das dalmatinische und albanische Küstengebirge oder der Apennin in Italien.
Die Oberflächen- und Küstengliederung Europas ist im Vergleich zu anderen Kontinenten stark entwickelt. Es gibt eine Vielzahl von Inseln und Halbinseln. Die größten Halbinseln sind:

Fennoskandia (Norwegen, Schweden, Finnland)	1240000 km^2
Pyrenäenhalbinsel (Spanien, Portugal)	584000 km^2
Balkanhalbinsel	468000 km^2
Apenninhalbinsel (Italien)	149000 km^2

Es gibt die verschiedensten Küstenformen: Fjordküsten in Norwegen, Schärenküsten in Skandinavien, Fördenküste in Schleswig-Holstein, Wattküste in Holland und Ostfriesland, Längsküsten mit parallelem Streichen zum Gebirge in Jugoslawien, u. a. Die Trichtermündungen (z. B. Elbe, Weser, Themse, Loire) und Deltamündungen (z. B. Rhône, Rhein, Weichsel, Donau, Po) der großen Flüsse tragen zur reichen Küstengliederung bei.
Diese Vielfalt der Gestaltung des geographischen Raums bringt Abwechslung zwischen Land- und Wasserflächen und dementsprechend vielfältige örtliche Wettergegebenheiten. An allen Gebirgen treten Stau- und Fallwinde (siehe Seite 183) auf, die für das Wettergeschehen von Bedeutung sind. Das gilt auch für die regelmäßigen Berg- und Talwinde (siehe Seite 54). Es herrschen zeitlich und örtlich stark unterschiedliche Feuchtigkeitsverhältnisse. Erhebungen zwingen Luftströmungen zum Ausweichen in die Höhe. Das führt zur Abkühlung der Luft und – je nach Feuchtigkeit in der Luft – zu Bewölkung und Niederschlägen. Geringere Erhebungen werden von der Luft umströmt. Täler können Luftströmungen in bestimmte Richtungen zwingen. Auch dabei kommt es zu Stauwirkungen, wenn Talrichtung und Strömungsrichtung der Luft gleich sind. Beispiel: der Mistral (siehe Seite 183) im Rhônetal. In solchen Engpässen wachsen die Windgeschwindigkeiten (»Düsenwirkung«), und am Ausgang breitet sich die Luft halbkreisförmig aus.
Sehr viele alte Sprüche für Wetter, Ernte und menschliches Befinden beziehen sich auf ganz bestimmte lokale Wetterlagen, die in enger Beziehung zu den erwähnten geographischen Gegebenheiten stehen. So z. B. die Bezeichnung »Schönwetter-Wind« für den regelmäßigen Wechsel von Land- und

Europäische Klimate

Geographische Breite, Höhe über dem Meer, Entfernung vom Meer, Einfluß von Gebirge, Bodenbeschaffenheit, Vegetation, durchschnittlicher Zustand der Atmosphäre sind wesentliche Elemente des Klimas eines bestimmten Gebiets. Das Klima markiert grundsätzliche Erscheinungen des Wettergeschehens. – Atlantisches Klima (Meeresklima): Feucht und kühl. Keine kalten Winter (Schneefall selten) und keine heißen Sommer. – Kontinentalklima: Trocken und extreme Temperaturen. Sehr kalte Winter. Heiße, trockene Sommer. – Mittelmeerklima: Warme, verhältnismäßig trockene Sommer. Winter regnerisch (Schneefall selten) und mild.

Seewind an Küsten oder von Berg- und Talwind im Gebirge. Die Nichtbeachtung der herrschenden großräumigen Wetterlage kann dabei zu bösen Überraschungen führen!

Windsysteme

Die Windströmungen sind für das Wettergeschehen bestimmend. Von ihnen sind Temperaturveränderungen, Wolkenbildung und Niederschläge abhängig. Die Windströmungen auf der Erde sind unterschiedlich. Während ihre Veränderlichkeit in europäischen Breiten zeitlich und örtlich verhältnismäßig groß ist, zeigen Windsysteme beiderseits des Äquators eine erstaunliche Beständigkeit. Gemeint sind hier die Passatwinde, die früher für die Segelschiffahrt eine wichtige Rolle gespielt haben. Die Passatwinde gehören zum sogenannten planetarischen Windsystem, eine Bezeichnung, die unmittelbar Bezug nimmt auf die Erde als der Planet, der Energie aus der Sonneneinstrahlung bezieht.
Die Passatwinde beherrschen die niedrigen Breiten:

Nordostpassat auf der Nordhemisphäre,
Südostpassat auf der Südhemisphäre.

Nordost- und Südostpassat stoßen am Äquator aufeinander und bilden dort eine Zone des Zusammenströmens (»Konvergenzzone«) mit aufsteigender Luftströmung, starker Bewölkung und ergiebigen Niederschlägen. Wegen der geringen Windtätigkeit dort und der vielen Flauten sprechen Segler von Mallungen, Kalmen und Stilltengürtel.
An die Zone der Passatwinde schließt auf der Nord- und Südhemisphäre in je 30 bis 35° Breite der subtropische Hochdruckgürtel an, von den Seeleuten die »Roßbreiten« genannt. In diesen Breiten dominiert Schönwetter. Die Winde wehen schwach und auch die Niederschlagsmenge ist gering. Die Roßbreiten liegen unter einer Zone hohen Luftdrucks von großer Stabilität. Auch dieser subtropische Hochdruckgürtel gehört zum planetarischen Windsystem. Eine häufig auf dem mittleren Nordatlantik auftretende Zelle hohen Luftdrucks mit Kern südlich oder westlich der Azoren gehört zum subtropischen Hochdruckgürtel. Sie ist unter dem Namen »Azorenhoch« von manchem Wetterbericht her geläufig und beeinflußt das europäische Wettergeschehen zum Teil sehr stark. An der Nordseite dieser Hochdruckzelle strömt Meeresluft nach Europa ein. In den Sommermonaten reicht das Azorenhoch oft bis nach Spanien und Südfrankreich. Im Winter liegt es dagegen meist in nur 30° nördlicher Breite. Die Lageverschiebungen sind besonders groß im Frühjahr und Herbst. Das Azorenhoch bringt nicht nur Schönwetter nach Europa, es ist häufig auch ein Regelzentrum für die typischen Westwetterlagen in Europa (siehe Seite 169).
Das planetarische Windsystem (= Konvergenzzone am Äquator, Passatwinde und subtropischer Hochdruckgürtel) verlagert sich mit den Jahreszeiten:

entsprechend dem Sonnenstand im Sommer nach Norden und im Winter nach Süden, maximal etwa um 10°. Gegenüber dem Sonnenstand geschieht das mit einer zeitlichen Phasenverschiebung von einigen Monaten. So wird die nördlichste Breite erst im September, die südlichste erst im März erreicht. Für das Wettergeschehen in den Tropen ist diese Verlagerung sehr einschneidend und entscheidet über die Regenzeit und die Bildung tropischer Wirbelstürme.
Ein anderes großräumiges Windsystem ist dasjenige der periodischen Winde, die unter dem Sammelbegriff Monsun bekannt sind. Dieses System wird als terrestrisches Windsystem bezeichnet, weil es von der jahreszeitlich unterschiedlichen Erwärmung des Meeres und des Festlands ausgelöst wird. Seine Mechanik ist im Prinzip genauso wie beim Land-Seewind an der Küste (siehe Seite 54). Nur treten an die Stelle von Tag und Nacht Sommer und Winter. Die Monsunwinde bestimmen vor allem in Süd- und Südostasien das Wettergeschehen. Vom kühleren Meer fließen die Luftmassen im Sommer hin zum warmen Festland und bringen kräftige Niederschläge (»Sommermonsun«). Vom kühlen Festland strömen die Luftmassen im Winter hinaus auf das wärmere Meer. Im Gegensatz zum Sommermonsun ist dieser Wintermonsun trocken mit wenig Bewölkung. Über monsunartige Wetterlagen in Europa siehe Seite 54.
In den mittleren Breiten, in denen sich weite Teile Europas befinden, ist der ständige Luftaustausch zwischen Strömungen aus den Subtropen und der Polarregion typisch. In der Regel ist die Strömung hier west-östlich orientiert. Die »polare Tiefdruckrinne« befindet sich in ungefähr 60° Breite, auf der Nordhemisphäre etwa auf der Linie Schottland-Südnorwegen-Südschweden-Finnischer Meerbusen. Diese Tiefdruckrinne ist verhältnismäßig schmal und wird von den außertropischen Tiefdruckgebieten gesucht (siehe Karte auf Seite 197).
Die Luftströmungen auf der Erde lassen sich recht gut mit der unterschiedlichen Erwärmung des Bodens und der Meere durch die Sonne und das auf Grund der Einstrahlung zu beobachtende Temperaturgefälle vom Äquator hin zu den Polen der Erde beschreiben. Auch die die Bodenströmung kompensierende Höhenströmung läßt sich in den einzelnen Zonen nachweisen. Die einzige Ausnahme machen ausgerechnet die mittleren Breiten mit Westwinden sowohl am Boden als auch in der Höhe. Eine Erklärung brachten die Forschungen zur Erkundung der oberen Schichten der Troposphäre. In den obersten Schichten der Troposphäre treten sogenannte »Starkwindbänder« (Jet-Streams, Strahlströmungen) mit Windstärken von mehreren hundert Kilometer in der Stunde auf. Oberhalb des subtropischen Hochdruckgürtels wurde eine solche Starkwindzone nachgewiesen, die von West nach Ost strömt.
Die Starkwindbänder sind Ausdruck einer großräumigen Turbulenz in der Troposphäre, die das Ergebnis des Zusammenwirkens der einzelnen die Luftströmungen in Gang setzenden, verstärkenden und bremsenden Kräfte ist (siehe Seite 52).

Zahlreiche Windsysteme beruhen auf einer labilen Luftschichtung, die Voraussetzung ist für thermisch bedingte Luftströmungen

Seewind (Meeresküste)

Landwind (Meeresküste)

Aufwind

Abwind

Föhn

Von Fall- und Wirbelwinden

Außer den großen Windsystemen gibt es eine Reihe von Luftströmungen, die örtlich begrenzt entstehen und an örtliche Gegebenheiten gebunden sind, z. B. orographische Hindernisse in Form von Gebirgen und auch einzelnen Bergen.
Von den an Küsten zu beobachtenden **Land- und Seewinden** war bereits die Rede (siehe Seite 54), ebenso von den in Verbindung mit einem Gewitter (siehe Seite 62) auftretenden Winden. Dem bekanntesten unter den Fallwinden, dem **Föhn**, ist auf Seite 50 ein eigener Abschnitt gewidmet. Fallwinde treten weltweit auf, speziell in Gegenden, in denen orographische Hindernisse die Luftströmung anheben oder ablenken.
Übrigens gibt es nicht nur den von Süden nach Norden gerichteten Föhn, sondern auch einen **Nordföhn** an der Alpensüdseite. Er bringt Kaltluft in den Mittelmeerraum. Ein typischer Fallwind an der Adria ist die **Bora**, ein trockener, oft ziemlich kalter Wind, der von den kahlen Hängen des dalmatinischen und albanischen Küstengebirges auf das Meer weht. Die Bora ist ein böig-stürmischer Wind, der den Sportschiffern auf der Adria viel zu schaffen macht. Die Bora entsteht bei verschiedenen Wetterlagen. So im Winter bei einem Hoch über der Balkanhalbinsel und Osteuropa. Das Wetter ist schön, trocken und kalt. Auslösemechanismus ist die Temperaturdifferenz zwischen den Höhen des Küstengebirges und dem warmen Meer. Entsprechend der Stabilität dieser winterlichen Hochdrucklagen dauert die »Winterbora« unter Umständen einige Wochen lang. Eine Bora bildet sich aber auch, wenn über dem Adriatischen Meer ein kräftiges Tief herrscht und über der Balkanhalbinsel höherer bis hoher Luftdruck. Die »zyklonale Bora« bringt nicht nur Sturm, sondern auch teilweise heftige Niederschläge. Dafür dauert sie nie länger als einen Tag, vielfach sogar nur ein paar Stunden. Obwohl ein Fallwind, ist die Bora kalt, weil die Temperaturen in den Bergen kalt sind und die Erwärmung während des Absinkens nicht ausreicht, um den Kontrast zur warmen Luft über der Adria auszugleichen. Das Absinken der kühlen Luft aus der Höhe kühlt hingegen die feuchtwarme Meeresluft sogar ab. Typisches Zeichen einer beginnenden Bora: Wolkenbildung an den Bergen des Küstengebirges.
Der **Mistral** ist der Fallwind an der südfranzösischen Küste, ein kalter, trockener Nordwind im Rhônemündungsgebiet zwischen Avignon und Marseille. Entstehungsursache: tiefer Druck über dem warmen Meer und hoher Druck über den Cevennen und den französischen Alpen, mit kalter, trockener Luft im Winter. Das Tief saugt die Luft aus dem Land geradezu an, da die Strömung im Rhônetal düsenartig verstärkt wird.
Der **Schirokko** ist ein Fallwind an der nordafrikanischen Küste, ein heißer, trockener Südwind. Entstehungsursache ist ein Tief über dem Meer. Das Tief saugt die Luft von den Höhen des Atlasgebirges ab. Von der Sahara her führt der Schirokko oft Staub und Sand mit sich. Seine Ausläufer erreichen gelegentlich auch Mitteleuropa. Im westlichen Mittelmeer erzeugt der Schirokko

Sonneneinstrahlung (Erwärmung der Luft vom Erdboden her) oder Zufuhr von kalter Luft in höheren Luftschichten führen zur labilen Luftschichtung

Mistral

Bora

Schirokko

Talwind

Bergwind

Seewind (Gebirge)

Schauer

Gewitterwind

Wirbelwind

böige Wirbelstürme. Auch im östlichen Mittelmeer wird ein böiger Wind Schirokko genannt. Es handelt sich hierbei aber um keinen Fallwind, sondern um eine turbulente Luftströmung in Verbindung mit einem aus dem Westen kommenden Tiefdruckgebiet.
Die Grenzflächen zwischen Warm- und Kaltluftmassen sind das bevorzugte Entstehungsgebiet für Luftwirbel, vor allem in der warmen Jahreszeit. Solche Luftwirbel reichen von kleinen Staubwirbeln, Wind- und Wasserhosen (Tromben) bis zu **Tornados** und tropischen **Orkanen** mit verheerender zerstörender Wirkung. Während aber die tropischen Orkane (Hurrikane, Taifune) eine Art Tiefdruckwirbel darstellen und eine Flächenausdehnung von 100 bis 600 Kilometer Durchmesser erreichen, sind Tornados nur wenige Kilometer wirksam und verdanken ihre Heftigkeit der Sogwirkung des niedrigen Luftdrucks.
Abgesehen von Wind- und Wasserhosen ist die Wirbelbildung größeren Ausmaßes in Europa selten – aber nicht unmöglich. »In Deutschland begünstigt besonders das Klima der Rheinebene die Bildung solcher Wirbelstürme. Feuchte Warmluft wird über die Burgundische Pforte zugeführt, und der sandige Untergrund des Rheintals wird durch die Sonne stark aufgewärmt. In unserem Land müssen wir daher etwa alle fünf bis zehn Jahre mit dem Auftreten eines Tornados rechnen. Eine wirbelsturmträchtige Wetterlage kommt dagegen mehrmals im Jahre vor« (Willi Laun, Kosmos 65. Jg., September 1969). So richtete am 10. Juli 1968 ein Tornado im Raum Pforzheim starke Schäden an und forderte vier Menschenleben. Grundsätzlich können Tornados in ganz Europa entstehen. Meldungen über das Auftreten von Tornados in den letzten Jahrzehnten liegen aus England, Frankreich, Belgien, Ungarn, den Niederlanden, Polen, der Schweiz und aus Rußland vor.
Eine Reihe von regional wirksamen Winden haben Namen, die in Pressemeldungen und Wetterberichten gebraucht werden. Dazu nachfolgend eine Auswahl:

Name	**Land**	**Typ**
Baguio	Philippinen	tropischer Wirbelsturm
Bise	Schweiz, Frankreich	bei Hochdrucklage im Alpenvorland aus N bis O
Blizzard	Nordamerika	Schneesturm nach Kaltlufteinbruch
Bora	Kroatien	kalter Fallwind
Chamsin	Ägypten	heißer Wüstenwind aus SO
Chinook	USA	warmer Fallwind
Cordonazo	Mittelamerika	tropischer Wirbelsturm
Etesien	östliches Mittelmeer	regelmäßig im Sommer auftretende trockene Winde aus Nord bis Nordost
Föhn	Alpen	warmer Fallwind

Name	Land	Typ
Harmattan	Küste von Oberguinea	trockener, staubführender N-Wind (Teil der Passatströmung)
Hurrikan	Westindien	tropischer Wirbelsturm
Mauritiusorkan	Indischer Ozean	tropischer Wirbelsturm
Mistral	Südfrankreich	kalter Fallwind
Monsun	Südasien	terrestrisches Windsystem
Norther (Nortes)	Nord- und Mittelamerika	Sturm als Folge von Kaltlufteinbrüchen aus Nord
Pampero	Südamerika	Sturm als Folge von Kaltlufteinbrüchen aus Süd
Passat	tropische Breiten	planetarisches Windsystem
Samum	Nordafrika	Sandsturm
Suestados	Argentinien	Sturm aus Südost
Sumatras	Straße von Malacca	Fallwind
Südseeorkan	Südpazifik	tropischer Wirbelsturm
Taifun	Nordpazifik	tropischer Wirbelsturm
Tornado (1)	Nordamerika	Große Trombe
Tornado (2)	Westafrika	Gewittersturm
Trombe	alle Erdteile	lokaler Wirbelwind
White squalls	Westindien	Fallwind
Williwaws	Argentinien	Fallwind
Willy-Willies	Australien	tropischer Wirbelwind
Zonda	Anden	Fallwind
Zyklon	Indischer Ozean	tropischer Wirbelsturm

Luftmassen und Wetterfronten

Das Wettergeschehen in europäischen Breiten ist in erster Linie ein Ausgleichsprozeß zwischen Kalt- und Warmluft. Unter denselben Luftdruckbedingungen ist Kaltluft schwerer als Warmluft. Die Kaltluft hat daher das Bestreben, sich in Bodennähe auszudehnen. Die Warmluft dagegen strebt in die Höhe. Dabei ist zu beachten, daß Null Grad in 4000 Meter Höhe anders zu beurteilen sind als im Flachland. Mit anderen Worten: die Meteorologen müssen die Temperatur jeder einzelnen Luftmasse, die für eine Wettervorhersage in Frage kommt, bewerten. Sehr interessant ist die Grenzfläche zwischen Kaltluft- und Warmluftmassen. Ja, man kann feststellen, daß sich hier die wichtigsten Erscheinungen des Wettergeschehens abspielen. Befindet sich Kaltluft im Vorrücken, spricht man von Kaltfront, kommt Warmluft voran, von Warmfront.

Welche Temperatur eine Luftmasse hat, entscheidet, großräumig gesehen, die geographische Breite, aus der sie herströmt. Es gibt bevorzugte Standorte derjenigen Luftmassen, die das Wetter in Europa bestimmen. Dazu gehören die Polargebiete und die Roßbreiten. Nachfolgend eine Übersicht wichtiger, wetterbestimmender Luftmassen, ihre Herkunft und ihre Eigenschaften:

Name	**Herkunft**	**Eigenschaften**
Polarluft (Arktikluft)	polare Gebiete	kalt, trocken
Maritime Polarluft	polare Gebiete und längeres Strömen über dem Meer	kühl, feucht, besonders in unteren Schichten nicht mehr ganz so kühl
Kontinentale Polarluft	polare Gebiete und längeres Strömen über dem Festland (Osteuropa)	kalt und sehr bis extrem trocken
Tropikluft	subtropischer Hochdruckgürtel	warm, trocken
Maritime Tropikluft	Atlantik, Gebiet der Azoren	warm, feucht bis sehr feucht
Kontinentale Tropikluft	Nordafrika, Kleinasien	warm, sehr trocken

Die horizontale Bewegung kalter und warmer Luftmassen über verhältnismäßig große Strecken, ihr Zusammentreffen und ihre Mischung sind für die Wetterentwicklung bestimmend. Diese Vorgänge finden alle in der Troposphäre, der untersten Schicht der Atmosphäre, statt.
Über die Warmfront und die Kaltfront (siehe Seite 70) wurden bereits Aussagen gemacht. Da beim Vormarsch einer Kaltfront die warme Luft angehoben wird und beim Vorrücken der Warmfront die warme Luft an der kalten aufgleitet, sind beide Wetterlagen mit der Bildung von Wolken und in den meisten Fällen mit dem Aufkommen von Niederschlägen verbunden.
Die Wetterentwicklung vor und in der Warmfront vollzieht sich verhältnismäßig ruhig. Die Regenfälle können länger dauern (mehrtägiger Landregen). Nach dem Durchzug der Front beginnt mit dem Anstieg der Lufttemperatur die Auflösung der Bewölkung. Erfahrungsgemäß ist die Wetterbesserung nach dem Durchzug einer Warmfront gelegentlich deutlicher als hinter der Kaltfront. Daran ändert auch nichts der nur zögernde Druckanstieg; teilweise fällt sogar das Barometer noch.
Die Wetterentwicklung vor und in der Kaltfront vollzieht sich im wahren Sinn des Wortes stürmisch. Der Kaltlufteinbruch ist auch in der wärmeren Jahreszeit von schauerartigen Schneefällen oder von Hagel und Graupel begleitet. Dabei kommt es oft zu Frontgewittern. Obwohl das eigentliche Wolken- und Niederschlagsfeld verhältnismäßig schmal ist und die Aufheiterung nach Durchzug der Front oft verblüffend schnell folgt, läßt beständiges Wetter auf sich warten. Daran ändert auch nichts der zum Teil kräftige Luftdruckanstieg.

Übersicht Warmfront

	Vor der Front	In der Front	Nach der Front
Wolken	Aufzug von Cirren. Schichtwolkenfelder folgend (Altostratus, Altocumulus)	Tiefe Regenwolken. Nimbostratus	Wolkenauflösung
Luftdruck	fallend	fallend	konstant, unter Umständen sogar noch fallend
Wind	Südost bis Süd, frisch und kühl	Süd, auffrischend	Südwest bis West, frisch und wärmer
Temperatur	sinkend (gelegentlich steigend)	steigend	steigend
Sicht	zunehmend schlechter	schlecht	meist weiterhin schlecht
Wetter	Himmel schließlich grau in grau, »leiser Regen«	Überall Wolken, Landregen	Teilweise Aufhellungen. Nachlassender Regen

Übersicht Kaltfront

	Vor der Front	In der Front	Nach der Front
Wolken	Cirren in der Höhe. Massive Ballung von Cumulonimbuswolken (»Walzen«)	Regenbewölkung. Nimbostratus, Cumulonimbus	Aufklaren oft sehr rasch. Zeitweise wechselnd
Luftdruck	fallend	steigend, u. U. kräftig steigend	steigend
Wind	Südwest, kräftig und kühl	West bis Nordwest, stürmisch und kalt, auch böig	Nordwest, kräftig zum Teil und kühl
Temperatur	sinkend	sinkend	sinkend
Sicht	befriedigend	schlecht	gut
Wetter	»Drohende« Wolkenansammlung in West, auch Nordwest	Ganze Himmel bedeckt mit rasch ziehenden Wolken und »Wolkenfetzen«, u. U. Gewitter	Neigung zu Regenschauern bleibt. Unbeständiges Rückseitenwetter

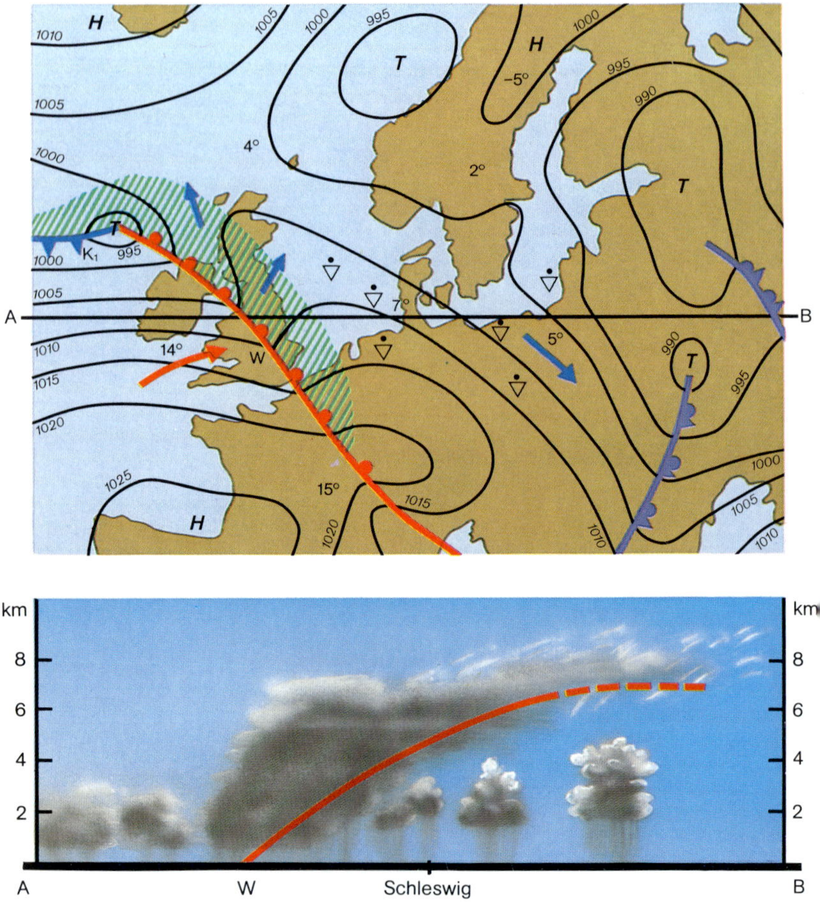

Wettererscheinungen beim Durchzug eines Tiefs I

Wetterkarte vom 11. November 1947 (oben). Wolkenansicht im Vertikalbild über der Schnittfläche A–B (unten) Beobachtungsort: Schleswig. Rückseitenwetter mit Schauertätigkeit als Folge eines Tiefs über Westrußland. Ein Tief über Irland. An seiner Südseite dringt warme Meeresluft nach Mitteleuropa vor. Diese warme Luft gleitet an der vorgelagerten Kaltluft auf. Vor der Warmfront W bildet sich deshalb eine Niederschlagszone (grün schraffiert in der Wetterkarte). Kräftige Quellwolken markieren das Rückseitenwetter, hohe und mittelhohe Schichtwolken die aufziehende Warmfront. W = Warmfront. (Gezeichnet nach einer Vorlage des Deutschen Wetterdienstes, Wetterkundliche Lehrmittel Nr. 10 »Kleine Wetterkunde«)

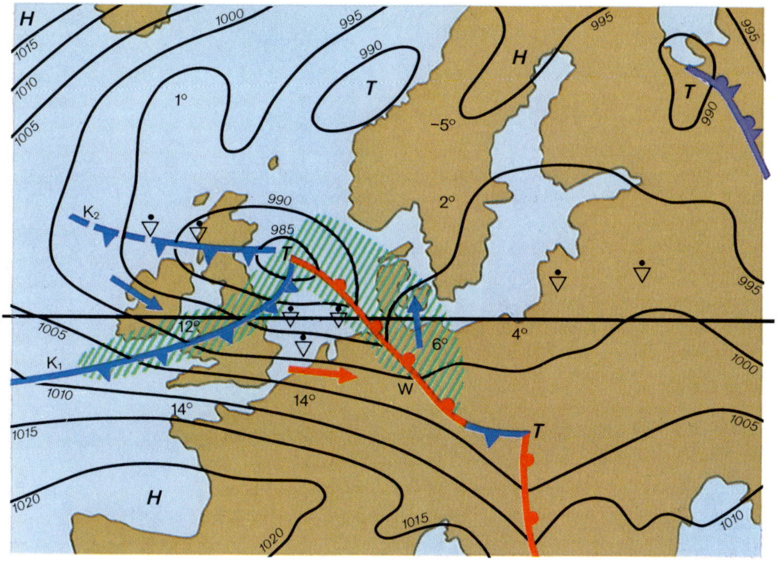

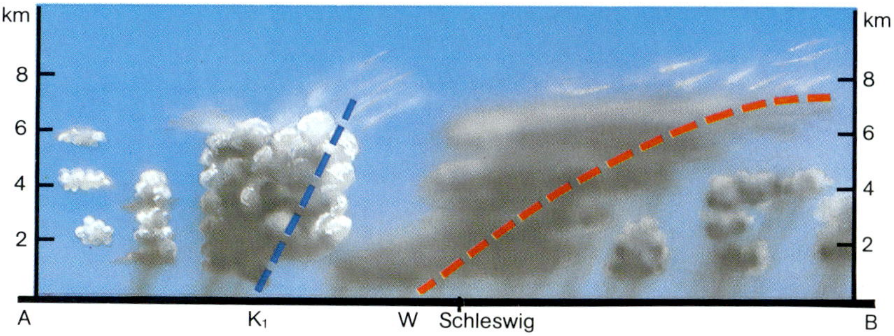

Wettererscheinungen beim Durchzug eines Tiefs II

Wetterkarte vom 12. November 1947 (oben). Wolkenansicht im Vertikalbild über der Schnittlinie A–B (unten). Beobachtungsort: Schleswig. Das Tief über Irland hat inzwischen die mittlere Nordsee erreicht. Die Warmfront ist an der Westküste von Schleswig-Holstein angelangt. Die Kaltfront befindet sich über der westlichen Nordsee und dringt rasch gegen die Warmfront vor. Dichte Bewölkung und Niederschlag über Schleswig. Die rasch folgende Kaltfront verhindert eine Auflockerung der Bewölkung. Sie bringt Schauerwetter. Nach Durchzug der Kaltfront langsame Auflockerung der Bewölkung. W = Warmfront; K_1 = Kaltfront$_1$. (Gezeichnet nach einer Vorlage des Deutschen Wetterdienstes, Wetterkundliche Lehrmittel Nr. 10 »Kleine Wetterkunde«).

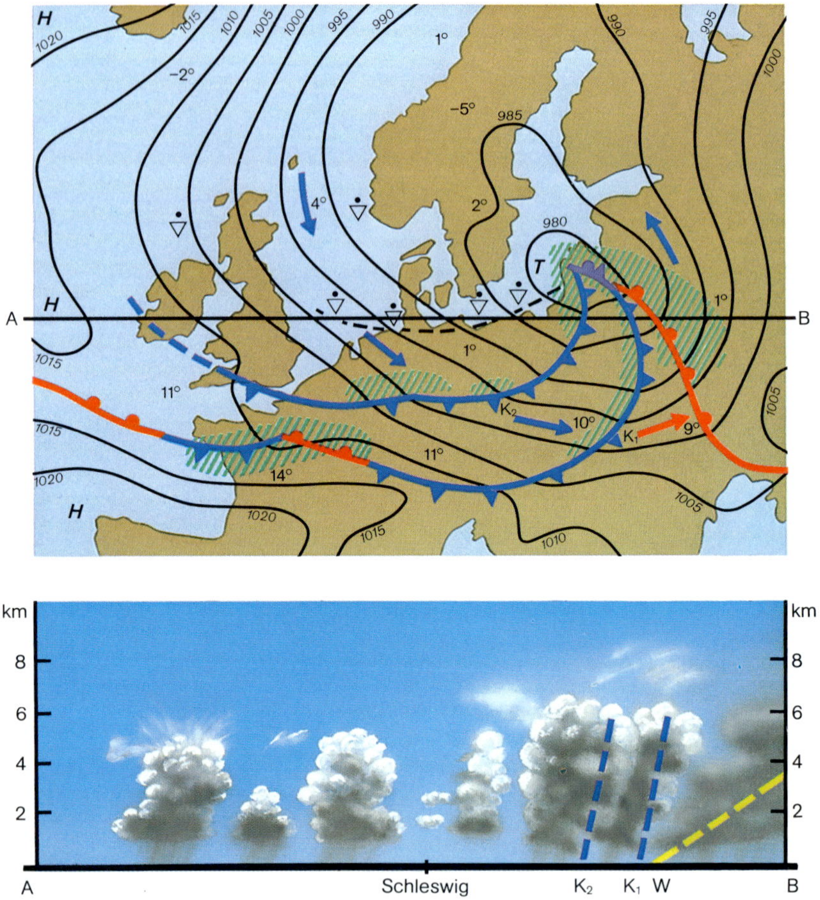

Wettererscheinungen beim Durchzug eines Tiefs III

Wetterkarte vom 13. November 1947 (oben). Wolkenansicht im Vertikalbild über der Schnittlinie A–B (unten). Beobachtungsort: Schleswig. Das von Irland über die Nordsee nach Schleswig-Holstein gezogene Tief hat inzwischen den südöstlichen Raum der Ostsee und Westrußland erreicht. Hochreichende Kaltluft hat ganz Norddeutschland überflutet. Schauertätigkeit über dem norddeutschen Küstengebiet. Kräftige Quellbewölkung und viel blauer Himmel. Außerhalb der Schauer klare Luft und gute Fernsicht. W = Warmfront; K_1, K_2 = $\text{Kaltfront}_{1,\,2}$. (Gezeichnet nach einer Vorlage des Deutschen Wetterdienstes, Wetterkundliche Lehrmittel Nr. 10 »Kleine Wetterkunde«).

Der Kampf zwischen Kalt- und Warmluftmassen ist besonders eindrucksvoll im Tiefdruckgebiet. In den europäischen Breiten sind die Zyklonen (= Tiefdruckgebiete) oft von flächenmäßig großer Ausdehnung und sie vereinigen mindestens zwei unterschiedlich temperierte Luftmassen. Obwohl im Frühjahr und im Herbst zahlreicher, treten Zyklonen in Europa das ganze Jahr über auf.
Die in mittleren Breiten ostwärts strömende Warmluft kann nicht ungestört an der westwärts driftenden Kaltluft der Polarregion vorbeifließen. Allein schon orographische Hindernisse, wie z. B. die Gebirge Kanadas, Grönlands, Norwegens oder Rußlands (Ural!), stauen die Luftströmung und lenken sie ab. Die Ablenkung der Kaltluft nach Süden führt zu großräumigen Einbrüchen in die warmen Luftmassen. Es kommt zu Wirbelbildungen, die im Fall der Zyklone eine spiralförmige Wolkenstruktur deutlich macht – sehr gut zu sehen auf Satellitenfotos (siehe Seite 9). Im Tiefdruckgebiet treten die vorstehend beschriebenen Fronten auf, unter Umständen mehrmals hintereinander. Im Anfangsstadium erfaßt eine Zyklone nur untere Luftschichten, im weiteren Verlauf wächst sie nach oben.
Kalt- und Warmfronten zeigen oft erhebliche Abweichungen vom Üblichen. Es gibt Kaltfronten, die anfangs eine Bewölkung zeigen, wie sie bei der Warmfront herrscht. Erst nach und nach wird das Bewölkungsbild typisch für die Kaltfront. Umgekehrt ist vor allem im Sommer die aufgleitende Warmluft häufig labil geschichtet. Die Schichtbewölkung ist dann mit kräftigen Quellwolken durchsetzt. Nicht selten ist der Warmfrontregen von Gewittern begleitet. Auch kann z. B. ein Zwischenhoch das Aussehen einer Warmfront verändern und nur noch eine Ansammlung von Federwolken markiert die Warmfront.

Entwicklungsabschnitte einer Zyklone

1. Eine Warmluftzunge schiebt sich in Kaltluft.
2. Die Warmluft gleitet an der östlichen Kaltluft auf (Warmfront).
3. Die westliche Kaltluft bricht in die Warmluft ein (Kaltfront).
4. Die Zone der Warmluft wird immer kleiner.
5. Die westliche Kaltluft holt die Warmfront ein.
6. Die restliche Warmluft entweicht in die Höhe und die Zyklone okkludiert (»bricht zusammen«).

Das Tiefdruckgebiet wandert von West nach Ost. Der Zeitraum der beschriebenen Entwicklungsabschnitte umfaßt ungefähr 48 Stunden. Wandergeschwindigkeit und Struktur können im einzelnen sehr verschieden sein. Zum Zeitpunkt der Okklusion hört die Bewegung fast ganz auf (»stationäres Tief«).
Das Wettergeschehen in einer Zyklone entspricht weitgehend den in »Übersicht Warmfront« und »Übersicht Kaltluft« (siehe Seite 189) beschriebenen Zuständen. Die Okklusion hat, was das Wettergeschehen anbetrifft, Frontcharakter: Zusammentreffen von zwei Kaltluftmassen mit verschiedenen Temperaturen.

Übersicht Okklusion

	Vor der Front	In der Front	Nach der Front
Wolken	Regenwolken Nimbostratus	Starke Bewölkung Nimbostratus Cumulonimbus	Zeitweise Wolkenauflösung
Luftdruck	fallend	fallend	steigend
Wind	auffrischend Südwest	West zunehmend	Nordost nachlassend kühl
Temperatur	sinkend, manchmal gleichbleibend	sinkend bis gleichbleibend kühl	sinkend
Sicht	mäßig	schlecht	gut
Wetter	Stark bewölkt und Niederschläge	Stark bewölkt und Niederschläge	Auflockerung der Bewölkung, noch Regenschauer

Zwei besondere Erscheinungen machen sich im zyklonalen Wettergeschehen immer wieder bemerkbar:

1. Die Troglage. Sie ist charakterisiert durch sehr tiefen Luftdruck nach dem Durchgang der Kaltfront der Zyklone. Es ist praktisch eine neuerliche Vertiefung des Tiefdruckwirbels infolge kräftiger Aufgleitvorgänge. Auffällig vor der Troglage ist das Nachlassen des Windes hinter der Kaltfront – vorübergehend. Denn im Trog kommt es in der Regel zu den schwersten Stürmen.
   Eine Variation stellt der »Kaltluft-Tropfen« vor. Dieses Gebilde läßt sich bis fast in die Stratosphäre hinauf nachweisen. Ausgesprochene »Starkregen« sind damit verbunden: »Am mittleren Zürichsee, in Horgen, regnete es ununterbrochen während 42 Stunden. In dieser Zeit fielen 79 Liter pro Quadratmeter, und zwar innert sechs Stunden jeweils etwa 11 bis 12 Liter. Der Regen begann plötzlich, dauerte 42 Stunden und fiel in gleichbleibender Intensität« (Bericht in der »Neuen Züricher Zeitung« über eine von einem Kaltluft-Tropfen im Raum von Genua am 23./24. August 1975 ausgelöste Wetterlage, die sowohl auf der Alpensüdseite als auch auf der Alpennordseite Starkregen auslöste).
2. Das Zwischenhoch. Ein schmaler Keil hohen Luftdrucks zwischen zwei Zyklonen bringt eine nur vorübergehende Wetterbesserung.

Die Tiefdruckgebiete treten in Europa häufig in Serien nacheinander auf, ausgelöst von den sich wiederholenden Störungen der Grenzlinie zwischen

Tiefdruckgebiete wandern von West nach Ost. Dabei sind sie nach Form und Intensität deutlichen Veränderungen unterworfen. Die nebenstehende Wetterkarte zeigt ein für Mitteleuropa typisches Tiefdruckgebiet. Die schneller westöstlich vordringende Kaltluft engt den Warmluftsektor ein und verdrängt schließlich die Warmluft vom Boden. Hat die Kaltluft die Warmluft erreicht (P), okkludiert die Zyklone. In der Wetterkarte erscheint das Symbol der Okklusionsfront, bestehend aus den wechselnden Symbolen für Kalt- und Warmfront. In der Okklusionsfront sind die ursprünglich getrennten Luftmassen beisammen. Die mittlere Abbildung zeigt im Aufriß eine »Kalte Okklusion« (sehr kalte Kaltluft ist am Werk und bringt sehr unbeständige Witterung mit kräftiger Schauertätigkeit).
Die untere Abbildung zeigt im Aufriß eine »Warme Okklusion«. (Der Kontrast zwischen Kalt- und Warmluft ist weniger groß, das Abheben der Warmluft vom Boden vollzieht sich »ruhig« unter Bildung von Schichtbewölkung. Landregenartige Niederschläge überwiegen.) Mit der Okklusion ist die Wirksamkeit eines Tiefs beendet. Der Kampf zwischen kalter und warmer Luft ist wieder einmal zum Abschluß gekommen. Durchziehende Wolken markieren das Geschehen für den Beobachter. (Gezeichnet nach einer Vorlage des Deutschen Wetterdienstes, Wetterkundliche Lehrmittel Nr. 10 »Kleine Wetterkunde«).
A = Kaltluftsektor
B = Warmluftsektoren
Blauer Pfeil = Kaltluft
Roter Pfeil = Warmluft
K = Kaltluft
Kä = Besonders kalte Luft
W = Warmluft

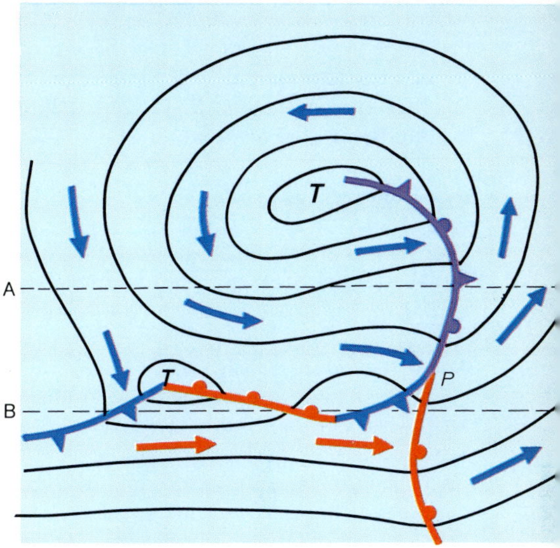

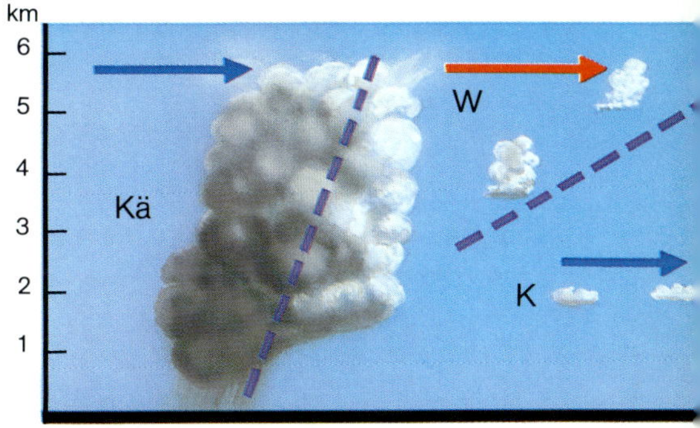

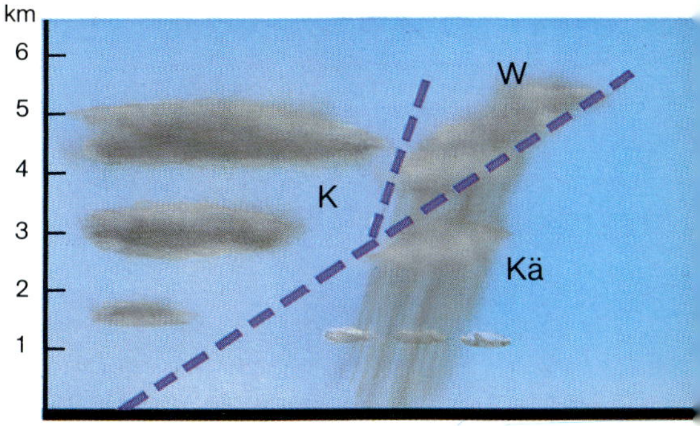

Warm- und Kaltluft (»Polarfront«). Auf ihrer Wanderung von West nach Ost halten die Tiefdruckgebiete bestimmte Routen ein. Dabei bevorzugen sie wegen der fehlenden orographischen Hindernisse den Meerweg. Das Festland und vor allem die Gebirge beschleunigen das Zusammenklappen (Okkludieren) der Zyklone.

Wettereinflüsse

Die Menschheit beschäftigt sich seit langem mit dem Wetter. Die Neigung des Wettergeschehens, zu bestimmten Jahreszeiten typische Erscheinungen zu zeigen, hat zu Merksprüchen und Bauernregeln geführt. Zum Beispiel die Kaltlufteinbrüche im Frühjahr mit Schauerwetter (»Aprilwetter«) und Nachtfrostgefahr (»Eisheilige«) oder die Neigung zu spätsommerlichen Hochdrucklagen mit schönem, beständigem Wetter (»Altweibersommer«). Auch das Verhalten von Tieren und Pflanzen gibt Anlaß, etwas über das Wetter auszusagen. Es sind vor allem die Wetterumstürze, die ein bestimmtes Verhalten herbeiführen. Zum Beispiel das Aufkommen eines Gewitters: die Bienen fliegen zurück in den Stock. Viele Tiere, die von Insektennahrung abhängig sind (Vögel, Fische, Frösche), reagieren auf das Höher- bzw. Tieferfliegen der Fliegen, Mücken und Bremsen. Diese schwärmen bei warmer, trockener Luft höher als bei kühler und feuchter. Sicher spielt hier wie auch bei der Wetterfühligkeit der Menschen das Wirksamwerden luftelektrischer Erscheinungen die Hauptrolle.
Seit Jahrzehnten schon beschäftigen sich Mediziner und Meteorologen mit den Auswirkungen von Wetter und Klima auf den Menschen. Wichtig ist der von meteorologischen Bedingungen ausgehende Reiz und eine darauf folgende physische oder psychische Reaktion. Der gesunde Mensch verfügt über eine erstaunlich große Anpassungsfähigkeit. Auch gegenüber lange andauernden Reizen. Es ist von der Akklimatisation an ein bestimmtes Klima die Rede. Die Anpassungsfähigkeit hängt sehr stark ab von Alter, Geschlecht, Konstitution, Typ und nicht zuletzt Gesundheitszustand des einzelnen.
Sind Reize sehr schwach, entwöhnt sich der Organismus (»Verwöhnung«). Eine gewisse Reizstärke regt an und härtet ab (z. B. Reizklima in der Klima-

---

Zugstraßen der Tiefdruckgebiete (Zyklonen) über Mitteleuropa

1. Die Zyklone bewegt sich von Südwesten nach Nordosten westlich der britischen Inseln und Norwegen. Für den Kontinent nur in Form von Randtiefs wirksam.
2. Die Zyklone bewegt sich west-östlich nördlich der britischen Inseln nach Skandinavien.
3. Die Zyklone bewegt sich west-östlich über den nördlichen Teilen der britischen Inseln nach Südskandinavien und in den Ostseeraum.
4. Die Zyklone bewegt sich von Südwesten nach Nordosten zwischen England und der französischen Küste über Dänemark in den Ostseeraum.
5. Die Zyklone bewegt sich von Westen über Südfrankreich ins westliche Mittelmeer und nach Italien. Eine Bahn führt am Süd- und Ostrand der Alpen nach Osteuropa, eine andere mehr südlich über den Balkan.

2
3
5
1
4

therapie). Schließlich gefährdet die Überdosierung von Reizen den Organismus und ruft Schädigungen hervor (z. B. zuviel Sonne kann Hautkrebs auslösen, zuviel Kälte führt zu Erfrierungen).

Wetter und Klima wirken in der Regel komplex auf den Menschen:

1. Auswirkungen, die von der Luftbeschaffenheit ausgehen (sauber, verschmutzt);
2. Einflüsse kurz- und langwelliger Strahlung (z. B. UV-Strahlung);
3. Bedingungen der Wärmeabgabe des Körpers (abhängig von der Lufttemperatur, Luftfeuchte, Windgeschwindigkeit und kurz- und langwelligen Strahlung);
4. Einflüsse bestimmter Wetterlagen (Wetteränderungen!).

Wetterbedingungen, die biologisch günstig sind, treten während Schönwetter auf und während der Wetterberuhigung nach dem Durchzug eines Schlechtwettergebiets (frontale Störungen). Hochdruckeinfluß herrscht vor und der Zustrom fremder Luftmassen (Advektion) fehlt. Schönwetter kann freilich Wärmebelastung auslösen. Im Winter treten dazu Inversionswetterlagen mit gesteigerter Luftverschmutzung auf. Biologisch ungünstige Wetterlagen: extremes Schönwetter im abziehenden Hochdruckgebiet, der Wetterumschlag (dazu gehört der gesamte Witterungsablauf an der Vorderseite eines aufziehenden Tiefdruckgebiets mit verstärktem Zustrom fremder Luftmassen). Kritisch ist auch der Zeitpunkt unmittelbar an der Rückseite der Warm- und Kaltfront. Besonders Kranke leiden, z. B. Migräne-Patienten rufen den Arzt, entzündete Gelenke von Rheumatikern schmerzen stärker, Gallen- und Nierensteine machen sich bemerkbar (Koliken), Menschen mit niedrigem Blutdruck klagen über Schwindelanfälle.

In den Wetterberichten der Medien erscheinen auch Hinweise auf das Biowetter, die z. B. die Ludwig-Boltzmann-Forschungsstelle für Biometeorologie, Wien, liefert. Folgende Wetterämter des Deutschen Wetterdienstes haben einen medizinmeteorologischen Dienst: Essen, Frankfurt, München, Potsdam, Leipzig (Anschriften s. S. 235).

Auf einem Ärztekongreß in Berlin 1975 wurde darauf hingewiesen, daß jeder dritte Erwachsene zwischen 20 und 50 Jahren Wetterveränderungen sozusagen »im Gefühl« hat. Die Wetterfühligkeit nimmt mit dem Alter zu. Unter Wetterfühligkeit leiden nach Angaben des Medizinmeteorologischen Dienstes mehr Frauen als Männer. Kreislaufzusammenbrüche und Herzinfarkte während einer Hitzewelle, Belastung von europäischen Spitzensportlern beim Einsatz in überseeischen Ländern mit hoher Luftfeuchtigkeit stehen ebenso zur Diskussion an wie verstärkte Alkoholwirkung bei einem bevorstehenden Witterungsumschlag. Ein Professor an der hebräischen Universität Jerusalem, der Mediziner Gad Sulman, empfiehlt wetterfühligen Menschen Salz, Wasser, Zucker und Salzheringe. Sie sollen bei kritischen Wetterlagen, z. B. Föhn, Kaffee und Tee mehr süßen, das Essen kräftiger salzen und mehr trinken ... Der Gesamtkomplex Wetterfühligkeit wird noch weiterer umfassender Forschungsarbeit bedürfen.

Das biologische Klima der einzelnen Landschaften ist nicht unerheblich für

das Wohlbefinden der Menschen. Die Gegenden westlich der Linie Hamburg – Bodensee unterliegen stärker dem maritimen Klima, die Gegenden östlich dieser Linie häufiger den Einflüssen des Kontinentalklimas. Das Bioklima vieler mitteleuropäischer Städte ist wegen ihrer Lage in Senken oder Tälern belastet. Häufige Schwüle, Nebel und zu wenig Sonnenschein haben oft gesundheitliche Konsequenzen. An den Küsten und im Flachland dahinter stoßen die Luftmassen auf wenige Hindernisse. Das Wettergeschehen läuft ohne Störungen ab. Gebirge hingegen haben ihr eigenes biologisches Klima (z. B. die Alpen mit Föhn und Staulagen).
Daß stürmische Wetterlagen nicht nur Verwüstung, Schaden und unter Umständen Tod von Menschen und Tieren bringen, beweist die Sturmflut zu Beginn des Jahres 1976, die in West- und Mitteleuropa katastrophale Auswirkungen hatte. In die von Land eingeschlossene Ostsee jedoch pumpte der Sturm große Mengen Nordseewasser mit hohem Sauerstoff- und Salzgehalt durch die dänischen Meerengen. Der Sauerstoffgehalt der Ostsee war in den letzten 25 Jahren bedenklich zurückgegangen. Fischbestände und Flora waren dadurch gleichermaßen gefährdet. Das salzhaltige und schwerere Wasser der Nordsee hat eine Umsetzung des Ostseewassers bewirkt, sich dann in der Nähe des Meeresbodens gesenkt und eine gründliche Oxydation bewirkt, die für den Bedarf der Ostsee auf einige Jahre ausgereicht hat. So können Katastrophen auch positive Auswirkungen mit sich bringen.
Noch andere Erscheinungen können wir beobachten. Zum Beispiel die Verfrachtung von Saharastaub nach Mitteleuropa. Ende Januar 1983 beschäftigte sich sogar die Presse damit und berichtete über verschmutzte Autos, Wäsche und Fensterscheiben im ganzen Bundesgebiet. Es sind bestimmte Wetterlagen, die den Sandtransport über die Alpen oder wie im vorliegenden Fall über den Atlantik nach West- und Mitteleuropa hinein auslösen. Saharastaubfälle sind auch schon in England und sogar Skandinavien registriert worden.
In der Luft wird auch Seesalz befördert. Wind, Wellen und Brandung schleudern Meersalzteilchen in die Luft. Auflandige Winde transportieren Salzpartikel von der Küste weg viele Kilometer landeinwärts. Da Salz Korrosionsschäden auslöst, ist die Salzkonzentration in der Luft in Küstengebieten und deren Hinterland Gegenstand regelmäßiger Überwachung.

Globale Klimaveränderungen

Bei einer Bestandsaufnahme während der Weltklimakonferenz im November 1988 in Hamburg wurde als wichtigster Einzelfaktor der globalen Klimabeeinflussung die CO_2-Emission genannt. In der Atmosphäre befinden sich nur 0,3 Prozent CO_2 – trotzdem ist dieser Anteil für die Hälfte der Aufheizung der Erdatmosphäre verantwortlich. Seit 1800 etwa ist der CO_2 Anteil um rund 20 Prozent gestiegen. Der dadurch ausgelöste Temperaturanstieg wird weltweit auf ein halbes Grad Celsius geschätzt. Als weitere

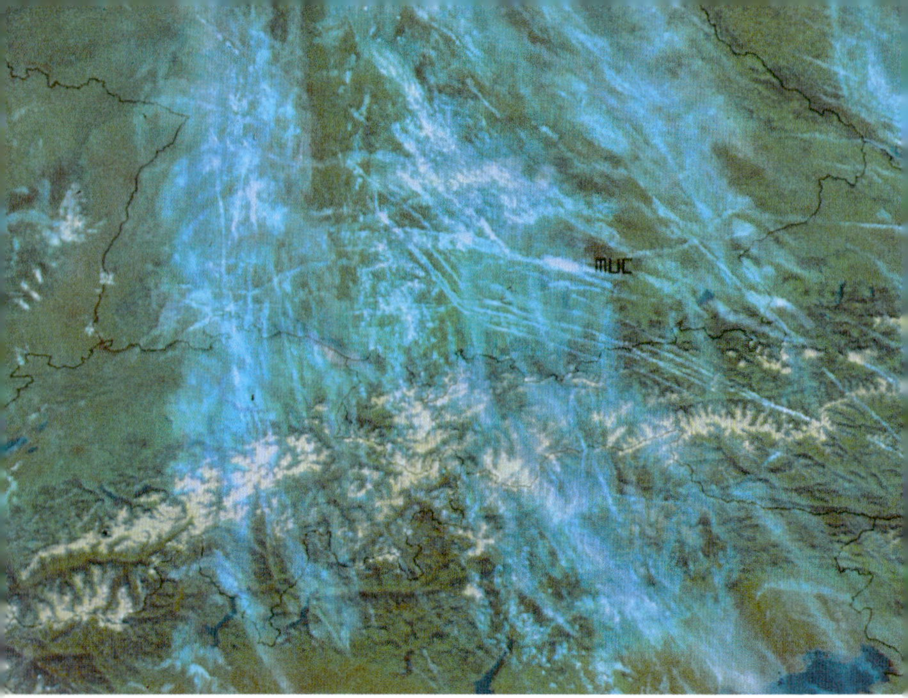

Lange Zeit unterschätzt: Die Abgasfahnen der Flugzeuge (»Kondensstreifen«) behindern die Wärmeabstrahlung und erhöhen so den Treibhauseffekt. Im Bild oben Kondensstreifen bzw. von ihnen erzeugte Dunstschleier über den Alpen. Aufnahme Satellit NOAA/Institut für Physik der Atmosphäre, DLR in Oberpfaffenhofen. Im Bild rechts unten der Golf von Venedig. Das untere Bild zeigt den gewohnten Anblick von Kondensstreifen am Himmel.

Treibhausgase wirken: Methan (CH_4), Stickoxide (NO_x), Fluor-Chlor-Kohlenwasserstoffe (FCKW) und Kohlenmonoxid (CO). Rund 37 % von 6 Millionen Tonnen Methan in Deutschland jährlich liefern die Abfalldeponien, ein Drittel die Landwirtschaft. Hier setzt vor allem die Massentierhaltung Methan frei. Methanquellen sind aber auch der Kohlenbergbau und undichte Erdgasleitungen. Erste Maßnahmen zur Minderung der Methan-Emissionen betreffen die energetische Nutzung von Deponiegas und von Biogas in der Landwirtschaft.

Steigt die Wachstumsrate von CO_2 in den kommenden 100 Jahren ungehindert, rechnen Wissenschaftler mit einem weltweiten Temperaturanstieg bis 8 °C. In den gemäßigten nördlichen Breiten ist eine Steigerung um 16 °C nicht auszuschließen.

Häufigkeit einiger Spurengase in der Erdatmosphäre und ihr Einfluß auf den Treibhauseffekt

Gas	Relative Häufigkeit	Zunahme [%/a]	Beitrag zum Treibhauseffekt [%]
CO_2	0,0338%	0,5	46
CH_4	1,5 ppm	1–2	~10
N_2O	0,5 ppm	1,3	6,5
O_3	20–50 ppb	0	9,7
CO	0,05 ppm	1–2	< 1
FCKW	ppb	< 9	~28

ppm: parts per million $= 10^{-6}$, ppb: parts per billion $= 10^{-9}$; a: Jahr.

Trotz Treibhauseffekt und Tendenz zu einem wärmeren Weltklima sind regionale Entwicklungen sehr unterschiedlich. Modellrechnungen des Hamburger Max-Planck-Instituts für Meteorologie lassen z. B. erkennen, daß es im Nordatlantik, in West- und Nordeuropa kühler werden könnte. Es gibt Grund für die Annahme, daß der Golfstrom verschwindet. Heute bringt er Wärme aus der Karibik (eine Milliarde Megawatt jährlich) in den nördlichen Atlantik. Er ist Teil eines weltweiten Meeresströmungssystems, dessen Zirkulation von Luft- und Wassertemperaturen gesteuert wird. Ändern sich Temperaturen, ändert sich das System. Steigen die Lufttemperaturen über Grönland und Skandinavien, könnte das dem Golfstrom Wirkung nehmen. Insgesamt reagieren die Weltmeere auf Erwärmung oder Abkühlung langsam und verzögern so Klimaänderungen.

In den Ozeanen kann sich noch anderes abspielen. Der steigende Anteil von Kohlendioxid in der Atmosphäre scheint nach neuesten Forschungsergebnissen das Wachstum von Algen zu fördern. Wie andere Pflanzen auch, nehmen Algen Kohlendioxid auf und wandeln es mit Hilfe der Photosynthese in Biomasse um. Mehr Algen verzehren mehr Kohlendioxid. Ob hier wirklich eine Bremse für die globale Erwärmung vorhanden ist, werden weitere Untersuchungen beweisen müssen.

Klimaforscher haben herausgefunden, daß die Durchschnittstemperaturen auf der Erde in einem natürlichen Rhythmus von etwa 65 Jahren um einen Mittelwert pendeln. Die Erwärmung durch Treibhausgase wird in Nordamerika und Europa bislang durch diesen Rhythmus überlagert. Auf der Südhemisphäre der Erde ist dieser Rhythmus fast nicht erkennbar. Die Zahl der Wetterstationen ist hier aber zu gering, um eindeutig eine globale Erhöhung der Temperatur nachzuweisen.
Die Niederschlagsmenge geht in den USA und in Rußland zurück, in Europa bleibt sie konstant und in den Tropen wird sie größer. In dieser Prognose steigt der Meerespiegel um 1–1,5 m an.
Die zu Beginn des Jahres 1990 über Westeuropa beobachteten orkanartigen Winde (170 Stundenkilometer und mehr) bestärken Klimaforscher noch in einer anderen Annahme: Es besteht ein Zusammenhang zwischen dem Wasserdampfgehalt in der Atmosphäre, der Meeresverdunstung und gesteigerten Windgeschwindigkeiten. Neben dem Ansteigen der atmosphärischen

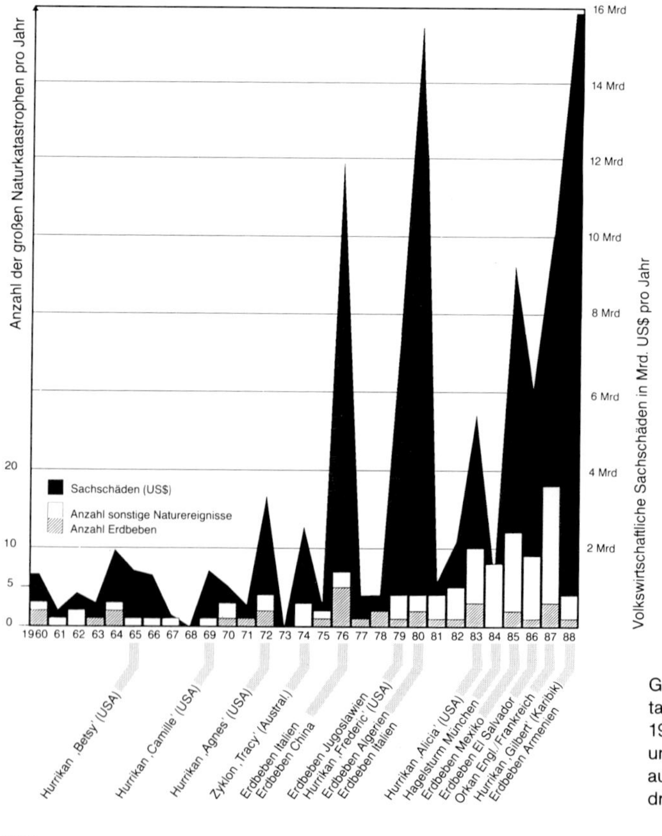

Große Naturkatastrophen seit 1960: Häufigkeit und Schadensausmaß nehmen dramatisch zu.

Konzentrationen von Kohlendioxid, Methan und Fluor-Chlor-Kohlenwasserstoffen (»trockener Treibhauseffekt«) steht eine Zunahme der Wasserdampfkonzentration in der Atmosphäre aufgrund der Verdunstung der Ozeane. In 5–6 km Höhe (mittlere Troposphäre) zeigen sich Veränderungen in der Wolkenbildung und im Luftdruck- und Windfeld. Veränderungen lassen sich auch bei der Energiezufuhr in das Klimasystem erkennen. Um 1 °C ist die Luft in dieser Höhe wärmer geworden. Hand in Hand gehen extreme Wetterlagen: Stürme, Starkregen, Hagel. So scheint es neben dem »trockenen Treibhauseffekt« auch einen »feuchten« zu geben.

Welche Rolle spielt Ozon? Vor rund 200 Jahren bemerkte M. van Marum bei elektrischen Entladungen in Sauerstoff einen eigenartigen, starken Geruch. Mehr als ein halbes Jahrhundert später wies C. F. Schönbein nach, daß der Verursacher des Geruchs ein Gas ist. Er gab ihm den Namen Ozon (griech.= das Riechende). Schließlich gelang Forschern der Nachweis, daß Ozon eine dreiatomige Modifikation des Sauerstoffes ist. Das Gas kommt von Natur aus in der bodennahen Luft nur in sehr geringen Mengen vor. Wichtig wurde dann der Nachweis einer Ozonschicht in der oberen Atmosphäre und der Eigenschaft des Gases, kurzwellige Solarstrahlung zu absorbieren.

Bodennahes Ozon hat sich in diesem Jahrhundert vervielfacht. In Mitteleuropa kommen im Sommer maximale Ozon-Stundenwerte vor, die mehr als das 5fache der natürlichen Spitzenwerte von etwa 70 Mikrogramm Ozon je Kubikmeter Luft erreichen. Ozon ist eines der stärksten Oxidationsmittel und wirkt bei Mensch und Tier als Reizgas und Zellgift. Aber auch Bäume und Pflanzen werden angegriffen (Waldsterben!). Bodenozon bewirkt nicht nur subjektive Beschwerden. Im Sommer verstärkt sich das Reizgas (»Som-

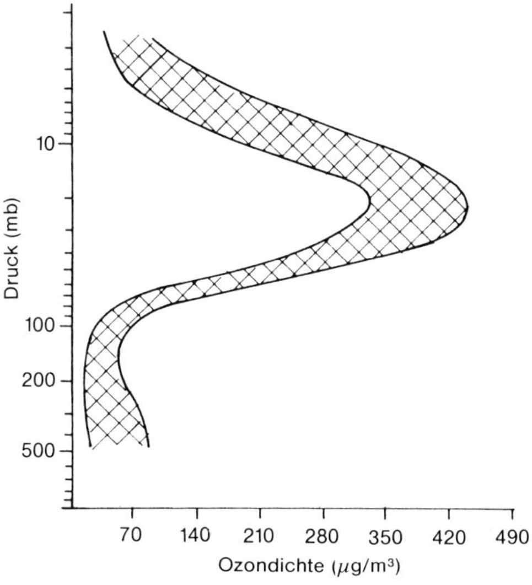

Die Ozonschicht.
Das schraffierte Band entspricht der natürlichen Schwankungsbreite des Mischungsverhältnisses (nach Keppler, 1989).

Polare Stratosphärenwolken am Nachthimmel über dem winterlichen Lappland: Sie bestehen, wie Wissenschaftler des MPI für Kernphysik in Heidelberg jetzt erstmals mit einer Raketensonde nachweisen konnten, aus Salpetersäure-Wasser-Aerosolen, die bei Temperaturen um −80 °C aus der Luft ausfrieren. Diese Wolken, die zwischen 15 und 25 km hoch liegen, bereiten den Boden für die Zerstörung des Ozons durch Chlor, das mit den Fluor-Chlor-Kohlenwasserstoffen in die Stratosphäre gelangt.

mersmog«) und verschlechtert die Lungenfunktion der betroffenen Menschen.

Darüber hinaus hat die photochemische Theorie Ozon die Rolle einer »zentralen Substanz« in einem sehr verzweigten System von Spurengasen zugewiesen, das Stratosphäre und Troposphäre umfaßt. Hier finden chemische Prozesse statt, in denen mehr und mehr von Menschen gemachte Einflüsse erkennbar werden. Veränderungen dieser chemischen Prozesse aber können über Strömung und Strahlung in der Atmosphäre das Klima verändern.

In den unteren 10–15 km der Atmosphäre (Troposphäre) erhöht sich bei Anwesenheit von erhöhten Konzentrationen an Stickoxiden und Kohlenwasserstoffen und bei Sonnenlicht der Ozongehalt. Dagegen wird der Ozonanteil im Gebiet der maximalen Konzentration oberhalb 20 km (Stratosphäre) bei verstärkter Konzentration von Fluor-Chlor-Kohlenwasserstoffen und Stickoxiden geringer. Diese Abnahme gefährdet den Schutz vor der gefährlichen UV-Strahlung. Je nach vertikaler Verteilung (unten Zunahme, oben Abnahme) wirkt Ozon als Treibhausgas verschieden stark.

Am auffälligsten sind Anzeichen für eine Klimaänderung in der Landwirtschaft und der Wasserführung der Flüsse. Flüsse wie Niger und Nil führen immer weniger Wasser. Sinkt die Niederschlagsmenge in trockenen Gebieten um 25 Prozent, verringert sich das verfügbare Wasser um 80 Prozent. In feucht-gemäßigten Regionen sind es 60 Prozent und in den Tropen 75 Pro-

zent. Wissenschaftler sehen in der Zukunft permanente räumlich-zeitliche Änderungen der Dürre- und Überschwemmungsgebiete, was die Beherrschung des Problems nicht einfacher macht.
Globale Klimaveränderungen lösen auch gesundheitliche Risiken aus. Unter Annahme von Änderungen des Ozonanteils in der Atmosphäre werden insbesondere Hitze, UV-Strahlung und Luftverschmutzung den Menschen zu schaffen machen. Es könnte für viele Menschen zum Hitzestreß kommen, wenn mit zunehmender Erwärmung der menschliche Regelmechanismus, der die Körpertemperatur gleich hält, außer Betrieb gesetzt würde.
Der Katalog der Gegenmaßnahmen sieht so aus: Ersatz fossiler Brennstoffe (etwa ⅓) und bessere Energieausnutzung bei der Verbrennung, Geschwindigkeitsbegrenzungen im Straßenverkehr (30/80/100 km/h), verbesserte Gebäudeisolation, Reduktion der FCKW auf nahe 0, Beendigung der Brandrodung in den Tropen (Brasilien!). Auch eine geänderte Wald- und Landnutzung gehört hier her. Solarenergie steht als alternative Energie an erster Stelle.
Noch immer werden große Mengen Fluor-Chlor-Kohlenwasserstoffe (FCKW) produziert. Nicht zuletzt wegen der Nachfrage aus den Entwicklungsländern (Dritte Welt). Diese Länder sind auch nicht ohne weiteres bereit, bei der Reduktion der CO_2-Emissionen (Indien) oder einem Stop der Brandrodung (Brasilien) mitzumachen.
Der Wissenschaftliche Klimabeirat der Bundesregierung, der das BMFT in Fragen der Klimaforschung berät, hat sich mit der Berichterstattung zur Klimaproblematik in den Medien befaßt. In seiner Stellungnahme heißt es u. a.: »Das Spektrum reicht von Panikmache bis zu totaler Verharmlosung. Es gibt trotzdem keine neuen wissenschaftlichen Befunde, die eine Entwarnung oder eine Dramatisierung rechtfertigen. Nach wie vor gilt folgende Aussage: Steigen die Konzentrationen der klimarelevanten Spurengase Kohlendioxid, Fluorchlorkohlenwasserstoffe, Methan und Lachgas sowie des photochemisch nachgebildeten troposphärischen Ozons wie bisher weiter an, so ist bereits um 2030 mit einer Erwärmung um 3 °C bis 4,5 °C zu rechnen. Diese Erwärmung ist von der gleichen Größenordnung wie der Temperaturunterschied von 4 °C bis 5 °C zwischen der Eiszeit vor etwa 18000 Jahren und heute ...«
Klimaforscher beschäftigen sich intensiv mit Ozean-Atmosphäre-Modellen für das gegenwärtige Klima. Sie versuchen ihre Ergebnisse auf Länder und Kontinente unter Berücksichtigung möglicher Veränderungen der menschlichen Lebensgewohnheiten zu übertragen. Die chemische Reaktion der klimawirksamen Stoffe (Spurengase) in der Atmosphäre spielt dabei eine wichtige Rolle. Erst wenn die Stoffkreisläufe in der Atmosphäre genau bekannt sind, ist eine Verfeinerung der Klimamodelle möglich.

Wetterdienst und Wettervorhersage

Informationen über die Wetterentwicklung interessieren jeden Menschen. Es gibt eine Reihe von Berufen, bei denen der Erfolg der Arbeit auch vom Wetterablauf abhängig ist. Die in diesen Berufen Tätigen kommen ohne die Wettervorhersage nicht mehr aus. Die Aufgaben der Wetterdienste und der in ihnen beschäftigten Meteorologen beschränken sich keineswegs nur auf die tägliche Wettervorhersage. Neben anderen Fachbereichen gibt es spezielle Forschungsgebiete, die das Wissen von Wetter und Klima vertiefen und in verschiedene gesellschaftliche und wissenschaftliche Zusammenhänge stellen. Beispiele für solche Spezialgebiete sind u. a.: Agrar- und Medizinmeteorologie (zusammengefaßt auch als Biometeorologie), Flugmeteorologie, Maritimmeteorologie, Radiometeorologie, Radarmeteorologie, Satellitenmeteorologie.

Von außergewöhnlichen Wetterereignissen wird bereits in alten Dokumenten der Menschheitsgeschichte berichtet. So findet man in den Geschichtsbüchern des Herodot (484–408 v. Chr.) Angaben über Stürme, die ganze Heere durcheinandergewirbelt haben. Im 1. Jahrhundert v. Chr. erwähnt Strabo im 7. Band der »Geographica« eine vehemente Sturmflut der Nordsee, die Ursache für die Wanderung der Kimbern und Teutonen gewesen sein soll.

Die Bezeichnung Meteorologie (Lehre von den Vorgängen in der Lufthülle der Erde) geht auf den griechischen Philosophen Aristoteles (384 v. Chr. –322 v. Chr.) zurück. Wetterbeobachtungen haben die Völker der Erde zu allen Zeiten gemacht. Dabei wurden vor allem regional Erfahrungen gesammelt, die sich bis heute in Volksweisheiten (»Bauernregeln«) erhalten haben. Besonders macht von sich reden der »Echte 100jährige Kalender«, der das Resultat der siebenjährigen Wetterbeobachtungen des Abtes Mauritius Knauer (1612–1664) darstellt bzw. das, was spätere Bearbeiter daraus gemacht haben. Knauer selbst nannte sein Werk »Calendarium oeconomicum practicum perpetuum«. Es enthielt, wie es damals üblich war, himmelskundliche und wetterkundliche Beobachtungen vermischt, außerdem eine Deutung, die, ebenfalls zeitbedingt, unter astrologischen Einflüssen stand. Knauer war von langjährigen Perioden im Wettergeschehen überzeugt. Im Vorwort seines Calendariums hatte er auch gleich Trost für allfällige Fehlprognosen: »Trifft nicht alles auf ein Nägelein zu, so wird sich doch das meiste befinden; doch ist dem Allmächtigen Gott hierin kein Ziel und Maß vorgeschrieben«.

Gereimte Bauernregeln liegen uns bereits aus babylonischer Zeit vor. Volkstümliche Spruchweisheiten aus dem südwestdeutschen Raum veröffentlichte Werner P. Heyd (Bauernweistümer, Wetterregeln und Lostagsprüche,

Memmingen 1971. Siehe dort auch einschlägige Literaturhinweise!) Heyd macht berechtigterweise darauf aufmerksam, daß es wichtig ist, die Wetter- und Lostagsprüche zu lokalisieren: »Die Wetterlage ist vor dem Gebirge eine andere als im Flachland, die Reife- und Erntezeiten ebenso wie die Zeiten der Aussaat sind im Hochland andere als im fruchtbaren und klimatisch günstigeren Unterland. Deshalb lassen sich die hier gesammelten Sprüche nicht auf jeden beliebigen Ort anwenden, auch wenn heute, da Ursprungsort und Ursprungszeit nicht mehr bekannt sind, diese notwendigen Merkmale verwischt sind.«

Historisch besonders interessant sind die Kometenflugblätter des 17. und 18. Jahrhunderts. Man betrachtete die Kometen, genauso wie im Altertum und im Mittelalter, als Bestandteil der Erde, sozusagen als eine Art Verwandtschaft zu den Wolken. Aus den Kometenflugblättern geht hervor, daß man damals atmosphärische Erscheinungen sehr aufmerksam beobachtet hat (mehr in der Veröffentlichung von J. Classen, 15 Kometenflugblätter des 17. und 18. Jahrhunderts. In: Die Sterne *52* (1976), Heft 2, S. 98–114).

Am Anfang der wissenschaftlichen Wetterkunde standen Barometer und Thermometer. Mit Hilfe von Einzelbeobachtungen wurde das Wettergeschehen aufgeschlüsselt. Regelmäßige Meßreihen begannen im 18. Jahrhundert. Die älteste Bergwetterstation der Erde befindet sich auf dem Hohen Peißenberg (988 m) in Oberbayern. Seit 1781 werden auf diesem Berg systematische Wetterbeobachtungen durchgeführt. Heute steht dort ein Meteorologisches Observatorium des Deutschen Wetterdienstes für Radarmeteorologie und Niederschlagsphysik.

Unter Verwendung von Barometer- und Thermometerbeobachtungen sowie Beobachtungen der Windrichtung und der Windstärke fertigte der deutsche Astronom und Physiker Heinrich Wilhelm Brandes (1777–1834) 1820 die ersten synoptischen Wetterkarten an. Die einzelnen Staaten gingen nach und nach daran, meteorologische Stationen einzurichten (Württemberg 1821, Preußen 1847). Ein Haupthindernis für die Verwertung von Wetterbeobachtungen war die langsame Übermittlung von Beobachtungsergebnissen an andere Orte. Das änderte sich mit der Erfindung des Telegrafen (S. Morse 1837 u. a.) und des Telefons (G. Bell 1876 u. a.).

Einen telegrafischen Wetterbericht druckte erstmals 1848 die Londoner Zeitung Daily News ab, und drei Jahre später auf der Weltausstellung in London erlebte das Publikum die Herstellung von täglichen Wetterkarten, die das Wettergeschehen aus ganz Europa wiedergaben. Die Unterlagen dazu lieferten 22 Wetterstationen in verschiedenen Ländern. Wahrscheinlich unter dem Eindruck der Vernichtung einer französischen Kriegsflotte durch einen Sturm 1854 während des Krimkrieges beschleunigte man in Frankreich die Herausgabe täglicher Wetterkarten (ab 1855). Auch die Bedeutung regelmäßiger Wettervorhersagen für die Schiffahrt war somit erkannt worden. Ein Mittelpunkt für alle einlaufenden Wetterbeobachtungen wurde ab 1871 die »Deutsche Seewarte« in Hamburg, Vorläuferin des heutigen Seewetteramtes in Hamburg. Von ähnlicher Bedeutung wie für die

Schiffahrt entwickelten sich der Wetterdienst und die Wettervorhersage für das Flugwesen in unserem Jahrhundert. In den Jahren des 1. Weltkrieges entstand so der Flugwetterdienst, und die erste Flugwetterwarte in Mitteleuropa wurde 1921 in Nürnberg eingerichtet.
Schon frühzeitig entwickelte sich in bezug auf den Austausch von Wetterbeobachtungen eine internationale Zusammenarbeit. Anläßlich des Internationalen Kongresses der Meteorologen 1873 in Wien wurde die »Internationale Meteorologische Organisation« (IMO) ins Leben gerufen. Ihre Aufgabe übernahm 1951 die »Meteorologische Weltorganisation« (World Meteorological Organization, WMO), eine Fachorganisation der Vereinten Nationen mit Sitz in Genf. Der WMO sind heute fast alle Staaten angeschlossen, seit 1954 auch die Bundesrepublik Deutschland. Die nach wie vor wichtigste Aufgabe der Weltorganisation ist es, das Beobachtungsnetz auf der Erde noch dichter zu knüpfen, einheitliche und vergleichbare Beobachtungsmethoden durchzusetzen und die Beobachtungen möglichst rasch der Auswertung zuzuführen. Die acht technischen Kommissionen der Weltorganisation markieren die Fachbereiche, die auch die bestimmenden Abteilungen der meisten nationalen Wetterdienste sind:

1. Synoptische Meteorologie (»Synoptischer Dienst«) zur Anfertigung und Veröffentlichung der Wettervorhersagen, wie sie auch von Rundfunk, Fernsehen und Tageszeitungen übernommen werden.
2. Flugmeteorologie (»Flugwetterdienst«) für die Flugwetterberatung auf den Flugstrecken und die statistische Verarbeitung der für die Flugwetterberatung wichtigen Wetterelemente.
3. Klimatologie (»Klimadienst«) für die Beobachtung und Auswertung der Klimaelemente, die für die Bedürfnisse des öffentlichen Lebens von wachsender Bedeutung sind (z.B. Landwirtschaft, Umweltschutz, Raumplanung, Gesundheitswesen).
4. Physik der Atmosphäre. Hierher gehören Forschungsarbeiten über die freie Atmosphäre der Erde und Überwachungsaufgaben (z.B. Radioaktivität, Messung von Höhenwinden).
5. Agrarmeteorologie mit dem Ziel, wetter- und klimakundliche Erkenntnisse der Landwirtschaft dienstbar zu machen. Ein Sondergebiet ist die Forstmeteorologie.
6. Hydrometeorologie für die Untersuchungen betreffend die Niederschlagsbildung und den Wasserhaushalt.
7. Maritime Meteorologie für Untersuchungen betreffend Wettergeschehen und Klima auf den Weltmeeren.
8. Instrumente und Beobachtungsmethoden. Hier geht es um die Weiterentwicklung des meteorologischen Instrumentariums, die instrumentelle Planung und Ausstattung von Wetterstationen.

Das Zentralamt des Deutschen Wetterdienstes befindet sich in Offenbach/ Main. Der Deutsche Wetterdienst wurde im Jahr 1952 in der Bundesrepublik Deutschland als Nachfolgeorganisation des »Reichswetterdienstes« ge-

gründet. Außer dem Zentralamt mit Hauptabteilungen u.a. für Synoptik, Klimatologie, Forschung und Wetternachrichten gehören dazu das Seewetteramt in Hamburg, die Wetterämter in den einzelnen Bundesländern sowie Observatorien und Forschungsstationen für Sondergebiete (z.B. Agrarmeteorologische Versuchs- und Beratungsstellen, Medizin-meteorologische Versuchs- und Beratungsstellen, Stationen zur Erforschung der freien Atmosphäre).
1955 wurde dem Deutschen Wetterdienst die Überwachung der Atmosphäre auf radioaktive Beimengungen übertragen. 1959 wurde der Dienst auf das zur Bundesrepublik Deutschland gekommene Saarland ausgedehnt und 1990 auf die Länder der ehemaligen DDR. Neueste Aufgabe ist die Bearbeitung aller Wetterprobleme, die mit Umweltschutz in Zusammenhang stehen.

Für seine vielseitigen Aufgaben betreibt der Deutsche Wetterdienst (DWD) über 7500 haupt- und nebenamtliche Beobachtungs- und Meßstationen, die wie folgt gegliedert sind:

Synoptisch-klimatologisches Meß- und Beobachtungsnetz
Es umfaßt insgesamt 203 Stationen, die stündlich meteorologische Daten liefern. Von diesen Stationen melden – auch infolge der fortgeschrittenen Automatisierung – 147 von 00 bis 24 Uhr Weltzeit, die übrigen (darunter auch Wetterhilfsmeldestellen) mit zeitlich und inhaltlich eingeschränktem Meldesoll. Aufgrund der besonderen Bedeutung des Luftverkehrs erfolgen von Flugwetterwarten Meldungen in halbstündigen, bei besonders kritischen Wetterlagen in noch kürzeren Intervallen.

Synoptisch-aerologisches Stationsnetz
Tägliches Meßprogramm 1992: Radar-Höhenwindmessungen 00, 06, 12, 18 Uhr Weltzeit an 9 Stationen; Radiosondenaufstiege (Druck, Temperatur, Feuchte) 00 und 12 Uhr Weltzeit an 6, zusätzlich um 06 Uhr Weltzeit an einer weiteren und um 00, 06, 12, 18 Uhr Weltzeit an 2 Stationen. Ergänzt werden die Meßergebnisse durch kleinaerologische Aufstiege.

Maritimes Stationsnetz
Wind- und Wetterbeobachtungen werden von 601 Küstenmeldestellen, Nebelbeobachtungsstellen, Wetterbeobachtungsstellen an Bord deutscher Schiffe, Leuchttürmen, Feuerschiffen sowie von Windmeßanlagen bereitgestellt. 4 in Containern auf Schiffen installierte halbautomatische Radiosondensysteme liefern aerologische Daten vom Atlantik.

Klimabeobachtungsnetz
Am Ende des Berichtsjahres (1992) waren 584 Klimastationen (3 mal täglich Messungen und Beobachtungen zu festen Terminen) und 3840 Niederschlagsstationen (tägliche Beobachtungen und Messungen mit ergänzenden Registrierungen) in Betrieb.

Agrarmeteorologisch-phänologische Meßnetze
Die Eintrittsdaten bestimmter Entwicklungsstadien von wildwachsenden Pflanzen, landwirtschaftlichen Kulturpflanzen sowie Obst- und Sonderkulturen werden von ca. 2730 ehrenamtlichen Beobachtern erfaßt, wovon 531 in ein SOFORT-Meldeprogramm eingebunden sind. Für phytopathologische Warndienste stehen Daten von 87 Stationen zur Verfügung. Die Bodenfeuchte wird unter Gras an 18 Stationen gemessen, an 9 Stationen zusätzlich auch unter Weizen, Zuckerrüben und Mais.

Radioaktivitätsmeßnetz
An 35 Dienststellen des DWD werden Meßstationen, davon 27 mit modernen nuklidspezifisch messenden Schrittfilteranlagen betrieben. Die Zahl der Niederschlagssammelstellen beträgt 8.

Strahlungsmeßnetz
An 41 Stationen wird die Globalstrahlung, an 26 zusätzlich die diffuse Sonnenstrahlung und an 7 außerdem die atmosphärische Wärmestrahlung (Gegenstrahlung) gemessen.

Der DWD unterhält darüber hinaus noch Stationen für die Messung der Ozonkonzentration am Boden, wobei an 2 Stationen zusätzlich Ozonsondenaufstiege durchgeführt werden, und betreibt auch 4 Stationen für den Sturmwarndienst an Binnenseen.

Stand: 1993 (Quelle: Deutscher Wetterdienst, Offenbach)

Die Arbeit des Wetterdienstes ist von einer Vielzahl von Einzelbeobachtungen abhängig. Da sind einmal Tausende von Bodenstationen in den einzelnen Ländern, die in der Regel alle drei Stunden Wettermeldungen abgeben: über die Niederschläge am Beobachtungsort, über Windrichtung und Windstärke, über den Sonnenschein, usw. Nun sind mehr als zwei Drittel der Erdoberfläche vom Meer bedeckt. Das Wettergeschehen über dem Meer ist aber sehr wichtig. Deshalb sind die Wetterbeobachtungen an Bord von Schiffen unentbehrlich. Der Wetterdienst bekommt die dreistündigen Wettermeldungen auch von Hunderten von Schiffsstationen übermittelt. Schiffsstationen besonderer Art sind die Wetterschiffe, die auf Wetterbeobachtungen spezialisiert und an ganz bestimmten Orten auf den Weltmeeren stationiert sind. Von diesen Wetterschiffen werden Radiosonden gestartet, die den Meteorologen Angaben über die Wetterverhältnisse in Höhen bis 20 und 30 km liefern. Ballons mit Radiosonden steigen auch von ausgewählten Bodenstationen auf und versorgen den Wetterdienst zweimal täglich mit Meßdaten.
Wettervorhersage war und ist ein schwieriges Geschäft. Gilt es doch mit einer riesigen Anzahl von Vorgängen fertig zu werden, die in jeder Sekunde in der Erdatmosphäre stattfinden. Dazu kommen Wirkungen von außerhalb der Atmosphäre, z. B. ausgehend von der Erdoberfläche. Mindestvorausset-

Organisation des Deutschen Wetterdienstes
(Stand: Juli 1993)

zung für eine Wetterprognose sind ein funktionstüchtiges Netz von Beobachtungsstationen und ein Datenübermittlungssystem, das im vorigen Jahrhundert mit Telegraph und Telefon organisiert worden ist. Die Voraussetzung für die gleichzeitige Überwachung der Atmosphäre vom Erdboden aus war damit geschaffen (»Synoptische Methode«).

Stand die Meteorologie des 19. Jahrhunderts zunächst ganz im Zeichen der Messungen vom Erdboden aus, eroberte sie mit einem neuen Instrumentarium in diesem Jahrhundert die »Dritte Dimension«. Nach ersten Versuchen noch vor 1900 sind ab den 30er Jahren Wetterballone regelmäßig im Einsatz und transportieren Radiosonden, die die Anfertigung von Höhenwetterkarten möglich machen.

Unbemannte Registrierballone, ausgerüstet mit Thermographen und Meteorographen (für Luftdruck, Temperatur und Feuchte), erreichten in den 90er Jahren des vorigen Jahrhunderts Höhen bis etwa 9000 m. Damals standen auch Fesselballone und Drachenaufstiege im Dienst der Wettervorhersage. Eine »Drachenstation der Deutschen Seewarte« in Hamburg-Großbrostel nahm am 1. April 1903 ihren Betrieb auf. Zwei Jahrzehnte später folgen die Wetterflugaufstiege von Flugzeugen, die noch im 2. Weltkrieg eine große Rolle gespielt haben.

Trotz Entwicklung der Meßtechnik erreichte die synoptische Methode ihre Grenzen einfach deshalb, weil die Vorgänge in der Atmosphäre so verwikkelt sind. John von Neumann, ein amerikanischer Mathematiker, kam 1947 auf den Gedanken, den Computer in den Dienst der Wettervorhersage zu stellen. Es war das Geburtsjahr der numerischen Wettervorhersage. Schnell rechnende Computer mit immer umfangreicheren Speichern produzieren jetzt in wenigen Sekunden Vorhersagekarten. »Heute haben die Wetterdienste neben den Generalstäben der Großmächte die modernsten und schnellsten Rechner der Welt. Das Ergebnis sind Wetter-Trend-Vorhersagen, mit denen die Entwicklung der Großwetterlage für mehrere Tage im Voraus berechnet wird. Die Ergebnisse werden beispielsweise der Bauwirtschaft und der Landwirtschaft zur Verfügung gestellt, kommen aber auch der Schiffahrt in den Seewetterberichten und der Routenberatung zugute« (K. E. Puls in »Der Wetterlotse« März/April 1983). Trendvorhersagen erfassen gegenwärtig 6 Tage und sollen auf 10 Tage ausgedehnt werden. Dies ist nur durch den Einsatz von Großrechenanlagen möglich.

Die Meßtechnik befindet sich in ständiger Weiterentwicklung. Ein wichtiger Teil ist der Radarverbund des Deutschen Wetterdienstes. Zielsetzung war die Unterstützung des synoptischen und Flugwetterdienstes bei Kürzestfrist-Prognosen (»Jetzt-Prognose«), sowie die Bereitstellung flächendeckender Niederschlagswerte für Klimatologie, Agrarmeteorologie und Wasserwirtschaft durch Einsatz moderner, digitaler Wetterradargeräte. Radardaten werden auch für viele andere Zwecke benötigt, von der numerischen Analyse bis hin zur Schadensregulierung durch Versicherungen.

Der Radioaktivitätsmeßdienst hat immer mehr an Bedeutung gewonnen. 1992 führte der Deutsche Wetterdienst erstmalig Meßflüge über Deutsch-

land durch, um auch die höhere Atmosphäre in die Überwachung einzubeziehen.
Die Entwicklung der Elektronik trug wesentlich zur Entwicklung automatischer Meßeinrichtungen und Wetterstationen bei. Der Deutsche Wetterdienst unterhält allein 20 automatische synoptische Landstationen. Automatische Wetterstationen gibt es auch auf Feuerschiffen und Leuchttürmen. Die Übertragung ihrer Daten erfolgt zum Teil schon über Satellit.

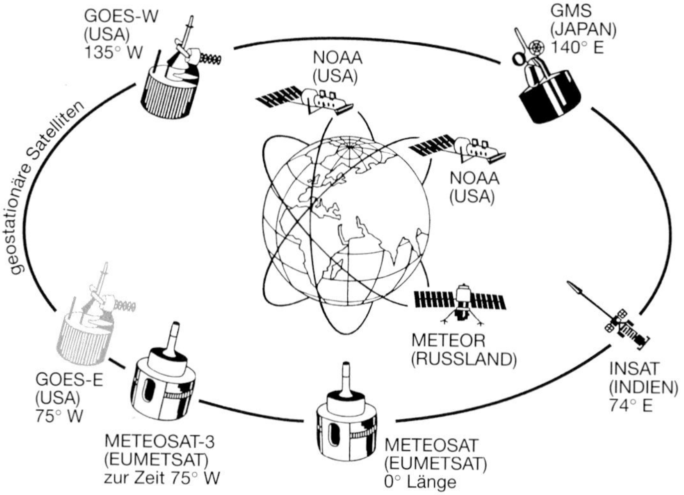

Die von fünf verschiedenen Organisationen in der Welt betriebenen meteorologischen Satelliten werden in zwei Klassen unterteilt.
Die geostationären Satelliten sind rund um den Äquator in ungefähr 36 000 km Höhe positioniert. Jeder dieser Satelliten liefert Bilder in halbstündlichen Intervallen.
Die polarumlaufenden Satelliten umkreisen die Erde vierzehnmal täglich in einer Höhe von etwa 850 km. Jeder dieser Satelliten liefert zweimal pro Tag Bilder und andere Daten von der gesamten Erdoberfläche.

Wettersatelliten

Eine unverzichtbare Informationsquelle ist heute die Satellitenerdbeobachtung geworden. Sowohl durch fotografische Aufnahmen im sichtbaren Bereich als auch durch den Einsatz geeigneter Sensoren in anderen Spektralbereichen wird die Erdoberfläche von unterschiedlichen Positionen aus dem Weltraum beobachtet. Ströme digitaler Daten werden von den Satelliten zur Erde gesendet und dort zu brillanten Bildern zusammengesetzt.
Die Daten dieser Satelliten sind für zahlreiche praktische Anwendungsbereiche von Nutzen. So dienen sie der Beobachtung der Atmosphäre und des Klimas. Sie erkennen Störungen der Ozonschicht und messen die Ausbreitung

von Schadstoffen. Bei der Beobachtung der Meere und Polarregionen erkennen sie ein mögliches Abschmelzen der Polkappen. Die Beobachtung der Landoberfläche dient der kartographischen Erfassung und Vermessung, dem Erkennen des Anwachsens von Steppen und Wüstenregionen und der Erkundung von Rohstofflagerstätten. Von der Satelliten-Erdbeobachtung profitieren auch Landwirtschaft, Umweltforschung und Umweltkontrolle. Der globale Aspekt der Erdbeobachtung führt zu einer starken internationalen Zusammenarbeit. Die Bundesrepublik Deutschland beteiligt sich an einer Reihe wichtiger Forschungsvorhaben. Dazu zählt die:

- Wetterbeobachtung und -vorhersage mittels METEOSAT- und NOAA-Satelliten,
- die Beobachtung der Meere und Polarregionen mit den ERS-1-Satelliten,
- optische und opto-elektronische Beobachtungen der Landoberfläche mittels einer Reihenmeßkamera auf der ersten Spacelab-Mission 1983,
- Messung der Konzentration klimarelevanter und ozonschichtzerstörender Spurengase mit einem Shuttle-getragenen Millimeter-Wellen-Radiometer,
- Messung der globalen Strahlungsbilanz.

Der Einsatz von Satelliten begann in den sechziger Jahren. Im April 1960 schickten die Amerikaner ihren ersten Wettersatelliten (Tiros I) auf seine Umlaufbahn. Weitere Wettersatelliten folgten, auch von Rußland. Die Meteorologen erkannten sehr schnell die ungeheure Bedeutung dieser neuen technischen Hilfe für die Wettervorhersage. Anfangs der 60er Jahre gründete die Weltorganisation für Meteorologie (WMO) die »Welt-Wetter-Wacht«: Mit Unterstützung von Wettersatelliten sollten die Lücken im Beobachtungsnetz rund um die Erde geschlossen werden, vor allem über den für das Wettergeschehen bedeutsamen äquatornahen und polnahen Gebieten.

Die meisten Wettersatelliten seit 1960 haben die USA und Rußland auf die Bahn gebracht. Ein großer Teil dieser Satelliten haben polare Umlaufbahnen. Dabei bildet die Bahnebene des Satelliten mit der Äquatorebene einen Winkel zwischen 80 und 100 Grad. Die Satelliten bewegen sich in Höhen zwischen 800 und 1500 km. Ihre Umlaufzeiten liegen zwischen 90 und 120 Minuten. Pro Tag umkreisen diese Satelliten die Erde zwischen 12- und 16 mal. Bei einer Umlaufzeit von 120 Minuten überfliegt der Satellit täglich das gleiche Gebiet zweimal, einmal tagsüber, einmal nachts zur gleichen Zeit.

Geostationäre Wettersatelliten gibt es seit dem Jahr 1966. In einer Höhe von 36000 km haben sie eine Umlaufzeit von einem Tag. Sie bewegen sich auf ihrer Bahn mit der gleichen Geschwindigkeit, mit der sich die Erde dreht. Der Satellit scheint über einem Punkt des Äquators zu stehen.

Es gibt verschiedene Methoden, um Satelliten zu stabilisieren. Bei der Korrektur in allen drei Raumachsen sind die Meßinstrumente ständig auf die Erde gerichtet. Spinstabilisierte Satelliten rotieren um eine Achse senkrecht zur Umlaufbahn. Die Meßinstrumente zeigen nur zeitweise auf die Erde.

Von Cap Canaveral aus startete am 23. November 1977 der europäische Wettersatellit METEOSAT-1 in eine Erdumlaufbahn. Am 8. Dezember erreichte der Satellit über dem Äquator bei 0 Grad Länge in einer Höhe von

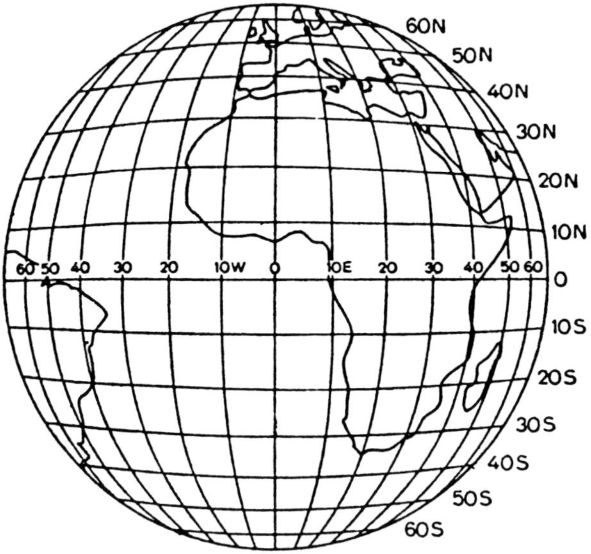

METEOSAT erfaßt mit seinem Radiometer aus einer Höhe von 36000 km etwa ein Drittel der Erdoberfläche. Die Abbildung gibt etwa das Blickfeld von METEOSAT wieder (vgl. Foto S. 9).

36000 km seine Position. Seine Bewegung nach Osten ist genauso schnell wie diejenige der Erde um ihre Achse. Er gehört also zum Typ der scheinbar über dem Äquator feststehenden Satelliten mit geostationärer Bahn. METEOSAT-1 fiel am 24.11. 1979 aus und wurde am 19.6. 1981 durch METEOSAT-2 ersetzt, der bis Dezember 1992 arbeitete. Am 15. Juni 1988 wurde METEOSAT-3 gestartet.

Das erfolgreiche, von der ESA entwickelte METEOSAT-Konzept wird durch die operationellen Satelliten von EUMETSAT (s. S. 218) weitergeführt.

Bisher wurden drei Satelliten dieser Serie gestartet: METEOSAT-4 am 6. März 1989, METEOSAT-5 am 2. März 1991 und METEOSAT-6 am 19. November 1993. Alle sind Eigentum von EUMETSAT. Unter nominalen Bedingungen befinden sich nun vier Satelliten in einer Umlaufbahn; einer fungiert als operationeller Satellit, die anderen dienen nur als Reservesatelliten.

Im Sommer 1991 wurde METEOSAT-3 aus seinem bisherigen Orbit zu einer neuen Position um 50° West geschoben, um vorübergehend eine Lücke im globalen Beobachtungssystem zu füllen, die durch den Verlust eines alternden amerikanischen Satelliten verursacht wurde. Die USA betreiben normalerweise zwei geostationäre meteorologische Satelliten: GOES-Ost (75° W) und GOES-West (135° W).

(Fortsetzung des Fließtextes auf S. 218)

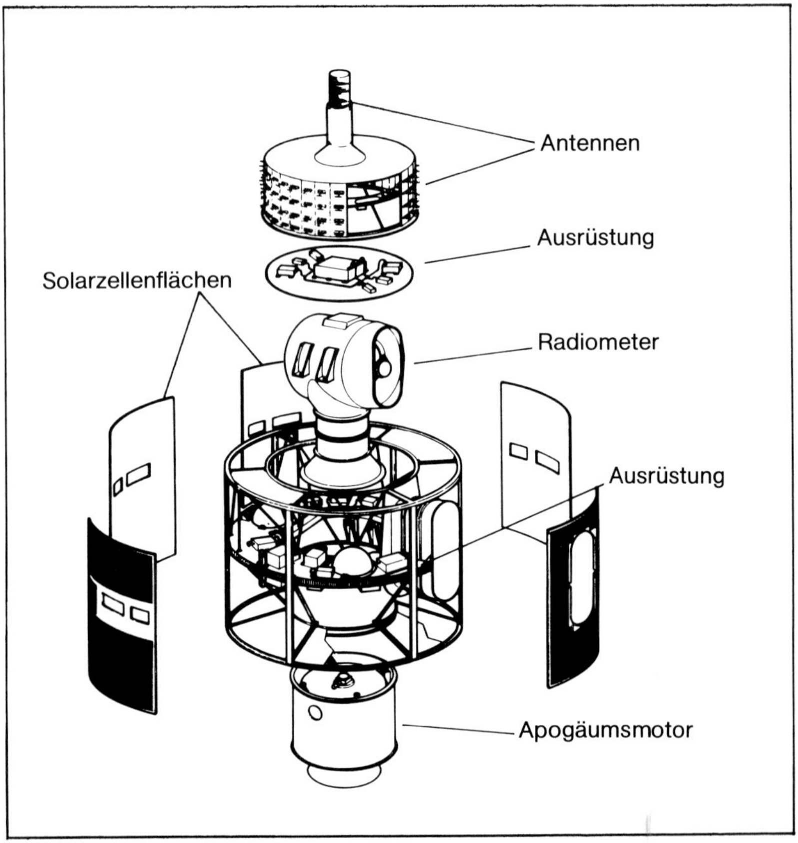

Aufbau des Wettersatelliten METEOSAT

Zwei ineinandergesetzte Zylinder bilden den Satellitenkörper. Der untere Zylinder nimmt das Radiometer und andere Untersysteme auf. Er ist bis auf die Öffnung für das Radiometer an seinen Seitenflächen mit Solarzellen belegt. Der obere Zylinder nimmt die Fernübertragungseinrichtung auf. An der Satellitenunterseite befindet sich die Öffnung für das passive Kühlsystem. Dort befindet sich während der Start- und Transferphase der Apogäumsmotor, der nach Erreichen der Umlaufbahn abgelöst wird (vgl. Foto auf der rechten Seite).

Maße und Gewichte

Startgewicht (einschließlich Apogäumsmotor)	699,7 kg
Systemgewicht auf Umlaufbahn	312,5 kg
Höhe	3,20 m
Durchmesser	2,10 m
Mittlere Lebensdauer	3 Jahre

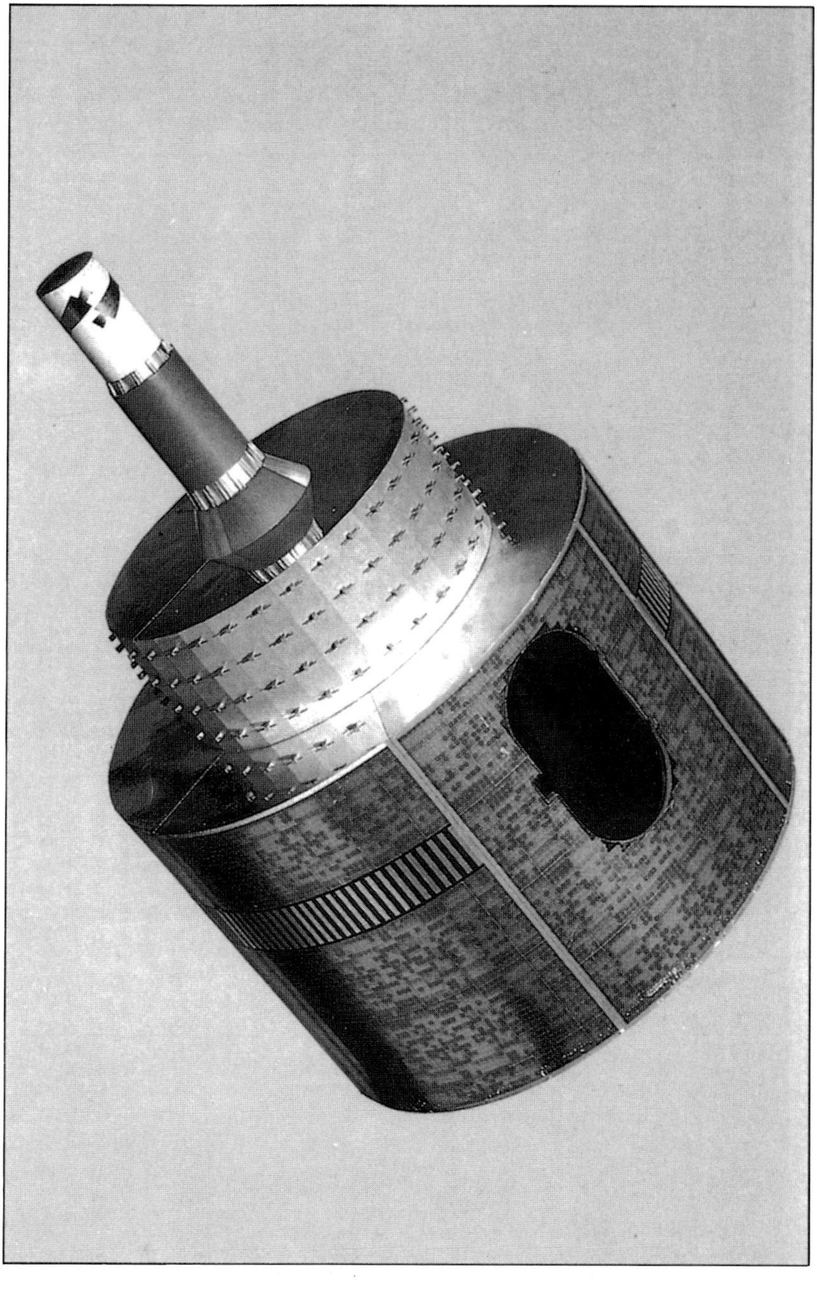

Aufnahme der Erde im sichtbaren Spektralbereich vom geostationären Wettersatelliten
GOES 10 am 27. November 1978 07 Uhr Weltzeit.
GOES wurde von den USA gestartet. Das Gesichtsfeld erfaßt weite Teile Afrikas, des Nahen Ostens und Arabiens, Indiens und den Indischen Ozean. Die hellen Stellen markieren Wolken.

Seit August 1991 unterstützt METEOSAT-3 die Wettervorhersagen auf beiden Seiten des Atlantiks bei der Früherkennung und Verfolgung von Hurrikans und schweren Stürmen.

Im Februar 1993 wurde METEOSAT-3 weiter westlich über die USA zu einer Position nach 75° West geschoben. Diese Position ermöglicht Bilder, die sich über beide Küsten der USA, die angrenzenden Kontinente und Ozeane erstrecken.

EUMETSAT ist eine im Jahre 1986 von 16 europäischen Staaten gegründete zwischenstaatliche Organisation, deren vorrangige Aufgabe die Errichtung,

Aufnahme der Erde im sichtbaren Spektralbereich vom geostationären Wettersatelliten **METEOSAT-2 am 29. Juli 1981 13 Uhr Weltzeit.**
Das Gesichtsfeld erfaßt außer Europa und Afrika den Atlantischen Ozean und Teile von Südamerika. Für die Wettervorhersage in Europa besonders wichtig ist die Wetterentwicklung über dem Atlantischen Ozean. Man erkennt deutlich, daß der Himmel über Spanien und Frankreich weitgehend wolkenfrei ist, während über Nord- und Osteuropa wirbelartige Wolkenanordnungen Tiefdruckgebiete bezeichnen.

Unterhaltung und Nutzung europäischer operationeller meteorologischer Satellitensysteme ist.
Schwerpunktprogramm von EUMETSAT ist die Fortsetzung des von der europäischen Weltraumorganisation ESA entwickelten erfolgreichen geostationären Satellitensystems METEOSAT. Der Fortbestand dieses Systems ist bis zum Jahr 1995 gewährleistet.
EUMETSAT plant nun die METEOSAT-Satelliten der zweiten Generation und untersucht den europäischen Beitrag für polarumlaufende meteorologische Satellitensysteme.

(Fortsetzung des Fließtextes auf S. 225)

Aufnahme der Erde im infraroten Spektralbereich vom geostationären Wettersatelliten **METEOSAT-1 am 6. März 1978 12 Uhr 30 Weltzeit.**

Die Wettersatelliten sind mit Radiometern ausgestattet, die in verschiedenen Spektralbereichen die von der Erde und Atmosphäre ausgesendete Strahlung messen. Während das Radiometer im sichtbaren Bereich die an der Erdoberfläche und an den Wolken reflektierte Sonnenstrahlung mißt (vgl. vorherige Doppelseite), wird im Infraroten die von der Erd- und Wolkenoberfläche sowie der Atmosphäre ausgehende thermische Strahlung gemessen. Die im infraroten Bereich gewonnenen Messungen liefern Bilder, auf denen die Helligkeitsabstufungen Oberflächentemperaturen von Wolken, Meeren und Festländern darstellen. Höhere Temperaturen erscheinen dunkler, niedrigere Temperaturen heller. Bilder im sichtbaren Spektralbereich markieren Wolkenflächen hell, entsprechend der hohen Reflexion der Wolken. Im Infraroten sind die Wolkengebilde relativ klein, weil nur kalte, also hohe Wolken hell dargestellt werden. Unterschiedlich ist auch die Wiedergabe der wolkenfreien Wasser- und Landoberflächen. Im sichtbaren Bereich erscheinen die Landoberflächen vom Wasser nicht besonders abgehoben, weil Wasser und Festland ähnlich reflektieren. Im Infraroten hingegen erscheinen kühle Meeresteile heller und warme Landflächen dunkler.

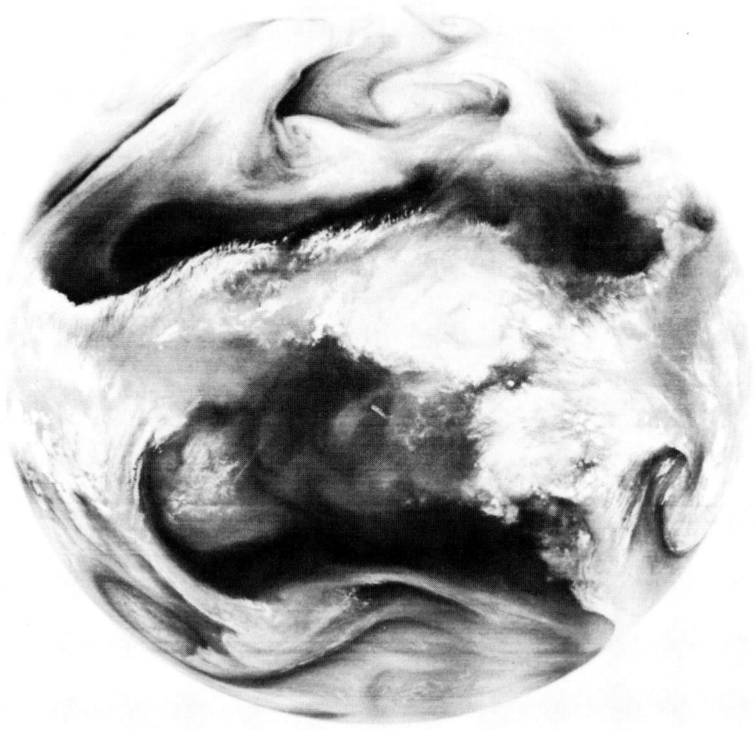

Aufnahme der Erde im Wellenlängenbereich, in dem der in der oberen Atmosphäre vorhandene Wasserdampf Wärmestrahlung aussendet. Aufnahme vom geostationären Wettersatelliten **METEOSAT-1 am 6. März 1978 21 Uhr 30 Weltzeit.**

Die Temperatur nimmt in der Atmosphäre mit der Höhe ab. Die Infrarotbilder zeigen die Höhe der Wolkenobergrenze an. Die Messungen in verschiedenen Spektralbereichen liefern wichtige Informationen z. B. über den Bedeckungsgrad mit Wolken, die Wolkenart und Wolkenstruktur, Lage und Bewegung von Tiefdruckgebieten und tropischen Wirbelstürmen. Mit Hilfe der infraroten Messungen lassen sich die Temperaturen der Meeresoberflächen und der Wolkenoberflächen auf 1 bis 2 °C genau bestimmen. METEOSAT mißt auch in einem Wellenlängenbereich, in dem der in der oberen Atmosphäre vorhandene Wasserdampf Wärmestrahlung aussendet. Dadurch kann die Feuchteverteilung in 5 bis 10 km Höhe bestimmt werden. Aus Messungen im Infraroten und im Mikrowellenbereich gewinnt der Meteorologe Temperaturprofile, Angaben über die vertikale und horizontale Wasserdampfverteilung und Meeresoberflächentemperaturen.

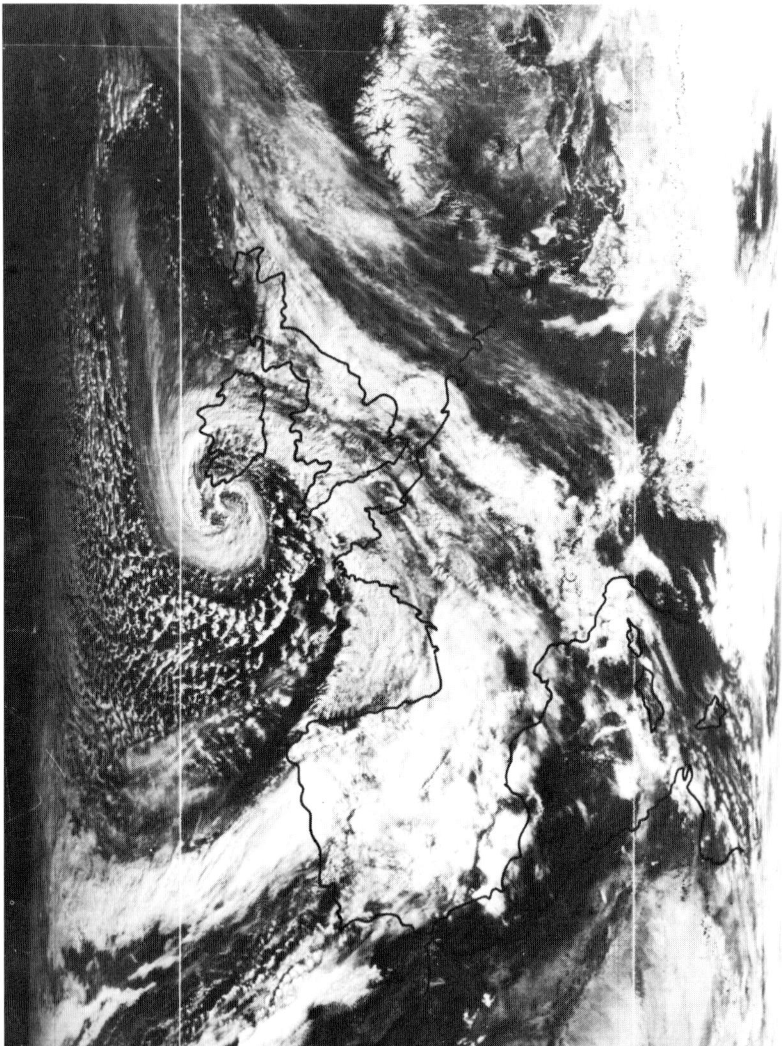

Tempête au Sud de l'Irlande - Satellite NOAA 4 - le 12 mars 1976/0935 TU - VHRR visible photo reçue au CEMS/Lannion.

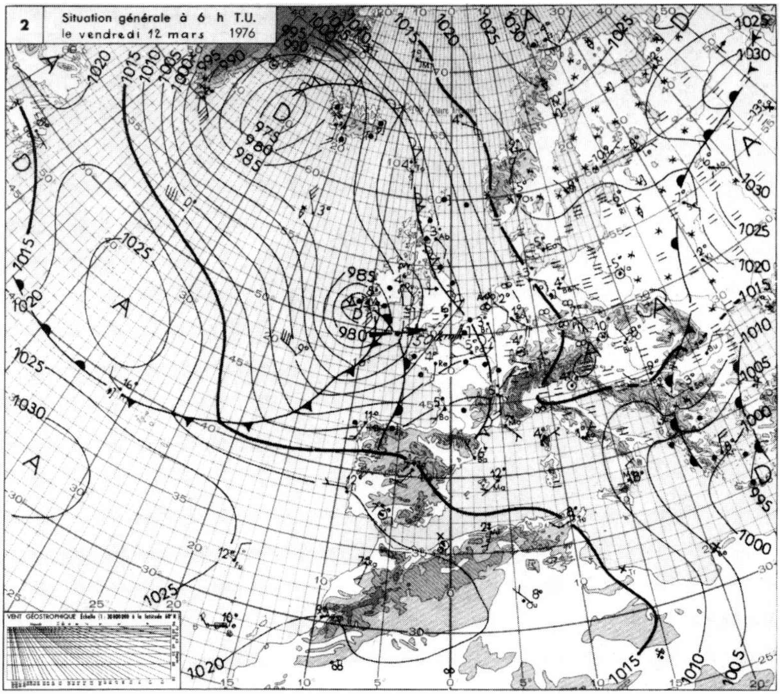

Erstellung von Wetterkarten mit Hilfe von Satellitenbildern

Die Aufnahme links zeigt die Wetterlage über Westeuropa, wie sie der polarumlaufende US-Wettersatellit **NOAA-4 am 12. März 1976 9 Uhr 35 Weltzeit** aufgezeichnet hat. Die Wetterkarte oben stellt die allgemeine Lage am gleichen Tag für 6 Uhr Weltzeit dar. Es handelt sich hierbei um eine Karte in französischer Sprache, in der die Tiefdruckgebiete mit D und die Hochdruckgebiete mit A gekennzeichnet sind.
Auf dem Satellitenbild erscheint ein Sturmtief, das über Irland liegt. Die für Tiefdruckgebiete typische wirbelartige Anordnung des dazugehörenden Wolkengebietes sieht man deutlich. Aufgelockerte Quellbewölkung auf der Rückseite des Wirbels markiert die einfließende Kaltluft. Über Skandinavien und Teilen Mitteleuropas herrscht wolkenarmes Hochdruckwetter. Die schneebedeckte Landschaft in Norwegen ist erkennbar.
Das Satellitenbild stellt eine wirklichkeitsgetreue Bestandsaufnahme dar, die z. B. eine sehr genaue Analyse der Wolken, ihrer Zuggeschwindigkeit und -richtung möglich macht. Ortsveränderungen und Richtungsänderungen lassen sich schnell und genau bestimmen. Informationen, die der Wettervorhersage sofort zur Verfügung stehen. Satellitenphotos und -messungen in 1–3 Spektralintervallen (vgl. Abb. auf den vorangehenden Seiten) erlauben in kurzen Abständen Diagnosen der zeitlichen Entwicklung von Vorgängen in der Atmosphäre, die unmittelbar in der Vorhersage berücksichtigt werden können.

Der europäische Wettersatellit METEOSAT kontrolliert ein Gebiet von 55° nördlicher bis 55° südlicher Breite und von 55° westlicher bis 55° östlicher Länge. Bei vorstehendem Bild handelt es sich um eine Fotomontage.

Die wichtigsten Aufgaben der EUMETSAT basieren vornehmlich auf dem METEOSAT-Satelliten, der über dem Äquator auf 0 Grad Länge positioniert ist. Eine Vielzahl von Aufgaben wird durchgeführt, unter anderem:

- Halbstündliche Bilderstellung,
- Übertragung von Bilddaten an zwei verschiedene Arten von Empfangsstationen,
- Übertragung von Bilddaten von anderen Satelliten,
- Erfassung von Umweltdaten und deren Übertragung,
- meteorologische Auswertung der Bilddaten,
- Verbreitung von zusätzlichen meteorologischen Daten,
- Datenarchiv.

METEOSAT – und andere Wettersatelliten – sind der »lange Arm« der Meteorologen. Die Beobachtungen aus dem Weltraum verschaffen ihnen Informationen, die alle Wetterbeobachtungen auf der Erde nicht bieten können. Es sind Informationen, die in erster Linie die großrechnergesteuerten numerischen Wettervorhersagen ganz erheblich verbessern. Wenn in der Zukunft Vorhersagen für längere Zeiträume (bis zu 10 Tagen) möglich sein werden, verdanken das die Meteorologen hauptsächlich den Wettersatelliten. An der Verwirklichung längerfristiger Vorhersagen wird vor allem im »Europäischen Zentrum für mittelfristige Vorhersagen« in Reading, England, gearbeitet. Hervorragend bewährt haben sich die Bilder der Wettersatelliten auch bei der Warnung vor plötzlich auftretenden Wetteränderungen, z. B. Wirbelstürme, Tiefdruckgebiete. So ist der Wetterdienst in der Lage, die Katastrophenwarnung rechtzeitiger zu geben.

Die insgesamt in der Meteorologie heute investierte moderne Technologie, an der Spitze in der numerischen Wettervorhersage, zeigt Auswirkungen auf das Berufsbild des Meteorologen. In seinem Bericht über ein internationales Symposium in Wien geht der Meteorologe Rudolf Paulus darauf ein: Die Umsetzung der errechneten Wettervorhersagen in Texte werde zukünftig den Rechnern überlassen bleiben, so daß Vorhersagetexte ohne Überarbeitung durch Berater von der Datenverarbeitungsanlage direkt an die Kunden verteilt werden könnten. Die Meteorologen der Zukunft würden daher vor allem für kurzfristige Vorhersagen und die Warnung vor Unwetter und wetterbedingten Katastrophen notwendig bleiben. Darüber hinaus müßten sie ein entsprechendes mathematisches Wissen mitbringen, um an den Verbesserungen der Vorhersageverfahren zu arbeiten (Mitteilungen Deutsche Meteorologische Gesellschaft, September 1981). Vorreiter dieser Entwicklung sind die USA. Dort ist Wettervorhersage auf Grund der gegebenen Klima- und Witterungsbedingungen nicht ganz so kompliziert wie diejenige in Europa.

Welche Wetterberichte und Wettervorhersagen gibt es?

Im **Rundfunk** aller Stationen werden mehrmals täglich Berichte zur Wetterlage gesprochen. In der Regel im Anschluß an die Nachrichtensendung, die im stündlichen oder zweistündlichen Intervall ausgestrahlt wird. Diese Wetterberichte geben einen Überblick über die allgemeine Wetterlage und die in den kommenden 24 Stunden zu erwartende Witterung. Häufig wird der Wetterbericht ergänzt durch Wetterbeobachtungen, wie sie am Morgen des Berichtstages an einigen größeren regionalen und überregionalen Orten gemacht worden sind. Wetterbeobachtungen betreffen neben Angaben der Temperatur und Luftfeuchtigkeit sowie des Luftdrucks (Barometerstands) vielfach auch Hinweise bezüglich Bedeckungsgrad, Art eines eventuellen Niederschlags und die Windrichtung.
Von der Jahreszeit abhängig sind Serviceangebote der einzelnen Sendeanstalten, die bestimmte Zielgruppen angehen. Dazu gehören z. B. Wettermeldungen für Segelflieger, Landwirte, Segler, Kraftfahrer (Straßenzustandsbericht), Bergsteiger (Lawinenwarndienst) und Urlauber (Reise- und Wintersportwetterbericht). Häufig findet diese Sendung ebenfalls im Anschluß an eine Nachrichtensendung statt. Vielfach werden diese Berichte aber auch in Sendungen für bestimmte Zielgruppen (z. B. Autofahrer – »Bayern 3«, Landwirte – »Landfunk«) eingeordnet.
Im **Fernsehen** aller Programme werden in Verbindung mit den Nachrichten Wetterberichte gesendet (Beispiel ARD: »Tagesschau und Wetterkarte«). Gegenüber den Sendungen im Rundfunk hat das Medium Fernsehen die Möglichkeit, das Wettergeschehen auch optisch sichtbar zu machen, in der Regel in Form einer vereinfachten Wetterkarte. Aus der Wetterkarte geht die großräumige, europäische Wetterlage hervor und die Entwicklung der Wetterlage für die kommende Nacht und den kommenden Tag. Vielfach schließt sich heute bereits eine Vorhersage für mehrere Tage an. Die bekannten Wetterkartensymbole (siehe Seite 124) finden auch auf diesen Wetterkarten im Fernsehen Verwendung, werden aber zunehmend von einfacher erfaßbaren bildlichen Darstellungen abgelöst (siehe Seite 130). Im ZDF kommentieren Meteorologen des Deutschen Wetterdienstes Wetterlage und Wetterentwicklung vor der Kamera live.
Auch im Fernsehen gibt es außer dem allgemeinen Wetterbericht besondere Wetterprognosen für bestimmte Zielgruppen. Zum Beispiel am Donnerstag im ARD-Programm den »Reisewetterbericht« bzw. »Hinweise für Wintersportler (Schneebericht)« im Anschluß an die 20-Uhr-Tagesschau.
Nachfolgend eine Übersicht über wichtige Wetterberichtsangebote in Funk und Fernsehen (Deutschland, Österreich, Schweiz). Auch diese Zusammenstellung nennt nur wichtige Anbieter und ist deshalb nicht vollständig. Für weiterreichende Informationen, z. B. Seewetterberichte für die Sport- und Küstenschiffahrt oder Flugwetterberichte, empfiehlt es sich, aktuelle Daten direkt bei den Dienststellen der Wetterdienste (siehe Seite 234) einzuholen. Informationsinhalt und Sendezeiten können sich von Jahr zu Jahr ändern.

	00.05	NDR (Seewetterbericht)
	00.55	Radio FFH (hessischer Privatsender), Wetter aus Hessen (jede Stunde rund um die Uhr)
	01.05	DLF (Seewetterbericht)
	01.10	BTX *4444082#, METAR-Meldungen des DWD (alle halbe Stunde)
	01.40	BTX *4444082#
	01.55	FFH
	02.10	BTX *4444082#
	02.40	BTX *4444082#
	02.55	FFH
	03.10	BTX *4444082#
	03.40	BTX *4444082#
	03.55	FFH
	04.10	BTX *4444082#
	04.40	BTX *4444082#
	04.55	FFH
	05.10	BTX *4444082#
	05.15	Telefaxwetter Österreich, Tel. 0043/1/771641/215 und 216
	05.30	SWF 1/SWF 3
	05.40	BTX *4444082#
	05.45	Agrarmeteorologischer Wetterbericht auf NDR – Welle Nord
	05.45	BTX-Schweiz, 0761/19302, *1162#, Wetter von 04.00 Uhr (Schweiz/Europa), von 04.50 Uhr (Metar, LSZH, LSGG, LFSB, ...), von 05.00 Uhr (Temperaturen/Wind/Schweiz)
	05.55	FFH
	06.00	NDR – RN (Radio Niedersachsen)
	06.03	AB (Antenne Bayern)
	06.06	Radio Aktuell
	06.10	BTX *4444082#
	06.10	Schweizer Rundfunk auf 531 kHz
	06.15	DARC – Amateurfunkmeldungen
	06.15	WDR – R., Bergisches Land (W, SG, RS, GM, GL, LEV + ME)
	06.15	Radio Oberösterreich (private und amtliche Wetterdaten)
	06.20	Antenne Brandenburg (Potsdam Radio)
Mo–Fr	06.30	AB (Antenne Bayern)
Mo–Fr	06.30	WDR Ruhrgebiet (Wetter Sauerland)
Mo–Fr	06.30	NDR – Welle Nord
	06.33	SWF 1 (Wetter von Hamburg bis Konstanz)
Mo–Fr	06.34	RPR (Rheinlandpfälzischer Rundfunk)
	06.40	DLF Seewetterbericht, auf 1269 kHz
	06.40	SWF 3 (Wetter von Hamburg bis Konstanz)
	06.40	BTX *4444082#
	06.45	»01164-Wetter« der Wetterämter des DWD; Vorwahl Trier: 0651, Berlin: 030, Freiburg: 0761, Frankfurt: 069, Essen: 0201, Schleswig: 0431, Hannover: 0511, Hamburg: 040, Nürnberg: 0911, München: 089
	06.45	WDR 3 (langfristige Wochenprognose)
	06.55	FFH

	07.00	NDR – RN, 12 Stationen (Norderney, CUX, HH, HB, Soltau, OS, H, Braunschweig, Braunlage, Magdeburg, Leipzig)
Mo–Fr	07.05	Bayern 1, 2 und 3 (Stationen M, N, Passau, Zugspitze, Wendelstein und Großer Arber, die 3 letzten mit Wind und Sicht)
Mo–Fr	07.05	AB
Mo–Fr	07.05	Videotext WDR III, 9 Stationen (AC, K, D, E, BO, MS, ...), S. 160 ff.
Mo–Fr	07.05	S2 Kultur
	07.08	Radio Tokio NHK
	07.10	BTX *4444082#, METAR-Meldungen des DWD von 06.50 Uhr
	07.12	SWF 1 (Wasserstände, 3 Stationen mit Wetter)
	07.12	Thüringen 1
	07.15	WDR – R., Bergisches Land
Mo–Fr	07.33	AB/HR III/RPR
	07.35	Österr. International., auf ca. 6011 kHz, ca. 10 Stationen
	07.30	BTX *444405# des DWD, deutsche Meldungen, von 07.00 Uhr
Mo–Fr	07.30	NDR – Welle Nord (Helgoland, List, Flensburg, Schleswig, Kiel, ...)
	07.35	Radio Oberösterreich in »Morgenwelle«, über 20 Stationen (Linz, Feuerkogel, Mondsee, Bad Ischl, Kremsmünster, Passau, Salzburg, ...)
	07.40	BTX *4444082#, METAR-Meldungen des DWD von 07.10 Uhr
	07.50	Radio Oberösterreich
	07.55	FFH
	07.58	AB (Antenne Bayern)
	08.00	NDR – RN
	08.00	3-Sat-Videotext, Europawetter, S. 164, Daten von 07 Uhr, im Sommer 08 Uhr-Wetter, 26 Stationen
	08.00	ORF-Teletext-Wetter, Seiten 252–258
	08.00	SRG-Teletext-Wetter, S. 183 (15 Stationen der Schweiz)
	08.00	Videotext Holland, S. 704 ff.
	08.04	Schweizwetter auf 531 kHz
	08.05	DLF (nur Temperaturen auf Deutschlandfunk)
	08.05	Saarl. Rundfunk SR1 (SB, Paris, Nancy, Lux., HH, B, F, M, Basel, ...)
	08.05	Radio Sachsen 1
	08.05	DS-Kultur
	08.05	Radio Oberösterreich
	08.05–08.15	Bayern 2 (für Schiffahrt und Freizeit, Alpin- und Segelflugwetter, mehr als 20 Stationen)
	08.10	BTX *444405# des DWD, Europa und Außereuropa, von 07.00 Uhr
	08.10	BTX *4444082#, METAR-Meldungen des DWD von 07.50 Uhr
	08.10	BTX-Schweiz, Wetter Schweiz/Europa, METAR, Wind, Temperatur
	08.10	BTX-Austria, »Bergwetter« von Österreich, 07 Uhr, *892007#
	08.10	Norddeich Radio

	08.30	NDR – Welle Nord (Helgoland, Kiel, Lübeck, Warnemünde, HH, . . .)
	08.30–13.00	(Mo, Mi, Do, Fr, Sa), 08.30–09.00 (Di und So): Auf ORF–FS2 die »Wetterpanorama-Sendung«, mit Wetterkamera auf 20 österreichischen Bergstationen
	08.33	Radio RPR (Bendorf, Bad Marienberg, Köln, Nürnberg, Deuselbach, Luxemburg, Trier, Tholey)
Mo–Fr	08.38	AB (Antenne Bayern)
ab	08.40	BTX *444405# ff. des DWD, deutsche Meldungen, von 08 Uhr
	08.40	BTX *4444082#; METAR-Meldungen des DWD von 08.20 Uhr
Sa	08.40	BTX-Teletel-Frankreich-Temperaturen, von 07 Uhr, *1333#
	08.50	Kiel Radio mit Seewetter
	08.55	FFH
	09.00	BTX *444405# ff. des DWD, Europa und Außereuropa, von 08 Uhr
	09.00	NDR – RN
	09.00	»0 11 64-Wetter« der Wetterämter (s. 06.45 Uhr)
	09.05	DLF, Temperaturen
	09.05	WDR 2, Hoechst-, Min-Temperatur und Niederschlag
	09.05	Europawelle-Saar, Wetter von 08 Uhr (M, N, HH, SB und Paris)
	09.05	Schweizwetter auf 531 kHz
	09.10	BTX *4444082#, Metar-Meldungen des DWD von 08.50 Uhr
	09.30	SWF 1/SWF 3, Europawetter und Wintersport (Winter)
	09.30	NDR – Welle Nord, mit Gezeitenvorhersage für Büsum, Amrum, . . .
Sa	09.33	RPR
	09.35	BTX *4444082#, METAR-Meldungen des DWD von 09.20 Uhr
	09.55	FFH
Mo–Sa	10.00	NDR – RN
	10.04	Ö3 mit österreichischen Stationen
	10.05	DS-Kultur
	10.05	Radio Sachsen 1
	10.10	BTX *4444082#, METAR-Meldungen des DWD von 09.50 Uhr
	10.30	BTX *444405# ff. des DWD, Deutschland, von 10 Uhr
	10.30	NDR – Welle Nord
	10.30	Radio Oberösterreich, amtl. Wetterdaten, Live Wetter
	10.33	RPR
	10.40	BTX *4444082#
	10.55	FFH
ca.	11.00	Austria-BTX-Wetter, über Tel.: 089 (München)/19302, ca. 100 Europawettermeldungen (von 10 Uhr) auf *8920111#, . . .21, 31, 61, . . .
	11.00	BTX *444405# ff., Europa und Außereuropa, von 10 Uhr
	11.00	NDR – RN
	11.00	3. Radio Moskau
	11.00	3-Sat-Videotext, Europawetter, S. 164, von 10 Uhr
	11.00	Telefaxwetter Österreich, 0043/1/771641/215 und 216
	11.10	BTX *4444082#, METAR
	11.30	BTX *444405# ff., Deutschland, von 11 Uhr

11.30	WDR 2
11.30	»0 11 64-Wetter« der Wetterämter (s. 06.45 Uhr)
11.30	NDR – Welle Nord
11.33	RPR
11.40	BTX *4444082#, METAR
11.55	FFH
12.00	BTX *444405# ff. des DWD, Europa und Außereuropa, von 11 Uhr
12.00	NDR-RN
12.09	Radio Finnland
12.10	BTX *4444082#, METAR
12.15	RTL Europawetter und Österr. Internat. (Mittelmeerbericht)
12.33	RPR
12.40	BTX *4444082#, METAR
12.55	FFH
12.55	Radio Oberösterreich, amtl. Wetterdaten, Live Wetter
12.59	AB (Antenne Bayern), Europawetter
13.00	NDR – RN
13.07	Bayern 1 (Kurzwelle 6085), Europawetter
13.10	BTX *4444082#, METAR
13.20	SWF 3, Europawetter
13.20	NDR – Welle Nord, Europawetter
13.30	HR 3
13.30	BTX *444405#, Deutschland, von 13 Uhr
13.40	BTX *4444082#, METAR
13.40	ARD/ZDF – Mittagsmagazin (mit den Stationen M, S, F, K, Dresden, Leipzig, Hannover, Berlin, Hamburg und Rostock)
13.55	FFH
14.00	BTX *444405# ff., Europa und Außereuropa, von 13 Uhr
14.00	NDR – RN
14.00	3-Sat-Videotext, S. 164, von 13 Uhr
14.10	BTX *4444082#, METAR
14.10	Videotext-Schweiz, *1162#, über Freiburg 0761/19302, von 13 Uhr
14.10	3-Sat-Videotext, Österreich-Bergwetter, 16 Stationen, von 14 Uhr
ca. 14.15	
I.	»Umweltwetter« (Schadstoffe, Staub, CO_2, Ozon, ...) 1. Baden-Württemberg: BTX *67899# ff. und SWF 3, Videotext, S. 164, 39 Stationen 2. Rheinland-Pfalz: BTX *67677# ff. und SWF 3, Videotext SWF 3, 14 Stationen 3. Berlin: BTX *66000# ff. 4. Niedersächs. Umweltministerium: BTX *24042#, 50 Stationen 5. Hessen: BTX *40007# ff., 30 Stationen
II.	Wintersportwetter 1. ADAC, BTX *65432049 2. Videotext SWF 3, S. 170 3. Erbeskopf (Hunsrück), Tel. 06504/316

	III.	Wasserstände: Videotext SWF 3, S. 171
	IV.	»Solarwetter« (Magnetstürme, KW-Ausbreitungsbedingungen) 1. BTX *150300003 Raute (vom Fernmeldetechn. Zentralamt) 2. Tel. 04863/2741
	V.	Telefax-Wetter, Seewetterbericht, Tel. 3190-873 Telefax Österreichwetter, Tel. 0043/1 (Wien)/77164146 und 47 Telefax-Flugwetter: 0211/419515 (D), 069/821769 (F), 040/592793 (HH), 02203/54156 (K), 089/908467 (M)
	VI.	GAFOR – Wetter für die Luftfahrt 1. BTX *4444401 Raute ff. 2. durch AFWA (Automatischer Flugwetteransagedienst DWD) 02203/19702 (K), 0911/19708 (N), 0211/19721 (D), 0421/19704 (HB), 0511/19710 (H), 069/19737 (F), 089/19706 (M), 040/19713 (HH), 0711/2279 64 (S)
	VII.	Segelflugwetterberichte um 08 und 15 Uhr, für Hessen, Rheinland-Pfalz und Saarland, Telefonansage: 069 (Frankfurt)/11506
	VII.	Videotext von Bayern 3, Wetter von 12 Uhr, Seiten 183 (Wetterkarte) und 186 (9 bayerische und 15 internationale Städte)
	14.20	SWF
	14.30	HR 3 / NDR – Welle Nord
	14.30	BTX *444405#, Deutschland, von 14 Uhr
	14.40	BTX *4444082#, METAR
	14.55	FFH
	15.00	BTX *444405#, Europa und Außereuropa, von 14 Uhr
	15.00	»01164-Wetter« der Wetterämter (s. 06.45 Uhr)
	15.00	NDR – RN
	15.05	DRS Schweiz auf 531 kHz, von 14 Uhr
	15.10	BTX *4444082#, METAR
	15.30	NDR – Welle Nord
	15.40	BTX *4444082#, METAR
	15.55	FFH
	16.00	NDR – RN
	16.04	DRS 1 Schweiz auf 528–531 kHz, Europawetter
	16.05	DS-Kultur
	16.10	BTX *4444082#, METAR
	16.12	DLF, Europawetter
	16.30	NDR – Welle Nord
	16.40	BTX *4444082#, METAR
	16.45	Radio Oberösterreich, amtl. Wetterdaten, Live Wetter
	16.55	FFH
	17.00	NDR – RN
	17.00	3-Sat-Videotext, Europawetter, von 16 Uhr
	17.00	Telefaxwetter Österreich 0043/1/77164 1/215 und 216
	17.10	BTX *4444082#, METAR
Mo–Fr	17.34	RPR
	17.37	Radio Schweden
	17.40	BTX *4444082#, METAR

	17.55	FFH
	18.00	NDR – RN
	18.10	BTX *4444082#, METAR
	18.30	»0 11 64-Wetter« der Wetterämter (s. 06.45 Uhr)
	18.37	Radio Schweden
	18.38	Radio Canada international
	18.40	BTX *4444082#, METAR
	18.55	FFH
Mo–Fr	19.00	NDR – RN
	19.10	BTX *4444082#, METAR
Mo–Sa	19.15	»Heute«-Wetterkarte im ZDF, mit aktuellen Satellitenbildern
	19.25	Berliner Rundfunk
	19.40	BTX *4444082#, METAR
	19.55	FFH
	20.00	NDR – RN
	20.10	BTX *4444082#, METAR
	20.10	BTX-Schweiz, Wetter Europa/CH von 19 Uhr, METAR von 19.50 Uhr
	20.15	»Tagesschau«-Wetterkarte der ARD, Satellitenbild
	20.40	BTX *4444082#, METAR
	20.50	Radio Kiel, mit Seewetter
	20.55	FFH
	21.00	NDR – RN
	21.10	BTX *4444082#, METAR
	21.40	BTX *4444082#, METAR
	21.55	FFH
Mo–Fr+So	22.00	NDR – RN
	22.10	BTX *4444082#, METAR
Mo–Fr	22.10	»Heute«-Wetterkarte, mit aktuellen Satellitenbildern
	22.40	BTX *4444082#, METAR
Mo–Fr	22.55	»Tagesthemen«-Wetterkarte der ARD, mit aktuellem Satellitenbild
	22.55	FFH
	23.00	NDR – RN
	23.05	Radio Bremen, Seewetterbericht
	23.10	BTX *4444082#, METAR
	23.40	BTX *4444082#, METAR
	23.55	FFH

Quelle: Mitteilungen der Deutschen Meteorologischen Gesellschaft e. V.

Das aktuelle Wetterangebot in den Medien ist in den letzten Jahren stark gewachsen und wächst weiter mit der Zahl der privaten Sendestationen und Anbieter. So gibt es z. B. »Videotextwetter« und »Amateurfunkwetter«. Die Initiatoren der »1. Europäischen Wettermailbox« in Traben-Trarbach bieten ein vollautomatisches, vernetztes System für Wetter, Verkehr, Umwelt und Astronomie an. Ziel ist die Wetterüberwachung rund um die Uhr. In diesem Zusammenhang sei auf die Rubrik »Meteorologie in Medien« verwiesen, die in den Mitteilungen der Deutschen Meteorologischen Gesellschaft erscheint (siehe S. 238).

In allen **Tageszeitungen** werden mehr oder minder umfangreich Wetterberichte mit Vorhersagen und Wetterkarten veröffentlicht. Auch hier stammen Karten und Prognosen vom amtlichen Wetterdienst (für die Bundesrepublik Deutschland ist das der Deutsche Wetterdienst in Offenbach/M. mit seinen Wetterämtern in den einzelnen Bundesländern).
Die Vorhersagekarte in der Tageszeitung markiert die Lage am Morgen des Erscheinungstages der Zeitung (z. B. 7.00 Uhr MEZ). Die Vorhersage, die in der Regel für den Erscheinungstag der Zeitung und den folgenden Tag gegeben wird, gibt Hinweise auf das Wettergeschehen, Art und Umfang der Bewölkung und Niederschläge, auf Temperaturen bei Tag und Nacht und auf die Windrichtung und Windstärke. Je nach dem Verbreitungsgebiet der Tageszeitung wird dabei die Vorhersage noch räumlich differenziert. Beispiel: Die bayerische Regionalzeitung »Münchner Merkur« gliedert die Vorhersage auf für »Südbayern«, »Nordbayern« und für das »Alpengebiet«. Die ebenfalls in München erscheinende überregionale »Süddeutsche Zeitung« gibt die Vorhersage für »Südbayern«, das Alpengebiet«, für »Nordbayern«, für »Baden-Württemberg« sowie West-, Nord- und Ostdeutschland bekannt. Neben Angaben für die weiteren Aussichten enthalten die Wetterberichte in den Tageszeitungen vielfach auch Angaben über das Wetter am Vortag in wichtigen in- und ausländischen Städten. Solche Angaben können sich auf die 13-Uhr-Temperaturen der europäischen Hauptstädte beschränken, nicht selten aber findet der Leser daneben auch die Werte für den Luftdruck, die relative Luftfeuchtigkeit in Prozent, die Windstärke in km/Std., den Grad der Bewölkung, die Sonnenscheindauer in Stunden und den Niederschlag in mm für 24 Stunden.
Zu den Angaben in den Wetterberichten der Tageszeitungen gehören meistens die Auf- und Untergangszeiten für Sonne und Mond.
Über die Post können auch die täglichen Wetterkarten des Deutschen Wetterdienstes (siehe Seite 234) abonniert werden.
Wetterberichte und Wettervorhersagen sind weiterhin mittels **Fernsprecher** und **Funk** abrufbar. Wetterlage und Vorhersage der einzelnen Wetterämter werden vom Fernsprechservice der Bundespost täglich übernommen.
Neben den regionalen **Ansagediensten** (siehe »0 11 64-Wetter« um 06.45 Uhr in der Tabelle S. 227) gibt es auch überregionale Wetterinformationen des DWD, die über den Privaten Informationsdienst (PID) unter folgenden Nummern abgerufen werden können (Tarif: 1 Einheit = 12 Sekunden).

Allgemeine Wettervorhersage	01 90 11 64 00
Wochenwettervorhersage	01 90 11 64 10
Reisewettervorhersage	01 90 11 64 20
Straßenwettervorhersage	01 90 11 64 40
Vorhersage für Wetterfühlige	01 90 11 64 60
Ballonwettervorhersage	01 90 11 64 80
Wassersportwettervorhersage	01 90 11 64 50

Dienststellen des Wetterdienstes

Sämtliche Wetterberichte und -vorhersagen, die mit Hilfe der verschiedenen Medien verbreitet werden, stammen – was das Gebiet der Bundesrepublik Deutschland anbetrifft – vom **Deutschen Wetterdienst.** Das Zentralamt des Deutschen Wetterdienstes in Offenbach und die Wetterämter in den Bundesländern unterhalten einen Beratungsdienst, z.B. für die Luftfahrt oder die Landwirtschaft, und geben eine Reihe von Veröffentlichungen heraus, die Wetterberichte und Wettervorhersagen enthalten. Die Anschriften der Dienststellen des Deutschen Wetterdienstes, die an diesem Beratungsdienst teilnehmen, finden Sie in der folgenden Zusammenstellung.

Deutscher Wetterdienst
Zentralamt
Frankfurter Str. 135
Postfach 10 04 65
63004 Offenbach a. M.
Tel.: 0 69/80 62-0
Telefax: 0 69/80 62-24 88/24 84

Dienststellen mit überregionalen Aufgaben

Deutscher Wetterdienst
Meteorologisches Observatorium Hamburg
Frahmredder 95
22393 Hamburg

Deutscher Wetterdienst
Meteorologisches Observatorium Hohenpeißenberg
Albin-Schwaiger-Weg 10
82383 Hohenpeißenberg

Deutscher Wetterdienst
Meteorologisches Observatorium Potsdam
Michendorfer Chaussee 23
14473 Potsdam

Deutscher Wetterdienst
Aerologisches Observatorium Lindenberg
15864 Lindenberg

Deutscher Wetterdienst
Zentrale Agrarmeteorologische Forschungsstelle Braunschweig
Bundes-Allee 50
38116 Braunschweig

Deutscher Wetterdienst
Agrarmeteorologische Beratungs- und Forschungsstelle Bonn
Siebengebirgsstr. 200
53229 Bonn

Deutscher Wetterdienst
Agrarmeteorologische Beratungs- und Forschungsstelle Geisenheim
Kreuzweg 25
65366 Geisenheim

Deutscher Wetterdienst
Agrarmeteorologische Beratungs- und Forschungsstelle Halle
Am Donnersberg 12
06120 Halle

Deutscher Wetterdienst
Agrarmeteorologische Beratungs- und Forschungsstelle Quickborn
Heinrich-Hertz-Str. 20
25451 Quickborn

Deutscher Wetterdienst
Agrarmeteorologische Beratungs- und Forschungsstelle Weihenstephan
Hohenbachernstr. 17
85354 Freising

Das Wetteramt in Ihrer Nähe

Deutscher Wetterdienst
Seewetteramt
Bernhard-Nocht-Str. 76
20359 Hamburg
Tel.: 040/3190-0
Telefax: 040/3190-8803
Zuständigkeitsbereich: Land Freie und Hansestadt Hamburg, Hochsee sowie deutsche Küstengewässer und Schifffahrtswege

Deutscher Wetterdienst
Wetteramt Berlin
Platz der Luftbrücke 2
12101 Berlin
Tel.: 030/690083-0
Telefax: 030/690083-90/91
Zuständigkeitsbereich: Land Berlin

Deutscher Wetterdienst
Wetteramt Bremen
Flughafendamm 45
28199 Bremen
Tel.: 0421/5372-151
Telefax: 0421/5372-166
Zuständigkeitsbereich: Land Freie Hansestadt Bremen und vom Land Niedersachsen der Regierungsbezirk Weser-Ems

Deutscher Wetterdienst
Wetteramt Dresden
Schuchstraße 7
01445 Radebeul
Tel.: 0351/78270
Telefax: 0351/75550 od. 75563
Zuständigkeitsbereich: Land Sachsen (ohne Kreis und Stadt Leipzig)

Deutscher Wetterdienst
Wetteramt Essen
Wallneyer Straße 10
45133 Essen
Tel.: 0201/71021-0
Telefax: 0201/71021-25/26/48
Zuständigkeitsbereich: Land Nordrhein-Westfalen

Deutscher Wetterdienst
Wetteramt Frankfurt
Kaiserleistr. 42
63067 Offenbach
Tel.: 069/8062-2649
Telefax: 069/8062-2608
Zuständigkeitsbereich: Land Hessen

Deutscher Wetterdienst
Wetteramt Freiburg
Stefan-Meier-Str. 4
79104 Freiburg
Tel.: 0761/28202-0
Telefax: 0761/28202-90
Zuständigkeitsbereich: vom Land Baden-Württemberg der Regierungsbezirk Freiburg

Deutscher Wetterdienst
Wetteramt Hannover
Hannover und Lüneburg
Petzelstr. 70
30661 Langenhagen
Tel.: 0511/97396-0
Telefax: 0511/776663 oder 9735061
Zuständigkeitsbereich: vom Land Niedersachsen die Regierungsbezirke Braunschweig, Hannover und Lüneburg

Deutscher Wetterdienst
Wetteramt Leipzig
Prager Str. 169
04299 Leipzig
Tel.: 0341/86640
Telefax: 0341/8664273
Zuständigkeitsbereich: Land Sachsen-Anhalt und von Land Sachsen Kreis und Stadt Leipzig

Deutscher Wetterdienst
Wetteramt München
Bavariaring 10
80336 München
Tel. 089/539803-0
Telefax: 089/539803-44
Zuständigkeitsbereich: vom Land Bayern die Regierungsbezirke Oberbayern, Niederbayern und Schwaben

Deutscher Wetterdienst
Wetteramt Nürnberg
Flughafenstraße 100
90411 Nürnberg
Tel.: 09 11/36 50 50
Telefax: 09 11/52 11 83
Zuständigkeitsbereich: vom Land Bayern die Regierungsbezirke Oberpfalz, Ober-, Mittel- und Unterfranken

Deutscher Wetterdienst
Wetteramt Potsdam
Michendorfer Chaussee 23
14473 Potsdam
Tel.: 03 31/3 16-0
Telefax: 03 31/3 16-2 91/2 92
Zuständigkeitsbereich: Land Brandenburg

Deutscher Wetterdienst
Wetteramt Rostock
Parkstraße 47
18119 Rostock-Warnemünde
Tel.: 03 81/50 21
Telefax: 03 81/5 12 73
Zuständigkeitsbereich: Land Mecklenburg-Vorpommern

Deutscher Wetterdienst
Wetteramt Schleswig
Regenpfeifferweg 9
24837 Schleswig
Tel.: 0 46 21/50 71
Telefax: 0 46 21/5 27 77
Zuständigkeitsbereich: Land Schleswig-Holstein

Deutscher Wetterdienst
Wetteramt Stuttgart
Am Schnarrenberg 17
70376 Stuttgart
Tel.: 07 11/9 55 20
Telefax: 07 11/55 21 31
Zuständigkeitsbereich: vom Land Baden-Württemberg die Regierungsbezirke Stuttgart, Karlsruhe und Tübingen

Deutscher Wetterdienst
Wetteramt Trier
Sickingenstr. 41
54296 Trier
Tel.: 06 51/4 50 45
Telefax: 06 51/4 87 09
Zuständigkeitsbereich: Land Rheinland-Pfalz und Saarland

Deutscher Wetterdienst
Wetteramt Weimar
Heinrich-Jäde-Str. 12
99425 Weimar
Tel.: 0 36 43/54 00-0
Telefax: 0 36 43/54 00-40
Zuständigkeitsbereich: Land Thüringen

Einzelne Wetterämter geben für ihr Gebiet »Monatliche Witterungsberichte« heraus, z. B. das Wetteramt München für Südbayern und das Wetteramt Nürnberg für Nordbayern. Weiter erscheinen Spezialveröffentlichungen, z. B. der »Agrarmeteorologische Monatsbericht für Hessen«, den die Agrarmeteorologische Forschungsstelle Geisenheim herausgibt. Die bereits genannten Wetterämter geben über weitere spezielle Veröffentlichungen und Beratungsdienste Auskunft.
Sehr umfangreich ist der Beratungsdienst des Seewetteramts in Hamburg, der maritim-meteorologische Mitteilungen betrifft.

Einschlägige Veröffentlichungen in **Österreich** betreut die Zentralanstalt für Meteorologie und Geodynamik, Hohe Warte 38, A-1190 Wien, Tel.: 01/3 64 45-59, Telefax: 01/3 69 12 33. Außenstellen der Zentralanstalt befinden sich in Innsbruck (Tel.: 9 95/28 17 38), Klagenfurt (Tel.: 9 94/4 14 43) und Salzburg (Tel.: 996/26301). Auskunftsuchende wenden sich direkt an die Zentralanstalt oder eine der Außenstellen. Zuständig auch für alle Fragen der Wetterbeobachtung und -vorhersage.

In der **Schweiz** ist zuständig die Schweizerische Meteorologische Zentralanstalt, Krähbühlstr. 58, CH-8044 Zürich.
Die folgenden Regionalwetterzentralen geben auch Auskunft auf telefonische Anfragen:

1. Landes- und Regionalwetterzentrale — Tel.: 01/2569270
   Krähbühlstr. 58, CH 8044 Zürich — (Anrufe jederzeit möglich)
2. Centre météorologique Cointrin — Tel.: 022/7982425
   Aéroport Genève-Cointrin, Case postale 312, — (Anrufe jederzeit möglich)
   CH 1215 Genève 15
3. Osservatorio Ticinese — Tel.: 093/326311
   Via ai Monti, CH 6605 Locarno-Monti — (Anrufe nur während Bürozeit)

In der Schweiz kann eine tägliche Wetterkarte (»Grünes Wetterbulletin«) sowie eine Liste von 45 schweizerischen Beobachtungsstationen für den Zeitraum von mindestens einem Monat abonniert werden. Die Bestellungen müssen an die Firma Fotorotar AG, Gewerbestr. 18, CH 8132 Egg/ZH, Tel.: 01/9841821 gerichtet werden.

In England gibt die Royal Meteorological Society, James Glaisher House, Grenville Place, Bracknell, Berks. RG 121BX (England) die Zeitschrift »Weather« heraus und liefert die »Metmaps from B.B.C. Shipping Bulletins«.
Informationen und Veröffentlichungen hält auch die Weltorganisation für Meteorologie bereit: »World Meteorological Organization«, 41, Ave Giuseppe-Motta, Case postale No. 5, CH-1211 Geneva 20, Schweiz.

Berufsfeld Meteorologie

In den zivilen und militärischen Diensten in Europa (EG 92) sind zusammengenommen etwa 15000 Mitarbeiter (Beamte und Angestellte) beschäftigt. Im Vergleich hierzu sind es 13700 Beschäftigte in den USA, davon 4700 im zivilen Wetterdienst, 7000 bei den Luftstreitkräften und 2000 bei der Marine. Anzahl der Beschäftigten in der »Zwölfer-Gemeinschaft« (* = Schätzung):

Belgien*: 250	Griechenland*: 300	Luxemburg*: 15
Deutschland*: 4850	Großbritannien: 2400	Niederlande: 250
Dänemark*: 250	Irland*: 200	Portugal*: 300
Frankreich: 3150	Italien*: 1500	Spanien: 1500

Das Fach Meteorologie kann man in der Bundesrepublik an 11 Universitäten studieren. Das Studium schließt mit dem Diplom ab. Die Ausbildung der Meteorologen lehnt sich eng an die Ausbildung der Diplom-Physiker an.

Im Grundstudium ist die Ausbildung der Meteorologen derjenigen der Physiker gleich, wobei die Meteorologie zunächst nur anstelle eines Nebenfaches der Physikausbildung tritt. Im Grundstudium wird im wesentlichen eine breite mathematische und physikalische Grundausbildung vermittelt. Das Grundstudium schließt mit dem Vordiplom ab.
Im Hauptstudium stehen Allgemeine und Theoretische Meteorologie im Vordergrund. Physik bleibt jedoch bis zur Diplom-Prüfung Studienfach. Daneben muß ein weiteres Fach mathematisch-naturwissenschaftlicher Richtung studiert werden. Dieses Wahlfach ist aus dem breiten Spektrum benachbarter Fächer – je nach Universitätsort unterschiedlich – wählbar.
In vielen Fällen schließt sich an das Diplom noch eine zeitlich befristete Mitarbeit an Forschungsvorhaben in einem Universitätsinstitut an. Etwa ein Viertel aller Meteorologen schließt diese Forschungsarbeit mit einer Promotion ab.
Arbeitsplätze für Diplom-Meteorologinnen/Meteorologen:

- Deutscher Wetterdienst/Geophysikalischer Beratungsdienst der Bundeswehr
- Universitäts- und Forschungsinstitute
- Landesämter für Umweltschutz u. a./TÜV
- Versicherungen/Industrie/Energiewirtschaft
- Meßtechnik/EDV-Firmen
- Beratende Meteorologen/Beratungsfirmen/Medien

Wenn Sie an weiteren Informationen interessiert sind, wenden Sie sich bitte an die Deutsche Meteorologische Gesellschaft e.V. (DMG), Sekretariat, Mont Royal, 56841 Traben-Trarbach, Tel.: 06541/18-205 oder 06571/5912, Fax: 06541/18-296.

Die 10 international klassifizierten Wolkenarten

Wolken muß man am Himmel studieren. Die nachfolgenden 10 Fotos geben die Grundarten der Wolken wieder. Der zu beobachtende Formenreichtum ist wesentlich größer, führt aber prinzipiell immer wieder auf diese 10 Wolkenarten zurück. Der Deutsche Wetterdienst hat als Wetterkundliche Lehrmittel Nr. 9 eine Sammlung von 32 farbigen Wolkenbildern mit Erläuterungen herausgegeben, auf die als Ergänzung besonders hingewiesen sei.

Cirrus (Abk. Ci): Eiswolken, Federwolken, gehören zu den hohen Wolken (5 und mehr km hoch). Ihre Zugrichtung erlaubt Rückschlüsse auf die Wetterentwicklung (siehe Seite 72). Faseriges, oft auch schleierartiges Aussehen.

Cirrocumulus (Abk. Cc): Eiswolken, kleine Quellwolken (»Schäfchenwolken«), gehören zu den hohen Wolken (5 und mehr km hoch). Unterschiedlich für die Wetterentwicklung.

Altostratus (Abk. As): Graue Schichtwolken aus Eis und Wasser, gehören zu den mittelhohen Wolken (2,5 bis 7 km hoch). Unterschiedliche Bedeutung für die Wetterentwicklung.

Cirrostratus (Abk. Cs): Eiswolken, schleierartige Schichtwolken, gehören zu den hohen Wolken (5 und mehr km hoch). Häufig kündigt sich mit diesem Aufzug die Warmfront eines Tiefs an (siehe auch Seite 68). Auftreten von Halo-Erscheinungen (siehe auch Seite 38).

Altocumulus (Abk. Ac): Überwiegend aus Wasser bestehende Haufenwolken (in ausgeprägter Form große »Schäfchenwolken«), oft bandartig am Himmel angeordnet, gehören zu den mittelhohen Wolken (2,5 bis 7 km hoch). Kennzeichnen veränderliches Wetter.

Nimbostratus (Abk. Ns): Dichte Schichtwolken aus Eis und Wasser, gehören zu den mittelhohen Wolken (2,5 bis 7 km hoch). Aus Altostratus (siehe Seite 82) entwickelte Regenwolken, häufig mit Quellwolken durchsetzt.

Stratocumulus (Abk. Sc): Aus Wasser bestehende Haufenschichtwolken (»Wolkenbänke«), gehören zu den tiefen Wolken (unter 2,5 km hoch). Trotz oft bedrohlichem Aussehen und weiter Ausbreitung am Himmel bringen diese Wolken meist keinen Niederschlag.

Stratus (Abk. St): Aus Wasser bestehende Schichtwolken, gehören zu den tiefen Wolken (unter 2,5 km hoch). Diese Wolkenart hat kaum Strukturen. Typische konturenlose Regenwolken. Oft noch darunter »Wolkenfetzen« in Berg- und Bodennähe.

Cumulus (Abk. Cu): Aus Wasser bestehende Haufenwolken (»Quellwolken«), gehören zu den tiefen Wolken (unter 2,5 km hoch, jedoch »Auftürmung« in größere Höhen möglich). Locker verteilte Quellwolken sind »Schönwetterwolken« (siehe auch Seite 74).

Cumulonimbus (Abk. Cb): Aus Wasser bestehende große Haufenwolken gehören zu den tiefen Wolken (unter 2,5 km hoch, jedoch »Auftürmung« bis in 10 und mehr km Höhe möglich). Mit Eiskappe in der Höhe typische Gewitterwolken. Sonst Regen- oder Schauerwolken.

Schätzung der Windstärke nach dem Bewegungszustand des Wassers

(in Beaufort-Graden, siehe auch Seite 114/115)

Windstärke 0 (Windstille): Im Bild Reste sehr niedriger Dünung.

Windstärke 1 (Leiser Zug): Kräuselwellen ohne Schaumkämme.
Windstärke 2 (Leichte Brise): Kurze kleine Wellen. Die Kämme brechen nicht.

Windstärke 3 (Schwache Brise): Allmählich beginnen die Kämme zu brechen.
Windstärke 4 (Mäßige Brise): Auftreten weißer Schaumköpfe. Die Wellen werden länger.

Windstärke 5 (Frische Brise): Überall weiße Schaumkronen. Längere Wellen.

Windstärke 6 (Starker Wind): Beim Brechen der Kämme bilden sich weiße Schaumflächen. Große Wellen entstehen.

Windstärke 7 (Steifer Wind): Die Schaumflächen bilden Streifen in die Windrichtung.

Windstärke 8 (Stürmischer Wind): Die Streifenbildung des Wasserschaums in die Windrichtung kräftig entwickelt. Von den Schaumkronen weht Gischt ab.

Windstärke 9 (Sturm): Sichtbehinderung durch Gischt. Hohe Wellenberge. See »stampft«.

Windstärke 10 (Schwerer Sturm): See »schäumt«. Sehr hohe Wellenberge mit langen überbrechenden Kämmen. Gischt erschwert die Sicht stärker.

Windstärke 11 (Orkanartiger Sturm): Die überbrechenden Kämme werden überall zu Gischt zerblasen. Wellenberge außergewöhnlich hoch. Erhebliche Sichtbehinderung.

Windstärke 12 (Orkan): Alles weiß von Gischt und Schaum.

Dünung (siehe auch Seite 58): Fischdampfer in hoher Dünung bei schwachem Wind.

Kreuzsee Stürmischer Wind (Windsee) und im Bild von rechts nach links dazu laufende lange, mittelhohe Dünung. Hohe Kreuzsee rechts im Bild.

Sturmbrandung »Klippenbrandung« an einer Strandmauer auf Sylt.

Unentbehrlich für Küsten- und Hochseesegler sind die Seewetterberichte (siehe ab Seite 226). Die Daten dieser Seewetterberichte werden zusammen mit den Wetterbeobachtungen an Bord täglich in die Bordwetterkarte eingetragen. Der Deutsche Wetterdienst, Seewetteramt Hamburg (siehe Seite 235), gibt geeignete Vordrucke dafür heraus und auch den Schlüssel für Analysesendungen über Funk, die im Gegensatz zu den Seewetterberichten im Radio nicht im Klartext erfolgen.

Beim Einzeichnen der Wettermeldungen ist auf folgende Reihenfolge zu achten:

1. Eintragen der Hoch- und Tiefdruckgebiete und anderer Druckgebilde. Solche Druckgebiete können sein:
   das **Randtief**, am Rand eines größeren Tiefdruckgebiets. Es bewegt sich meistens schnell in den Kern des größeren Tiefs. Trotzdem ist es oft recht wetterwirksam;
   der **Tiefdrucktrog**, der auf der Rückseite ausgeprägter Tiefdruckgebiete nachfolgt. Verbunden in der Regel mit stürmischem Wetter;
   die **Welle**, ein zunächst flaches Tief an der Kaltfront, das sich zu einem Randtief auswachsen kann;
   die **Hochdruckbrücke** (Sattel), die von je zwei über Kreuz gegenüberliegenden Hoch- und Tiefdruckgebieten umgeben (nie von einer geschlossenen Isobare!) ist;
   der **Hochdruckrücken,** ein flaches Hoch zwischen zwei ausgeprägten Hochdruckgebieten und kräftigem Druckabfall hin zu den Tiefdruckgebieten.
2. Eintragen der Fronten (Kaltfront mit Blaustift, Warmfront mit Rotstift, Okklusion mit Violettstift). Die Art der Fronten kann recht verschieden sein, wie die nebenstehende Übersicht beweist.
3. Eintragen der Stationsmeldungen (siehe Seite 122) über Land und über See. Den Anfang machen Windrichtung und -stärke. Es folgen die Bedekkung des Himmels, der beobachtete Niederschlag, die gemessene Temperatur (Schiffsmeldungen geben die Temperatur der Luft und des Oberflächenwassers an: über einem Bruchstrich die Lufttemperatur, unterhalb die Wassertemperatur) und der Luftdruck. Als Stationsmeldung gelten selbstverständlich auch die an Bord des eigenen Schiffes gemachten Beobachtungen, die nun gleichfalls in die Bordwetterkarte eingetragen werden.
4. Einzeichnen der Isobaren von 5 zu 5 hPa. Es ist ratsam, die Luftdruckwerte in Ziffern mit Bleistift auf den Vordruck zu schreiben. Es ist dann leichter, die gleichen Zahlen durch eine Linie zu verbinden. Isobaren sind keine Geraden, sondern großzügig geschwungene Kurven. Die konkave

Krümmung der Isobaren weist auf das Tiefdruckgebiet hin. Knicke haben die Isobaren an den Fronten, Hinweis dafür, daß die Fronten Unbeständigkeit markieren. Vor der Front fällt der Luftdruck meist langsamer, als er hinter der Front steigt. Nur mit schwachem Schwung zeichnet man aus diesem Grund die Isobaren an die Frontlinie. Und mit unübersehbarem Knick läßt man sie hinter der Frontlinie in der Front steigen. **Merke:** Isobaren kreuzen und berühren sich nicht! Wegen der Genauigkeit der Isobaren ist es ratsam, diese unbedingt erst *nach* dem Eintragen der Stationsmeldungen in den Vordruck einzuzeichnen. Da zwischen Dichte

Frontsymbole	**Frontarten**
	Warmfront mit Erwärmung in allen Schichten
	Warmfront mit Erwärmung nur am Boden
	Warmfront mit Erwärmung nur in der Höhe
	Maskierte Warmfront mit Abkühlung am Boden
	Quasistationäre Front
	Kaltfront mit Abkühlung in allen Schichten
	Kaltfront mit Abkühlung nur am Boden
	Kaltfront mit Abkühlung nur in der Höhe
	Maskierte Kaltfront mit Erwärmung am Boden
	Okklusionsfront (Zusammenschluß von Warm- und Kaltfront)
	Okklusionsfront (gealtert)
	Warmfrontokklusion mit Erwärmung am Boden
	Kaltfrontokklusion mit Abkühlung am Boden
	Konvergenzlinie, mit Frontensymbolen: Front in Bildung oder Auflösung

der Isobaren und der kommenden Windstärke ein unmittelbarer Zusammenhang besteht, ist es für den Segler erst recht wichtig, auf seiner Bordwetterkarte keine Isobare zu vergessen.

Die in die Bordwetterkarte eingetragenen Wetterbeobachtungen sind Mitteilungen der Seewetterberichte und eigene Beobachtungen. Die amtlichen Wettermeldungen geben in der Regel einen Zustand an, der 3 Stunden zurückliegt. Manchmal sogar noch länger! Die Bordwetterkarte bedarf also des ständigen und kritischen Vergleichs mit dem im Moment beobachteten Wetter an Bord. Entsprechend sind auch in die Bordwetterkarte Berichtigungen einzutragen. Es ist zweckmäßig, für jeden Wetterbericht eine eigene Bordwetterkarte anzufertigen. So bekommt der Skipper einen Überblick über das Verhalten der Druckgebilde und Fronten, wobei **Bewegungsrichtung** und **Geschwindigkeit** besonders aufmerksam zu verfolgen sind.

Wichtig für den Segler:

1. Der Wind dreht rechts, wenn ein Tiefdruckgebiet nördlich am Boot vorbeizieht, und links, wenn das Tiefdruckgebiet südlich vorüberzieht.
2. Der Wind flaut ab, wenn auf dem Schiffskurs der Abstand der Isobaren größer wird. Dagegen legt der Wind zu, wenn der Abstand der Isobaren auf dem Schiffskurs kleiner wird.

Je weiter sich ein Boot von der Küste entfernt und sich auf das offene Meer begibt, um so mehr Sorgfalt ist bei der Führung der Bordwetterkarten zu verlangen. Es ist sehr leichtsinnig, die Bordwetterkarten nur unvollständig zu zeichnen, weil sie dann völlig untauglich sind, so wichtige Entscheidungen wie z. B. eine Kursänderung, um einem Sturm aus dem Weg zu gehen, herbeizuführen und zu begründen.

Wetterbeobachtungen

Der Schein trügt. Sommertage beginnen häufig sonnig. Am Nachmittag aber gibt es Gewitter und Regen. Umgekehrt beginnen Wintertage nicht selten mit Regen oder Schneefall. Tagsüber bessert sich dann das Wetter. Interessanterweise ist der Wettereindruck für viele Menschen am Morgen besonders stark. Pauschalurteile vom »regnerischen Winter« und vom »schönen Sommer« haben hier eine Ursache. Deshalb im »Meteorologischen Kalender 1988« (Herausgeber Deutsche Meteorologische Gesellschaft) folgender Hinweis:

»Mißtrauen Sie also dem morgendlichen Niederschlagseindruck im Winter, und Sie machen mehr aus Ihrer Freizeit! Und ehe Sie dem morgendlichen Schönwettereindruck im Sommer mißtrauen, haben Sie schon den nachmittäglichen intensiven Regenschauer akzeptiert.«

Eigene Beobachtungen verstärken die Erfahrung.

Regelmäßige Beobachtungen der Witterung dienen einmal der Wettervorhersage und der Klimakunde. Diese Aufgaben stellen sich der amtliche Wetterdienst und die ihm angeschlossenen Beobachter. Zum anderen dienen Wetterbeobachtungen der persönlichen Erfahrung und helfen, Vorgänge in der Natur besser verstehen zu lernen. Aus diesem Grund werden z. B. regelmäßige Wetterbeobachtungen an Schulen durchgeführt. Aber auch so mancher Naturfreund zuhause verfolgt das Wettergeschehen und baut sich, wenn sich die Gelegenheit dazu bietet, im Garten eine kleine Wetterwarte. Nicht selten verbinden sich dabei persönliche Interessen und berufliche Erfordernisse. Landwirte, Gärtner, Förster und andere Berufsgruppen, die wetterabhängig sind, z. B. Bau- und Montageberufe, machen sich mehr Gedanken über die Wetterentwicklung. Neben der amtlichen Wettervorhersage bedienen sie sich oft eigener Beobachtungen.

Zur Wetterbeobachtung gehören sowohl die Beobachtungen mit freien Augen (Bestimmung des Wolkenhimmels und des Grades der Bedeckung, Windrichtung und Windstärke, Feststellung bestimmter Wettererscheinungen, z. B. Niederschlag oder Gewitter, Zustand der Erdoberfläche, Verhalten von Pflanze und Tier) als auch Beobachtungen mit Hilfe von Meßgeräten (Luftdruck, Temperatur, Luftfeuchtigkeit, Niederschlagsmenge). Der Amateurbeobachter wird sich in der Regel auf die elementaren Wetterbeobachtungen beschränken und damit auch auf die notwendigsten Meßgeräte. Für regelmäßige Messungen ist die Unterbringung der Geräte in einer kleinen »Thermometerhütte« am zweckmäßigsten. Bereits bei der Verwendung eines einzigen Thermometers zur Bestimmung der Lufttemperatur ist es zweckmäßig, eine solche »Hütte« zu bauen. Das Thermometer muß zwar ständig von Luft umflossen sein, darf aber auf keinen Fall der Sonnenstrah-

lung ausgesetzt sein. Bei der Aufstellung ist zu beachten, daß sich die verschiedenen Arten des Erdbodens unterschiedlich erwärmen und abkühlen. Der Deutsche Wetterdienst empfiehlt die Aufstellung auf kurzgeschnittenen Rasenflächen. Die Hütte soll frei stehen und von Gebäuden mindestens 10 Meter Abstand haben. Auch über der Rasenfläche ist am Boden die Luft tagsüber noch wärmer als in einer gewissen Höhe. Um daher vergleichbare Werte zu erhalten, hat man sich in den Wetterdiensten aller Kulturstaaten geeinigt, die Thermometer in der Hütte in einer Höhe von 2m über dem Erdboden aufzustellen. Der Deutsche Wetterdienst hat eine »Anleitung zum Bau einer Thermometer-Hütte« herausgegeben. Dazu gehören auch Baupläne zum Selbstbau des Hüttenteils, des Hüttengestells und der Treppe. Wichtig: die Türe der Hütte weist stets nach Norden, um zu verhindern, daß beim Öffnen Sonnenstrahlung auf die Instrumente fällt.
Wird eine Wetterhütte voll instrumentiert, so gehören dazu:

1 trockenes Thermometer (senkrecht)	1 Hygrometer
1 feuchtes Thermometer (senkrecht)	1 Thermograph
1 Maximumthermometer (waagrecht)	1 Hygrograph.
1 Minimumthermometer (waagrecht)	

Näheres über diese Instrumente siehe Seite 110. Da neben der Lufttemperatur auch die Luftfeuchtigkeit bestimmt werden soll, ist auf alle Fälle die Montage der vier Thermometer anzustreben.

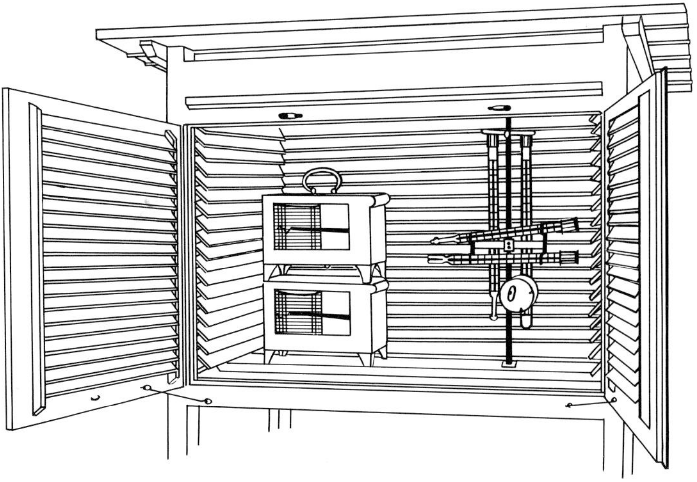

Wetterhütte mit Thermograph und Hygrograph (links) und je ein trockenes und feuchtes Thermometer (rechts senkrecht) sowie je ein Maximum- und Minimum-Thermometer (rechts waagrecht).

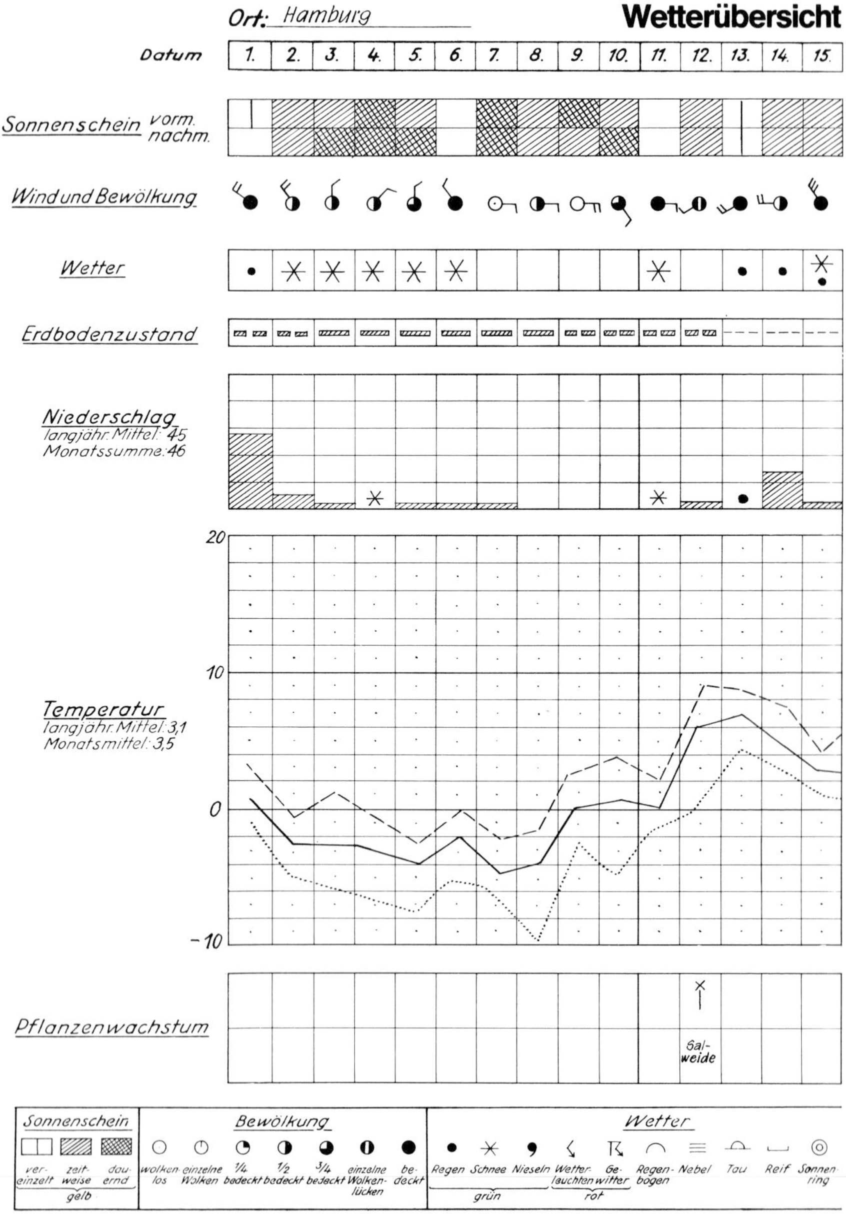
Ort: Hamburg
Wetterübersicht
Datum
1. 2. 3. 4. 5. 6. 7. 8. 9. 10. 11. 12. 13. 14. 15.
Sonnenschein vorm. nachm.
Wind und Bewölkung
Wetter
Erdbodenzustand
Niederschlag
langjähr. Mittel: 45
Monatssumme: 46
20
10
0
-10
Temperatur
langjähr. Mittel: 3,1
Monatsmittel: 3,5
Pflanzenwachstum
Sal-weide
Sonnenschein
ver-einzelt
zeit-weise
dau-ernd
gelb
Bewölkung
wolken-los
einzelne Wolken
1/4 bedeckt
1/2 bedeckt
3/4 bedeckt
einzelne Wolken-lücken
be-deckt
Wetter
Regen
Schnee
Nieseln
grün
Wetter-leuchten
Ge-witter
rot
Regen-bogen
Nebel
Tau
Reif
Sonnen-ring

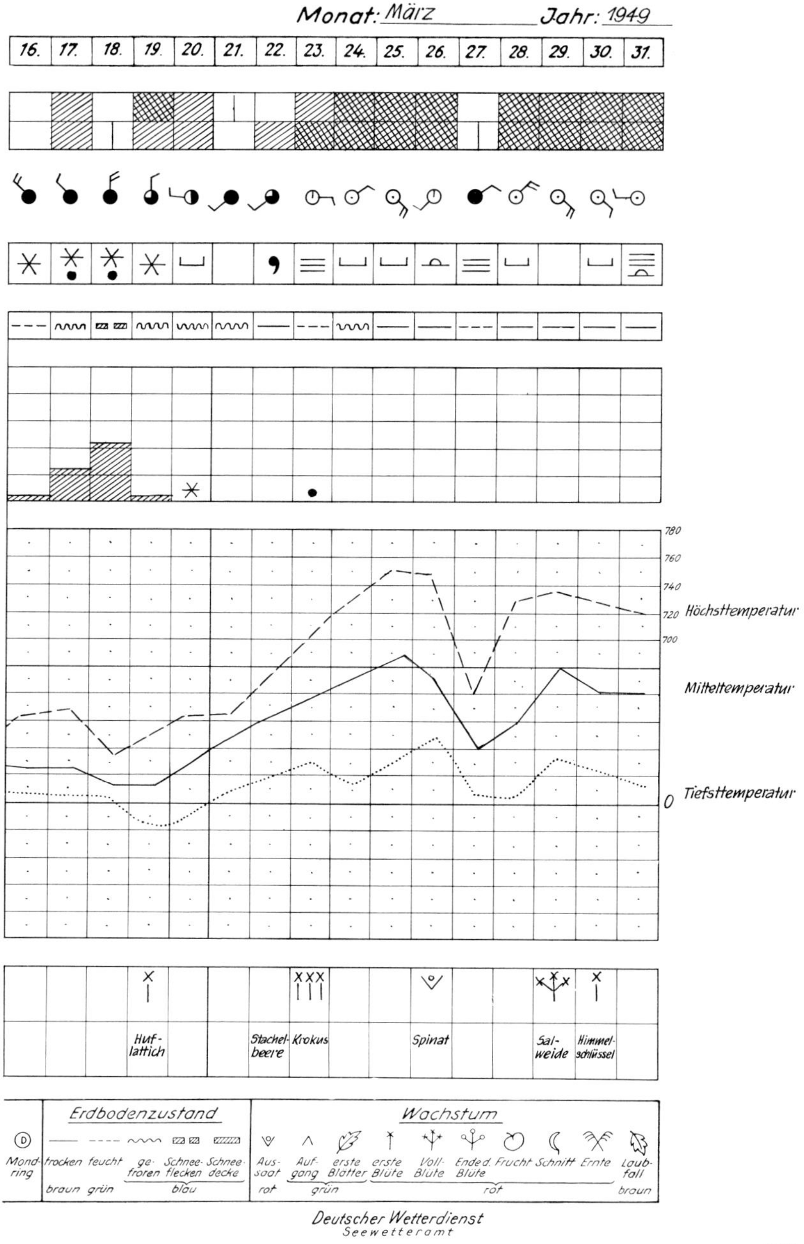
Monat: März Jahr: 1949
16. 17. 18. 19. 20. 21. 22. 23. 24. 25. 26. 27. 28. 29. 30. 31.
780
760
740
720 Höchsttemperatur
700
Mitteltemperatur
0 Tiefsttemperatur
Huflattich
Stachelbeere
Krokus
Spinat
Salweide
Himmelschlüssel
Erdbodenzustand
Wachstum
Mondring
trocken
feucht
gefroren
Schneeflecken
Schneedecke
braun
grün
blau
Aussaat
Aufgang
erste Blätter
erste Blüte
Vollblüte
Ende d. Blüte
Frucht
Schnitt
Ernte
Laubfall
rot
grün
rot
braun
Deutscher Wetterdienst
Seewetteramt

Will man die Niederschlagsmengen am Beobachtungsort feststellen, kommt man um die Aufstellung eines Regenmessers nicht herum. Auch für den Bau dieses Geräts hält der Deutsche Wetterdienst eine Anleitung bereit. Niederschläge kann man entweder messen, wenn man die Höhe des Wassers über dem Boden (wenn nichts ablaufen oder einsickern kann) mißt (»Regenhöhe«), oder man bestimmt die Menge des Niederschlags auf eine bestimmte Fläche (»Regenmenge«). Die Regenhöhe wird in Millimetern gemessen, die Regenmenge in Litern pro Quadratmeter.
Zu den wichtigen Meßinstrumenten, die für jede Wetterbeobachtung benötigt werden, gehört natürlich auch der Luftdruckmesser, das Barometer (siehe Seite 95).
Zum genaueren Kennenlernen des Wettergeschehens, ebenso wie zur vergleichenden Betrachtung örtlicher Verhältnisse werden Beobachtungsreihen benötigt. Mit anderen Worten: die Beobachtungen bekommen erst dann Gewicht, wenn sie täglich mehrmals (morgens, mittags, abends) durchgeführt und aufgezeichnet werden. Die Beobachtungen sollten dann stets zur selben Zeit, am gleichen Ort und auf gleiche Art und Weise erfolgen.
Recht hilfreich für jeden Wetterbeobachter (und nicht nur als wetterkundliches Lehrmittel an Schulen geeignet) ist das vom Deutschen Wetterdienst herausgegebene »Wetterübersichtsblatt« (siehe Abb. auf Seiten 262/263).
Das Wetterübersichtsblatt ermöglicht die Aufzeichnung der wichtigen Wetterbeobachtungen eines Monats. Zur Vereinfachung der Eintragung verwendet der Beobachter die bekannten wetterkundlichen Symbole (siehe Seite 124.). Zur besseren Sichtbarmachung bestimmter Wettererscheinungen kommen noch farbige Markierungen dazu:

gelb für Sonnenschein,
grün für Regen, Schnee, Bodennässe (auch Niederschlagsmengen),
blau für Kälte am Boden,
braun für trockenen Boden, auch für Herbstlaub,
rot für gefährlich erscheinende Wetterlagen (Gewitter!),
rot und blau für die tägliche Maximal- bzw. Minimaltemperatur.

Eine besondere Bereicherung des Wetterübersichtsblattes stellen die Angaben über die beobachteten Wachstumsphasen wichtiger Pflanzen dar: »Als Wirkung der Witterung auf Pflanzen und Tiere (auf diese auch in ihrer Abhängigkeit von pflanzlicher Nahrung) stellen sich Wachstumsphasen und bestimmte Formen der Lebensäußerung Jahr für Jahr zu verschiedenen Zeiten ein, spiegeln also den gesamten vorangehenden Witterungsablauf wider.«
Der Deutsche Wetterdienst liefert eine »Erläuterung für das Eintragen in das Wetterübersichtsblatt (Arbeitsbogen)«, die – wie alle anderen in diesem Abschnitt genannten gedruckten wetterkundlichen Lehrmittel – von folgender Stelle sehr preiswert bezogen werden können: Deutscher Wetterdienst, Seewetteramt, Bernhard-Nocht-Str. 76, 20359 Hamburg.

Kleines Lexikon wetterkundlicher Begriffe

Advektionssmog Erfaßt größere Gebiete (»grenzüberschreitend«), sogenannter Ferntransport von Schadstoffen (SO_2) in mehreren 100 m Höhe, über Entfernungen von 1000 km und mehr.
Aerologie Meteorologisches Forschungsgebiet zur Erkundung der freien Atmosphäre (bis etwa 30 km Höhe).
Aeronomie Geophysikalisches Forschungsgebiet zur Erkundung der hohen Atmosphäre (über 60 km Höhe).
Aerosole Winzige feste oder flüssige Teilchen in der Luft. Pro Kubikzentimeter kann in Großstädten die Zahl der Teilchen mehrere Millionen betragen. Zum Vergleich: in der Arktis und Antarktis häufig weniger als 10 Aerosole je Kubikzentimeter.
Aitken-Kerne Sehr kleine Partikel in der Atmosphäre (Radius etwa 0,03 Mikrometer).
Alpenglühen Das Purpurlicht beleuchtet in der Dämmerung die Berge in den Alpen. Besonders ausgeprägt, wenn die Sonne 4° unter dem Horizont steht.
Altweibersommer Spätsommerliche Schönwetterlage im September. Ursache: Festlandhoch über Rußland. Kann mehrere Wochen dauern. Gleiche Wetterlage auch im Oktober möglich (»Goldener Oktober«).
Anabatischer Wind Ein aufwärts strömender Wind.
Anti-Treibhauseffekt Verschmutzung der Atmosphäre durch natürliche oder von Menschen ausgelöste Katastrophen (Vulkanausbrüche, Großbrände in Kriegen) behindert die Sonnenstrahlung hoch in der Tropo- und Stratosphäre. Die Folge ist Abkühlung.
Aquaplaning Bezeichnung für die Wasserglätte, speziell auf regennassen Straßen. Die Autoreifen können das Zuviel an Wasser auf der Fahrbahn nicht mehr über ihr Profil ableiten. Für den Autofahrer entsteht eine mit Glatteis vergleichbare Situation.
Aride Landschaften Trockene Regionen mit Wüstencharakter.
Atmosphäre Die Lufthülle der Erde, in deren unteren Schichten (bis 15 km Höhe) sich das Wettergeschehen abspielt. Gemisch aus Stickstoff (78%) und Sauerstoff (21%). Rest von 1% verschiedene Gase, u.a. Kohlendioxid, für das Wettergeschehen wichtig.
Aureole Bläulich-weiße Aufhellung um Sonne und Mond (»Hof«) bei Auftreten dünner Wolkenschichten. Ursache: diffuse Zerstreuung von Licht an Wasserpartikeln unterschiedlicher Größe. Außen braunrot umsäumt.
Azorenhoch Hochdruckgebiet im Bereich der Azoren. Gehört zum subtropischen Hochdruckgürtel der Nordhemisphäre der Erde. Oft Ausgangspunkt für Schönwetterlagen in Mitteleuropa. Beeinflußt aber auch Westwettereinbrüche (zusammen mit dem Islandtief).
Baumgrenze Eine auf der Erde unterschiedliche Höhengrenze für das Wachstum der Bäume, z.B. in den Alpen um 2400 m, in der Arktis bereits bei etwa 700 m. Ursache u.a. zunehmender Wassermangel in einer Klimazone.
Beschlag Bezeichnung für Erscheinungen, die im Zusammenhang mit der Bildung von Rauhfrost oder Rauhreif z.B. an Ästen und Bäumen entstehen.
Biomasse Gesamtheit der organischen Materie (Lebewesen, Pflanzen) auf der Erde. Wichtig u.a. als Kohlenstoffspeicher und damit für die Klimagestaltung.

Biometeorologie (Medizinmeteorologie) Auswirkungen von Wetter, Witterung und Klima auf gesunde und kranke Menschen.

Biotop Ort mit typischen Pflanzen und Tieren, die von den gegebenen Umweltbedingungen abhängig sind (Beispiel: Almwiese).

Biotropie Einwirkung des Wetters auf das menschliche Wohlbefinden (z. B. Föhn, Schwüle).

Blutregen Von rötlichem Saharastaub gefärbter Regen.

Blutschnee Auftreten von roten Flecken im Schnee der Hochalpen und auch der Polargebiete. Ausgelöst durch Algen.

Depression Bezeichnung für Tiefdruckgebiet (Zyklone).

Desertifikation Bisher mit Pflanzen bewachsene Landschaften werden Wüste. Dadurch nimmt der Anteil von Staub in der unteren Atmosphäre zu. Führt zur Beeinflussung der Niederschlagsmenge.

Diamantenschnee Sehr feine Eiskristalle, die bei starker Kälte, Windstille und blauem Himmel auftreten.

Divergenz Das Auseinanderströmen der Luft in einem Hochdruckgebiet.

Dunst Anlagerung von Wasserdampfmolekülen an die Kondensationskerne. Vorstufe des Niederschlags. Dunst mindert die Sicht (»Dunsttrübung«). Bei Sichtweiten unter 1000 Meter beginnt Nebel.

Dürrezeit Ein Abschnitt in der Wachstumszeit ohne oder mit nur geringem Niederschlag. Wiederkehrende Dürrekatastrophen kennzeichnen z. B. das Klima südlich der Sahara.

Eis Kristallisiertes Wasser bei Abkühlung auf 0 °C (»Gefrierpunkt«). Verschiedene Formen: Schnee, Firn, Firneis, Gletschereis, Glatteis, Reif. Wasserdampf aus größeren Höhen verdunstet und kondensiert in darunter liegender Kaltluft zu Nebel oder sublimiert zu Eiskristallen.

Eisblumen Eiskristalle an Fenstern bei sehr niedrigen Außentemperaturen. Im Zimmer muß der Taupunkt in Scheibennähe unter dem Gefrierpunkt liegen. So kann Feuchtigkeit aus der Zimmerluft an der Scheibe sublimieren (direkter Übergang vom gasförmigen in den festen Zustand).

Eisbohrkerne Methode zur Analyse tiefer Eisschichten in der Arktis und Antarktis. Liefert u. a. Aufschlüsse über das Klima während der Eiszeiten.

Eisheilige 12. bis 15. Mai (Pankratius, Servatius, Bonifatius, Kalte Sophie). In der Volksmeinung kalte Tage mit Nachtfrost. Ursache: Nordwetterlagen mit Kaltlufteinbrüchen, die typisch für Frühjahr und Frühsommer (»Schafkälte« im Juni) sind. Die Statistik zeigt, daß in den letzten zwei Jahrzehnten eine besonders warme Witterung deutlich häufiger war als die Kaltwetterlage.

Eisregen Regen, der in eine Luftschicht fällt, die kälter als 0 °C ist. Ohne zu gefrieren wird der Regen unter den Gefrierpunkt abgekühlt. Fällt er auf »kalte« Gegenstände (unter 0 °C), bildet sich sofort Eis.

Eistage Tage mit Dauerfrost. Die Temperatur bleibt 24 Stunden unter 0 °C.

Eiszapfen Können z. B. entstehen bei Eisregen, wenn nicht gleich sämtliches Wasser gefrieren kann. Das Wasser läuft abwärts, kühlt ab und gefriert. Es kommt zur Bildung von Eiszapfen. Besonders große Eiszapfen entstehen bei Temperaturen etwas über 0 °C und Sonnenschein. Beispiel: tauender Schnee auf Dächern. Ein Teil des aufgetauten Wassers verdunstet. Dadurch sinkt die Temperatur unter 0 °C und die Eiszapfen »wachsen«.

Eiszeit Änderungen in der Exzentrizität der Erdbahn und in der Neigung und Ausrichtung der Erdachse beeinflussen den Ablauf der Jahreszeiten. Das führte 8 mal innerhalb der letzten Million Jahre zu Eiszeiten: der Schnee blieb in den Bergen und im

Flachland der nördlichen Breiten auch im Sommer liegen. Der verdichtete Schnee bildete Gletscher und ausgedehnte Eisschilde.

Elmsfeuer Entladungen des luftelektrischen Feldes während eines Gewitters. Sichtbar z. B. an Türmen und Blitzableitern in Form von schwachen Funken. Begleitet von knisternden Geräuschen.

El Niño Zeitweises Eindringen von warmem Oberflächenwasser in den Pazifik vor den Küsten Perus und Ecuadors. Auslöser sind Luftdruckschwankungen zwischen westlichem und östlichem Pazifik in Äquatornähe. Vermutete Ursache für Klimaanomalien.

Erosion Wirkung von Wasser, Eis (Gletscher) und Wind auf die Erdoberfläche.

Fata Morgana Anomaler Verlauf der Lichtstrahlen in bodennahen Luftschichten, der Luftspiegelungen auslöst.

Festlandshoch Ortsfestes Hoch über Osteuropa (Rußland). Südöstliche Winde bringen warme Luft nach Mittel-, West- und Nordeuropa. Charakteristisch für längere Schönwetterperioden im Sommer und im Herbst.

Firn Schnee im Hochgebirge, der wiederholt geschmolzen und wiedergefroren ist. Körnige Struktur. Aus Firn entwickelt sich im Lauf der Jahre Firneis und dann Gletschereis.

Föhn An der Alpensüdseite zum Aufsteigen gezwungene Luft erwärmt sich auf der Alpennordseite durch das Absteigen. Der Föhnwind auf der Alpennordseite läßt in wenigen Stunden die Temperatur um 10–15 °C steigen. Sehr klare Luft. Typische Föhnwolken.

Frostaufbruch Beim Gefrieren dehnt sich mit Wasser getränkter Boden aus und hebt z. B. den Straßenbelag an.

Frosttage Tage, an denen das Thermometer zeitweise unter Null sinkt.

Genuatief Tiefdruckgebiet im westlichen Mittelmeer. Von den Alpen nach oben abgelenkte polare Kaltluft übt eine Sogwirkung aus, die die Tiefdruckbildung auslöst. Damit oft verbunden Unwetter in Italien und an der französischen Riviera.

Gewitter Folge rasch aufsteigender feuchtwarmer Luft (bis 10 km Höhe). Dabei Bildung der typischen Gewittertürme (Cumulus), aus denen starker Niederschlag (Regen, Graupel, Hagel) niedergeht. Dabei starke elektrische Aufladung. Bei zu großem Spannungsunterschied: Blitz.

Gletscher Im Firnschnee der Hochgebirge und Polargebiete entsteht unter dem Schneedruck und dem Einfluß der Erdwärme Eis. Es formiert sich zu Strömen, die sich hangabwärts bewegen.

Globale Zirkulation Die weltweiten Windsysteme in der Atmosphäre, die z. B. für die großräumige Verbreitung von Schadstoffen sorgen. In erster Linie aber ist die globale Bewegung von Luftmassen für Wetterentwicklung und Klima verantwortlich.

Globalstrahlung Die Gesamtstrahlung unmittelbar von der Sonne und mittelbar vom Himmel auf eine Fläche, z. B. je Quadratzentimeter.

Glorie Im Nebel als farbiger Kreis um den Sonnenschatten von Personen.

Golfstrom Warme Meeresströmung. Ursprung im Golf von Mexico. Strömt nach Nord- und Westeuropa und beeinflußt dort das Klima.

Graupel Niederschlagsform aus kleinen undurchsichtigen Eiskörnchen. Bilden sich beim Zusammenprall unterkühlter Wassertropfen mit Eiskristallen. Tropfen und Kristalle gefrieren zusammen. Meist bei Gewittern zu beobachten.

Großwetterlage Großräumiges Wettergeschehen mit der Tendenz, sich jahreszeitlich oder jährlich zu wiederholen. Abhängig z. B. von der Sonneneinstrahlung. Beispiel: Festlandhoch über Osteuropa im Spätsommer. Wichtig für langfristige Wettervorhersage.

Grundwasser Das im wasserdurchlässigen Erdboden versickerte Regen-, Schmelz- und Flußwasser. Undurchlässige Bodenschichten (z. B. Lehm) verhindern ein weiteres Absinken. Das Grundwasser und seine Qualität sind wichtig für die Wasserversorgung (»Grundwasserverschmutzung«).

Hagel Niederschlagsform aus mehrere Zentimeter großen Eisstücken. Hühnereigroße Hagel»körner« sind möglich. Die Körner wachsen allmählich als Folge von Eisanlagerungen während des Weges durch die Luftschichten. Hagel bildet sich vor allem bei Gewittern.

Halo Optische Erscheinung in der Atmosphäre. Ringe mit Radius 22° und 46° rund um Sonne oder Mond. Entstehen durch Brechung und Beugung des Sonnen- bzw. Mondlichtes an Eiskristallen. Diese Eiskristalle finden sich in Cirruswolken. Bedingt ist daher Halo ein Anzeichen für Schlechtwetter.

Harsch Bezeichnung für die Eisschicht, die auf einer Schneedecke entsteht, wenn die Schneeoberfläche schmilzt und wieder gefriert.

Hoch Gebiet hohen Luftdrucks. Absinkende Luftbewegung hat wolkenauflösende Wirkung (schönes Wetter). Eine Zone permanenten Hochdrucks zwischen 20–30 Grad nördlicher Breite (»subtropischer Hochdruckgürtel«). Zwischenhoch (»Hochdruckkeil«) verspricht nur kurzfristig Wetterbesserung.

Hochsommer Der Zeitraum von Anfang Juli bis Mitte August. Entsprechend wird die Zeit von Januarbeginn bis Mitte Februar als Hochwinter bezeichnet.

Hof Optische Erscheinung in der Atmosphäre. Beugung des Sonnen- oder Mondlichtes an Wassertropfen einer Wolke und Bildung eines weiß-gelblichen Scheins rund um Sonne oder Mond. Besonders kräftige Hofbildung bei hoher Schichtbewölkung (Ankündigung schlechten Wetters).

Höhentief Tiefdruckgebiet in ungefähr 5000 m Höhe. Sehr wirksam für die Wetterentwicklung am Boden.

Humide Landschaften Feuchte Regionen mit viel Niederschlag.

Hundertjähriger Kalender Grundlage sind die 7jährigen Wetterbeobachtungen des Abtes M. Knauer 1652–1658. Später wurde angenommen, das Wettergeschehen unterliege einem 7jährigen Rhythmus. Die Vorhersagen auf dieser Grundlage sind sehr zufällig.

Hundstage Ende Juli bis Anfang August. In der Volksmeinung besonders heiße Sommertage. Die Ausbildung einer beständigen Hochdrucklage in der zweiten Julihälfte führt zu einer Schönwetterlage mit Höchsttemperaturen. Name bezieht sich auf Stern Sirius im Großen Hund, der am Morgenhimmel sichtbar wird.

Imissionen Chemische und physikalische Einwirkungen auf Lebewesen, Pflanzen und Umwelt.

Inversion Starke Abkühlung bodennaher Luftschichten bei einem Hoch führt zur Bildung eines Kaltluftpolsters unter höherer Warmluft (Bodeninversion). Das unterbindet Luftströmungen in die Höhe. Führt zu Stauungen der Abgase unterhalb der Warmluft. Besonders im Herbst und im Winter.

Islandtief Tiefdruckgebiet über dem Atlantik, in der Nähe von Island. Beeinflußt die das ganze Jahr für West-, Nord- und Mitteleuropa charakteristischen Westwetterlagen, besonders in Verbindung mit einem Azorenhoch: viel Wind und Niederschlag, kurzfristige Aufheiterungen.

Jetztprognose (Nowcasting) Wettervorhersage bis zu 2 Stunden, insbesondere Warnung vor Gefahren.

Kältefalle Bereich in der Atmosphäre zwischen 9000 und 17000 m Höhe. Hier erniedrigen relativ hoher Luftdruck und tiefe Temperatur gemeinsam den Sättigungspunkt auf einen Minimalwert. Gelangt Wasserdampf aus tieferen Schichten zur Kältefalle, kondensiert er nahezu vollständig aus. Folge: sehr trockene Stratosphäre. Nur wenig Wasserdampf wird an den Weltraum abgegeben.

Kaltluft Ursprung in Nordeuropa, Polargebiet (»Polarluft«). Kalte Luftmassen unterströmen Warmluft. Ein Prozeß, der zu Wolkenbildung und Niederschlägen führt (Kaltfront). Maritime Kaltluft ist vorgewärmt (vom Atlantik), kontinentale Polarluft besonders kalt.

Kaltluft-Tropfen Höhentief zwischen 5000 und 10000 m Höhe. Kern besteht aus sehr kalter Luft. Wetterwirksam für Gewitter und Starkregen.

Katabatischer Wind Ein abwärts strömender Wind.

Klimatologie Forschungsgebiet zur Erkundung des Klimas. Nicht nur für Meteorologen wichtig. Biologen, Mediziner, Forst- und Landwirte sind gleichermaßen daran interessiert.

Koagulation Bildung von Wassertropfen in einer Wolke aus kleinsten Wasserpartikeln.

Kontaminierung Radioaktive Verunreinigung, z. B. der Luft.

Konvektives Aufsteigen Senkrechte Luftbewegungen nach oben als Ausgleich für absteigende Luft an einem anderen Ort.

Konvergenz Das Einströmen der Luft in einem Tiefdruckgebiet.

Labradorstrom Kalte Meeresströmung aus den Nordpolarmeeren. Driftet südwärts und löst beim Zusammentreffen mit dem Golfstrom Nebel und Tiefdruckgebiete an der nordamerikanischen Ostküste aus.

Landregen Warme Luft gleitet auf kühlerer auf und löst mehrere Tage dauernde Regenfälle aus. Regen fällt gleichmäßig, nicht schauerartig.

Leuchtende Nachtwolken Hauptsächlich in polaren Breiten zu sehende zirrenartige silbrig-helle Wolken in der Zeit zwischen Ende der bürgerlichen und der astronomischen Dämmerung. In Höhen über 80 km.

Lostage Bestimmte Tage im Jahr, deren Wettergeschehen Anhaltspunkte für die langfristige Wetterentwicklung geben soll. Diese und die »Bauernregeln« beruhen auf der im Prinzip richtigen Erfahrung, daß Kalt- und Warmlufteinbrüche für bestimmte Jahreszeiten typisch sind. Keine Gesetzmäßigkeit!

Luftdruck Druck der Atmosphäre auf jeden Ort der Erdoberfläche. Gemessen in Millimeter Quecksilbersäule (760 mm in Meereshöhe), neuerdings meist in Hektopascal (1013,2 hPa in Meereshöhe). Der Luftdruck nimmt mit der Höhe ab. Die Luftdruckverteilung ist ein wesentlicher Anhaltspunkt für die Beurteilung der Wetterentwicklung.

Luftelektrizität Vertikales Spannungsgefälle in der Atmosphäre. Ionen in der Luft machen den Aufbau elektrischer Felder möglich, die durch Gewitter abgebaut werden. Die in der Atmosphäre ausgelösten elektromagnetischen Störungen (»spherics«) helfen bei der Ortung von Gewittern. Luftelektrizität gilt als wesentlicher Faktor für Wetterfühligkeit.

Luftfeuchtigkeit Der Anteil von Wasserdampf in der Luft. Die Luft kann bei einer bestimmten Temperatur nur eine bestimmte Menge Wasserdampf aufnehmen (»Sättigung«). Ein Mehr darüber schlägt als Wasser nieder. Die Temperatur, bei welcher Sättigung erreicht wird, heißt Taupunkt.

Luftgütemeßnetz Luftmeßnetz des Umweltbundesamtes zur Erfassung der Luftbelastung. Neben der Entwicklung der Luftverunreinigung wird der Ferntransport von Schadstoffen ermittelt. Die Meßergebnisse dienen u. a. auch für das Smogfrühwarnsystem.

Lufthygiene Verbesserung der Luftqualität, besonders mit Hilfe von Maßnahmen gegen die Luftverschmutzung.

Lufttemperatur Die Temperatur der Luft nimmt nur bis 10 km Höhe ab. Danach bleibt sie konstant und nimmt allmählich wieder zu. Die Lufttemperatur hat Auslösemechanismus für das Wettergeschehen (Kalt- und Warmluft). Sie beeinflußt Luftdruck und Luftfeuchtigkeit.

Luftverschmutzung Anreicherung der Luft mit Schadstoffen, z. B. Schwefeldioxid, Stickstoffdioxid. Gegenmaßnahmen z. B. Einbau von Anlagen zur Rauchgasreinigung in Kraftwerken, Katalysator im Auto.

Makroklima Großräumiges Klima (über 2000 km).

Mesoklima Klima der Räume zwischen 2 km und 2000 km. Insbesondere die meteorologischen Bedingungen, die das organische Leben unmittelbar berühren.

Mikroklima Klima von Räumen bis zu 2 km Ausdehnung (»Kleinklima« eines Feldes).

Monsun Jahreszeitlich bedingter Wind. Vom kühlen Meer strömt im Sommer Luft gegen das warme Land (Sommermonsun), im Winter vom kalten Land auf das wärmere Meer hinaus (Wintermonsun). Zwar typisch für Asien, gibt es Monsunwetterlagen auch in Europa.

Nebel Erhöht sich die Zahl der Wassertropfen in der Luft und sie wird dabei mehr oder minder undurchsichtig, spricht man von Nebel. Vorwiegend bei Mischung von feuchter Warmluft mit Kaltluft. Es gibt Boden- und Hochnebel. Oft feiner, nässender Niederschlag.

Nullgradgrenze Lufttemperatur erreicht in der Höhe 0 °C. Jahreszeitlich unterschiedlich. Schwankt in Mitteleuropa zwischen 1000 und 3500 m im Durchschnitt.

Ozeane Die Weltmeere mit ihrer gewaltigen Wärmekapazität wirken wie ein großer thermischer Schwamm. Er nimmt Wärme auf und bremst so globale Temperaturerhöhungen unter nur geringer Eigenerwärmung ab.

Ozonloch Abbau der Ozonschicht besonders in der Stratosphäre aufgrund verschiedener anthropogener Emissionen (Chlorkohlenwasserstoffe, N_2O), verbunden mit einem Anstieg der UV-Strahlung am Erdboden. »Löcher« an verschiedenen Stellen in der Atmosphäre beobachtet. Ozon ist neben Wasserdampf und CO_2 ein wichtiges strahlungsabsorbierendes Gas und für den Strahlungshaushalt der Erde unentbehrlich.

Permafrost Bezeichnung für Boden, der ständig geforen ist (z. B. Osten Sibiriens).

Planetare Wellen Luftmassen, deren Temperatur und Dichte über größere Entfernungen hinweg periodisch schwanken. Wellen mit Längen von einem Erdumfang entstehen, weil die Sonne immer nur eine Seite des Erdballs anstrahlt. Wellen mit Längen zwischen hundert und tausend Kilometern bilden sich beim Auftreffen der Luftströmung auf Gebirge.

Platzregen Regenschauer mit großen Wassertropfen (z. B. bei einem Gewitter).

Pollenanalyse Untersuchung fossiler Pollen zur Gewinnung von Daten über Klimaveränderungen auf der Erde in vergangenen Zeiten.

Purpurlicht Rötliche Dämmerungserscheinung am westlichen Horizont ungefähr eine Viertelstunde nach Sonnenuntergang.

Rauhfrost Bei Temperaturen unter 0 °C und Nebel, der aus unterkühlten Wassertropfen besteht.

Rauhnächte Zeit von Weihnachten bis zum Dreikönigstag. Das Wetter in diesen 12 Nächten soll das Wetter der kommenden 12 Monate widerspiegeln. Entbehrt der meteorologischen Grundlage.

Regen Niederschlagsform aus bis zu 6 mm großen Wassertropfen. Regentropfen wachsen durch Zusammenstöße von winzigen Wassertropfen und Eisteilchen, bis sie schwer genug sind, auf die Erde zu fallen. Sehr feine Wassertropfen erzeugen Sprühregen (Nieselregen).

Regenbogen Optische Erscheinung in der Atmosphäre, wenn Sonnenlicht von der Seite auf eine Schauerwolke fällt, z. B. bei abziehendem Regen. Ergebnis der Lichtbrechung. Spektralfarben von Rot bis Violett. Um so kräftiger, je größer die Regentropfen sind.

Regenwald Riesige Waldflächen in den Tropen mit großer Artenvielfalt. Charakteristisch ist die photosynthetische Aktivität während des ganzen Jahres. Bindet mehr Kohlenstoff pro Flächeneinheit als landwirtschaftlich genutzte Gebiete.

Regenzeit In tropischen Gebieten die Jahreszeit mit besonders starken Niederschlägen.

Reif Niederschlag in fester Form. Tritt ein, wenn die Lufttemperatur unter den Gefrierpunkt sinkt. Wasserdampf sublimiert an Pflanzen oder am Boden zu einem weißen, glatten Belag. Auf Straßen Gefahr der Reifglätte (auch Glatteisbildung möglich).

Reinluftgebiete Die Luftgebiete über den Ozeanen mit geringer Anzahl von Kondensationskernen (10 bis 100 je Kubikzentimeter Luft). Über dem Festland liegt der Anteil bei 10^3 bis 10^6.

Saurer Regen Bezeichnung für Niederschläge mit deutlichen Spuren von Schwefel- und Salpetersäure als Folge der Umweltverschmutzung (pH-Wert um 4).

Schafskälte Erste Junihälfte. Volkstümliche Wetterregel, die auf kalte und regnerische Tage Anfang bis Mitte Juni hinweist. Beruht auf jahreszeitlich bedingten Nordwetterlagen mit Kaltlufteinbrüchen. Meist nur ein paar Tage lang.

Schmelzwasserströme Freisetzung von Süßwasser als Folge des Rückgangs der Vereisung am Ende der letzten großen Eiszeit vor 11 000 Jahren. Von Einfluß auf das System Ozean – Atmosphäre.

Schnee Fester Niederschlag bei Temperaturen unter 0 °C. Sechsstrahlige Eissterne. Schöne feine Schneekristalle entstehen in großen Höhen bei –12 bis –16 °C. Aufbau zu Schneeflocken. Besonders bei Temperaturen um 0 °C kräftig entwickelte Flocken und ergiebige Schneefälle.

Schneebruch Durch nassen Schnee hervorgerufene hohe Gewichtsbelastung der Bäume. Sie führt häufig zum Brechen von Ästen und ganzen Bäumen.

Schwefelregen Blütenstaub wird vom Regen von Bäumen und Pflanzen gewaschen und färbt den Boden gelblich.

Schwüle Das Zusammentreffen von Wärme und hoher relativer Luftfeuchte, z. B. 20 °C und relative Feuchte 75 %. Wirkung auf den Organismus.

Siebenschläfertag 27. Juni. Alte Wetterregel, die besagt, daß Regen an diesem Tag regnerisches Wetter für die folgenden 7 Wochen ankündigt. Nur bedingt brauchbar.

Smog Stark eingeschränkter vertikaler Luftaustausch, z. B. niedrig liegende Inversion während einer Hochdruckwetterlage im Winter, und auch reduzierter horizontaler Luftaustausch, z. B. mangels genügender Windgeschwindigkeiten. Anreicherung der Luft mit Schadstoffen (SO_2, CO, NO_2 und Schwebstaub).

Sommertag Tag mit einer Mindesttemperatur von 25 °C.

Spitzenböe Die höchste Windgeschwindigkeit, die während eines Sturms gemessen wird. Spitzenböen eines Sturms erreichen 30 m/s und mehr.

Spurengase Gase in der Atmosphäre mit einem sehr kleinen Gesamtanteil (ca. 1 Prozent), aber mit großer Klimawirksamkeit. Spurengase sind u. a. Kohlendioxid, Methan, Chlor-Fluor-Kohlenwasserstoffe, Distickstoffoxid und Ozon.

Starkregen Erreicht die Niederschlagsmenge in einer Stunde 17 Liter pro Quadratmeter und mehr, spricht man von Starkregen. Starkregenstatistiken sind z. B. zur Bemessung von Wasserbauten für Maßnahmen des Hochwasserschutzes von großer Bedeutung.

Stau Luftmassen werden an Gebirgszügen, die quer zur Anströmrichtung liegen, gestaut, z. B. Kaltluft aus dem Norden an den Alpen, die auch die aus dem Süden anströmende Luft stauen. Dabei kommt es oft zu tagelangen Niederschlägen (»Stauregen«).
Sturmflut Verursacht von starken auflandigen Stürmen, die unabhängig von Ebbe und Flut an Meeresküsten den Wasserstand extrem erhöhen.
Tau Bildung von kleinen Tröpfchen beim Unterschreiten der Sättigungsgrenze der Luftfeuchtigkeit. Diese Tröpfchen schlagen sich z. B. an Gräsern nieder. In klaren Sommernächten kann in Mitteleuropa die Tauproduktion bis zu 0,3 Liter pro Quadratmeter erreichen.
Tief Gebiet niedrigen Luftdrucks. Wirbelförmige Bewegung der Luftmassen. Bildung von Kalt- und Warmfronten. Wolkenbildende Prozesse herrschen vor. Träger wichtiger Wettererscheinungen: Wind (Sturm), Niederschläge. Typisch für West- und Nordwetterlagen.
Tiefenwasser Das Wasser in größeren Tiefen der Weltmeere. Ein Tiefenwasserstrom transportiert nahe dem Meeresboden stark salzhaltiges Wasser durch die Ozeane. Wichtig für das System Ozean – Atmosphäre und die Klimaentwicklung.
Tierverhalten Tiere haben zum Wettergeschehen ein unmittelbareres Verhältnis als der Mensch. Ihr Verhalten erlaubt Rückschlüsse auf manche Wetterentwicklung. Tiere fühlen aber nicht das kommende Wetter, sie reagieren nur auf bestimmte Wettervorgänge.
Treibhauseffekt Wie das Glas in einem Treibhaus übernehmen die Luftschichten über der Erde die Aufgabe, die Erdoberfläche zu erwärmen. Eingestrahltes Sonnenlicht wird am Boden teilweise absorbiert. Es entsteht Wärme (im Mittel auf der Erde +15 °C). Die mehratomigen Spurengase, die durch Reabsorption der infraroten Strahlung die Temperaturausstrahlung der Erde vermindern, vergrößern ihren Anteil in der Atmosphäre und verstärken so den Treibhauseffekt. Auf der Erde wird es wärmer.
Troglage Besonders tiefer Luftdruck hinter einer Kaltfront in einem Tiefdruckgebiet (Zyklone). Verbunden mit starken bis stürmischen Winden und starker Niederschlagstätigkeit. Typisch um Island. Aber auch über dem Mittelmeerraum (z. B. im Sommer, mit Hochwasser im Flachland und Schneefällen im Gebirge).
Tropentag Tag mit maximaler Temperatur von 30 °C und mehr.
Uratmosphäre Atmosphäre der Erde in ihrer Frühzeit. Geringer Sauerstoffanteil. Anstieg des atmosphärischen Sauerstoffs setzte vor 2 Milliarden Jahren ein und war vor 400 Millionen Jahren beendet.
Vulkanismus Vulkanausbrüche auf der Erde bringen große Dunstwolken aus Schwefelsäuretröpfchen in die Stratosphäre. Solche Aerosole beeinflussen das Klima.
Waldsterben Krankheitssymptome an Bäumen (z. B. Nadelvergilbung, Wachstumsanomalien). Nadel- und Laubbäume sind betroffen. Sehr komplexer Vorgang, da Krankheitsbilder in imissionsbelasteten Gebieten auftreten wie auch in sogenannten Reinluftgebieten. Zusammenwirken mehrerer Schadgase, gasförmiger Kohlenwasserstoffe und Photooxydantien. Der »Saure Regen« ist nur einer von einer Reihe möglicher Schadfaktoren.
Warmluft Ursprung in südlichen Breiten, besonders im subtropischen Hochdruckgürtel. Warme Luftmassen gleiten an Kaltluft auf. Wolkenbildung und Niederschläge sind die Folge (Warmfront). Typisch dafür ist Landregen-Wetter. Insgesamt ist das Wettergeschehen ruhiger als beim Einbruch von Kaltluftmassen.
Welt-Wetterwacht-System Zusammenarbeit der nationalen Wetterdienste zur Sammlung von Wetter- und Klimadaten, z. B. von globalen Temperaturwerten.
Wetterleuchten Widerschein der Blitze entfernter Gewitter in den Wolken. Der nachfolgende Donner ist nicht wahrnehmbar.

Wetterscheide Geographische Trennung von Gebieten mit unterschiedlicher Witterung, z. B. durch Gebirgszüge (Alpen: Nordseite Föhn, Südseite Regen).
Wind Ausgleich des Luftdruckunterschieds zwischen zwei Orten. Vom Ort höheren Drucks strömt die Luft zum Ort niedrigeren Drucks. Die Windstärke reicht bis Sturm und Orkan (Beaufort-Skala!). Wind, Druck und Temperatur stehen in funktionaler Beziehung für das Wettergeschehen.
Wolken Die Abkühlung von Luft in der Höhe führt zur Kondensation von Wasserdampf und damit zur Wolkenbildung. Das verflüssigte Wasser kann als Niederschlag ausfallen oder auch in der Luft bereits verdunsten (Wolkenauflösung ohne Regen). Formen: Haufen- und Schichtwolken.
Wolkenbruch Heftiger Niederschlag (Regen). In Mitteleuropa 60 Liter pro Quadratmeter und Stunde und mehr.
Zwischenhoch Wandernde Hochdruckgebiete zwischen aufeinanderfolgenden Tiefdruckgebieten. Wetterbesserung in der Regel nur für 1 bis 2 Tage. Ausdehnung in die Höhe gering. Über dem Zwischenhoch meist andere Luftströmungen, in der Regel eine reine Westströmung.
Zyklonenfamilie Serienweise Folge von Tiefdruckgebieten (Zyklonen). Typisch für Westwetterlagen, die in Europa das ganze Jahr über vorkommen: wechselhaftes Wetter mit viel Niederschlag und Wind, dazwischen kurzfristige Aufheiterungen.

Literaturhinweise

Aktuelles Wetterangebot in den Medien. Seit Juni 1990 ständig veröffentlicht in den Mitteilungen der Deutschen Meteorologischen Gesellschaft e.V., Redaktion Dr. Sabine Theunert, Mont Royal, 56841 Traben-Trarbach.

Baur, Franz: Einführung in die Großwetterkunde. Dieterich'sche Verlagsbuchhandlung, Wiesbaden 1947

Bullrich, K.: Die farbigen Dämmerungserscheinungen. Verlag Birkhäuser, Stuttgart 1982

Burroughs, W. J.: Die Weltwettermaschine. Birkhäuser Verlag, Basel, Boston, Berlin 1993

Deutscher Wetterdienst, Zentralamt: Preisliste der Veröffentlichungen. Alle lieferbaren Titel (Schriftenreihen, Berichte des Deutschen Wetterdienstes, Leitfäden für die Ausbildung, Wetterkundliche Lehrmittel u. a.). Offenbach am Main 1993

Dietze, G.: Einführung in die Optik der Atmosphäre. Akademische Verlagsgesellschaft, Leipzig 1957

Eichenberger, W.: Flugwetterkunde. 6. Auflage. Schweizer Verlagshaus, Zürich 1977

Eynern, Peter von: Wetter, Wind und Segeln. Nymphenburger Verlagsbuchhandlung, München 1980

Fabian, P.: Atmosphäre und Umwelt. 4. Auflage. Springer Verlag, Berlin, Heidelberg, New York 1992

Herb, Hans: Wetterkundlicher Leitfaden für Sport- und Segelflieger. Luftfahrt-Verlag Walter Zuerl, Steinebach am Wörthsee o. J.

Heyer, E.: Witterung und Klima. 6. Auflage. Teubner Verlag, Leipzig 1981

Hupfer, P. (Hrsg.): Das Klimasystem der Erde. Diagnose und Modellierung, Schwankungen und Wirkungen. Akademie-Verlag, Berlin 1991

Krauß/Meldau: Wetter- und Meereskunde für Seefahrer. 7. Auflage. Springer-Verlag, Berlin, Heidelberg, New York 1983

Kreipl, Manfred: Mit dem Wetter segelfliegen. Eine praxisbezogene Wetterkunde – nicht nur für den Leistungssegelflieger. Motorbuch Verlag, Stuttgart 1976

Lorenz, D., Miller, M.: Das 3-D-Wolken-Buch. Rita Wittig Fachbuchverlag, Hückelhoven 1991

Malberg, Horst: Bauernregeln. Aus meteorologischer Sicht. 2. Auflage. Springer Verlag, Berlin, Heidelberg, New York 1993

METEO DISC – Beobachtung der Atmosphärendynamik aus dem Weltraum. Freie Universität Berlin, Zentraleinrichtung für Audiovisuelle Medien (ZEAM), Malteserstr. 74–100, 12249 Berlin

Meteorologischer Kalender. Herausgeber Deutsche Meteorologische Gesellschaft, Zweigverein Berlin und Brandenburg, c/o Institut für Meteorologie der Freien Universität Berlin, Carl-Heinrich-Becker-Weg 6–10, 12165 Berlin. Erscheint jährlich

Meyers Lexikonredaktion (Hrsg.): Wie funktioniert das? Wetter und Klima. Meyers Lexikon-Verlag, Mannheim, Wien, Zürich 1989

Plate, Erich (Hrsg.): Naturkatastrophen und Katastrophenvorbeugung. Verlag Chemie, Weinheim 1993

Prügel, Heinrich: Wetterführer. 5. Auflage. See-Selbstverlag W. Koch, Hamburg 1982

Regula, Herbert: Meteorologie und Luftverkehr. Flugmeteorologie des Düsen- und Überschallverkehrs. Luftfahrt-Verlag Walter Zuerl, Steinebach am Wörthsee o. J.
Reiter, R.: Phenomena in atmospheric and environmental electricity. Elsevier Science Publishers, Amsterdam 1992
Reuter, Heinz: Die Wissenschaft vom Wetter. 2. Auflage. Springer-Verlag, Berlin, Heidelberg, New York 1978
Rocznik, Karl: Kleines Wetter-Lexikon. S. Hirzel Verlag, Stuttgart 1984
Roedel, W.: Physik unserer Umwelt: Die Atmosphäre. Springer Verlag, Berlin, Heidelberg, New York 1992
Scherhag/Lauer: Klimatologie. 10. Auflage. Verlag Westermann, Braunschweig 1982
Schmeidler, Felix: Die irdische Atmosphäre und ihre Wirkung (mit Hinblick auf die astronomische Beobachtung). In: Handbuch für Sternfreunde Band 1, herausgegeben von G. D. Roth. 4. Auflage. Springer-Verlag, Berlin, Heidelberg, New York 1989
Schneider, Adolf: Wetter und Bergsteigen. Tatsachen, Erfahrungen, Beobachtungen, Vorhersage. Bergverlag Rudolf Rother, München o. J.
Schönwiese, C. D.: Klimaschwankungen. Springer-Verlag, Berlin, Heidelberg 1979
Schöpfer, S.: Wie wird das Wetter? 7. Auflage. Franckh'sche Verlagsbuchhandlung, Stuttgart 1981
Spektrum der Wissenschaft, Reihe Verständliche Forschung: Atmosphäre, Klima, Umwelt. Spektrum der Wissenschaft, Heidelberg 1990
Stein, Walter: Wetterkunde für Segler und Motorbootfahrer. 5. Auflage. Verlag Klasing & Co. GmbH, Bielefeld, Berlin 1974
Warnecke, G., Huch, M., Germann, K. (Hrsg.): Tatort Erde – Menschliche Eingriffe in Naturraum und Klima. Springer-Verlag, Berlin, Heidelberg, New York 1991
Watts, Alan: Wolken und Wetter. 4. Auflage. Verlag Delius, Klasing & Co., Bielefeld 1975
Wehry, Werner: Wetterinformation für jedermann – aber wie? Deutsche Meteorologische Gesellschaft e. V., Berlin 1991
Wissen auf Video: Das Wetter. Komplett-Video, München 1993
Wissen auf Video: Das Klima der Erde. Komplett-Video, München 1993

Bildnachweis

Dr. W. Bahnmüller 31, 63 unten, 79 oben; blv Archiv sport (Fotos J. Kemmler) 61, 63 oben; Deutscher Wetterdienst, Offenbach 211, 215; DLR Schumann 200 unten; R. Döring 45 oben; Dr. Dorst 77; H. Eisenbeiss 10, 29, 41, 47, 81; esa (european space agency) 216; EUMETSAT 9, 213; W. Hannig 42; G. Heydt 45 unten; Höller/DLR, Schumann 200 oben; Dr. F. Krügler 49 unten, 57, 59, 65, 71, 79 unten, 89, 91 oben, 239–256; Météorologie nationale, Frankreich 217–223; MPG/Arnold 204; R. Phildius 33; G. Roth 23, 26 unten, 35, 37 oben, 39, 53, 55, 69, 94; M. Schließler 37 unten, 67 unten, 73, 75, 83, 91 unten; P. Stückl 18, 19, 26 oben, 49 oben, 51, 67 oben, 87; A. Thies & Co. KG 110, 111; M. Uselmann 85, 93.
Grafiken: Barbara von Damnitz (außer S. 130, 203, 213, 215, 216)
Grafiken S. 130: Image Presseservice München
Grafik S. 202: Münchener Rück.
Die Bearbeitung des Abschnittes über die Satellitenwetterkunde (S. 213 ff.) erfolgte unter Einbeziehung eines Kapitels von Alain Gillot-Pétré aus der französischen Ausgabe des Buches.

Sachwortverzeichnis

Temperaturzonen der Erde

Die Erwärmung der Erdoberfläche und der bodennahen Luftschichten ist fast ausschließlich das Werk der Sonne. Dabei spielen die geographische Breite und der jahreszeitlich sich ändernde Sonnenstand für die Temperaturverteilung eine große Rolle. Die Energiespende ist um so größer, je senkrechter die Sonne über einer Landschaft oder einem Meeresteil steht. Die Sonnenstrahlen haben den kürzesten Weg durch die Erdatmosphäre. Das ist am Äquator und den äquatornahen Tropengebieten der Fall. Anders an Nord- und Südpol. Hier erreicht die Sonne nur maximal eine Mittagshöhe von + 23,5° (siehe Abbildung auf Seite 20).
Die Temperaturzonen der Erde stehen unter dem Einfluß der Meere. Im Einflußbereich der Meere ist die Tages- und Jahresschwankung der Temperatur geringer. Dafür wächst der Einfluß von Feuchtigkeit und Niederschlägen. In küstennahen Landstrichen herrschen ausgeglichenere Temperaturen als im Landesinneren. Die Temperaturverteilung wird weiter beeinflußt von Wind- und Meeresströmungen. Beispiel: der Golfstrom und häufige milde, südwestliche Winde bewirken, daß in England und Irland die mittlere Temperatur im Jahr + 10° beträgt. Das auf gleicher geographischer Breite liegende Neufundland (kanadische Ostküste) erreicht hingegen nur 0°. Die Temperaturen fallen mit der wachsenden Höhe über dem Meeresniveau. Pro 100 Meter macht das rund 0,5° aus. Deshalb liegt auch auf den höchsten Gipfeln in den Tropen der ewige Schnee.

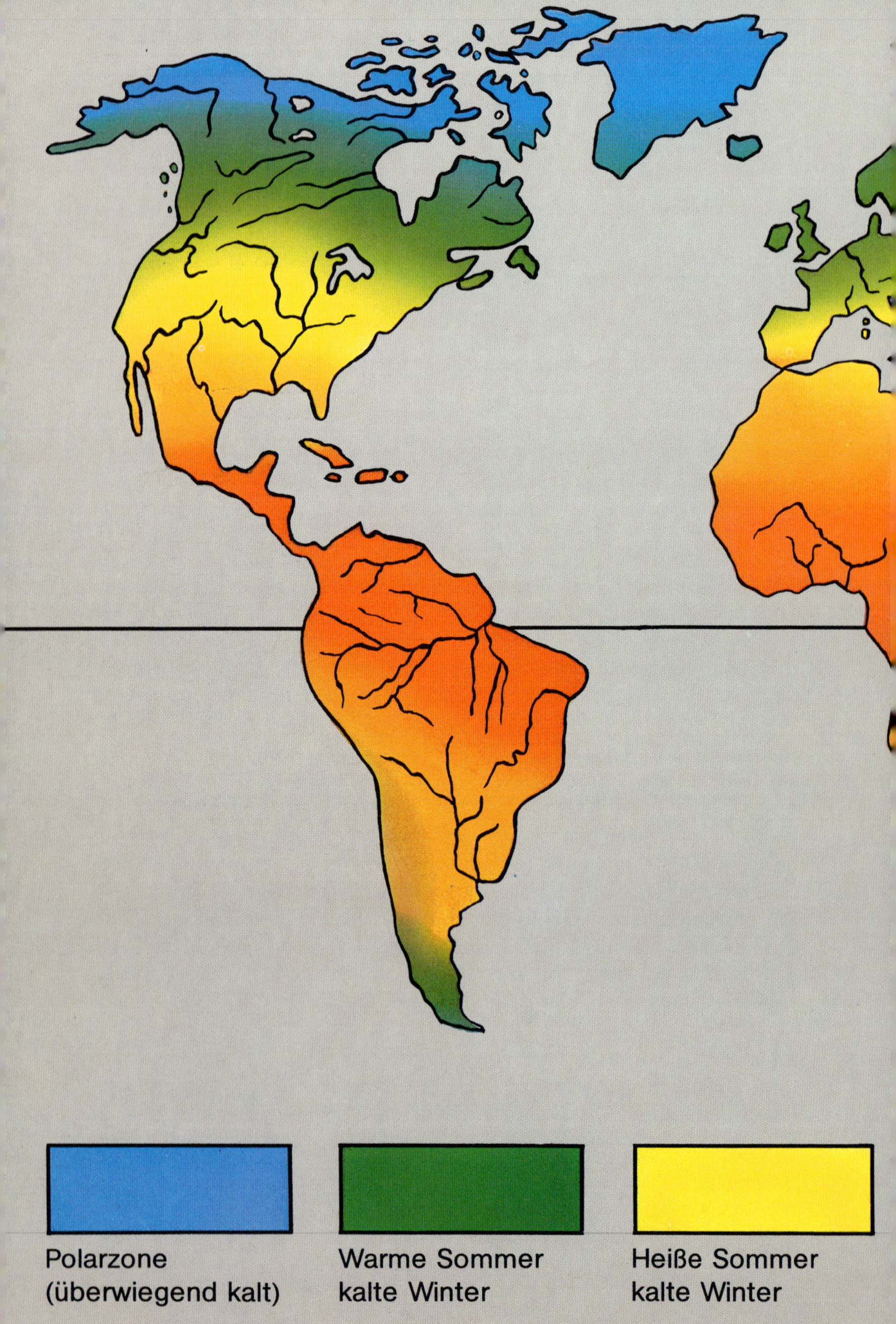
Polarzone
(überwiegend kalt)
Warme Sommer
kalte Winter
Heiße Sommer
kalte Winter

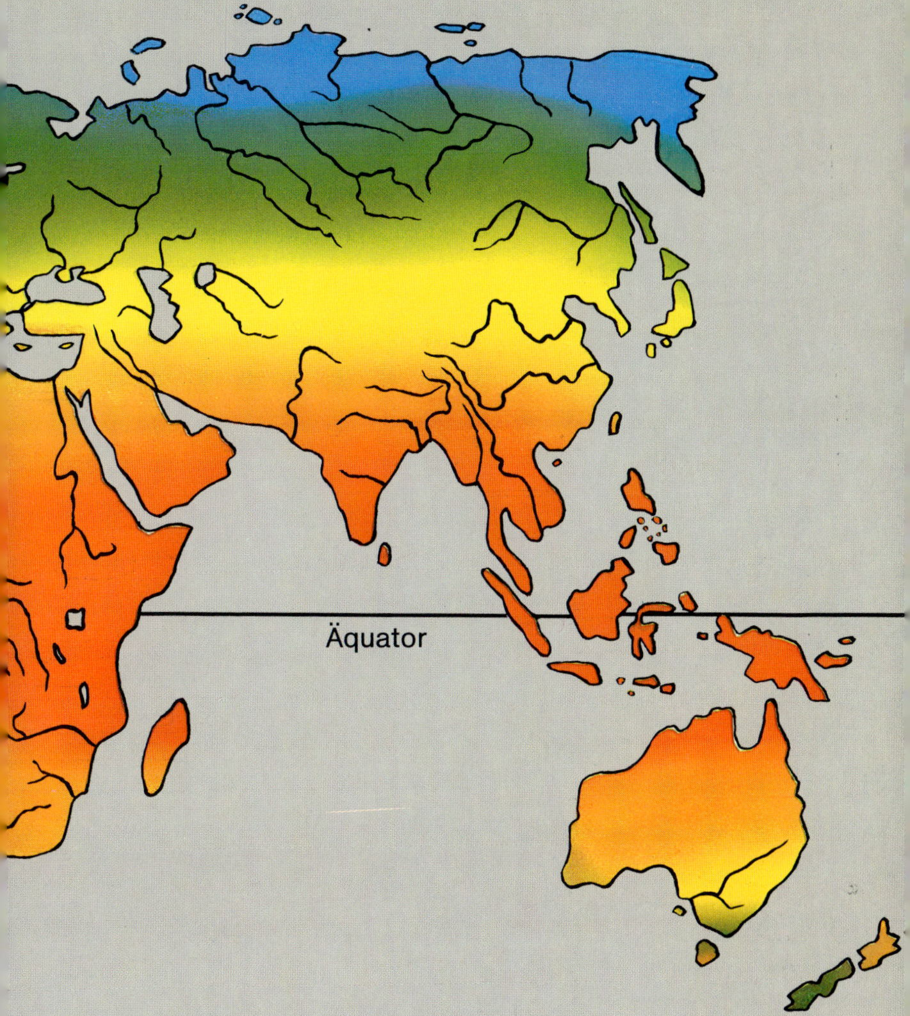

Temperaturverteilung auf der Erde

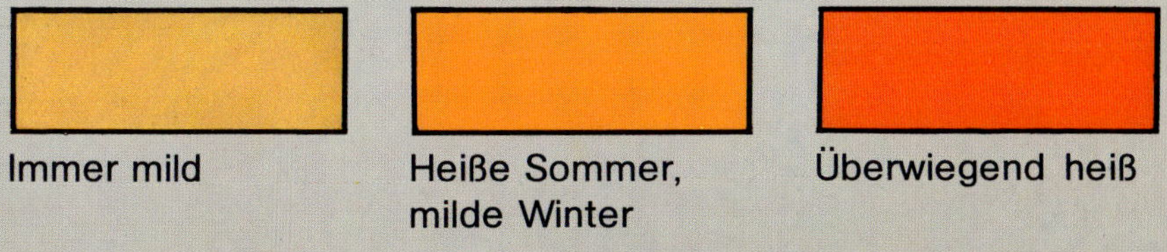

Niederschlagsverteilung auf der Erde

Aufsteigende feuchte Luft kühlt ab und kondensiert. Es kommt zur Bildung kleinster Wassertropfen (Wolkenbildung!). Da eine Luftmasse nur eine bestimmte Menge Wasserdampf aufnehmen kann, entsteht bei zunehmender Kondensation Niederschlag. Die Luft besitzt über den Meeren meistens eine besonders große Feuchtigkeit. Die mächtigen Gebirge der Erde zwingen die anströmende Luft zum Aufsteigen. Sehr niederschlagsreiche Gebiete sind deshalb dort, wo sich ein Gebirge der anströmenden Luft in den Weg stellt. Die Luftmassen werden zum Aufsteigen gezwungen und kühlen ab. Kondensation und schließlich Niederschläge sind die Folge.
Die meisten Niederschläge fallen in den Tropen. Jahreszeitlich verschiedene Erwärmung von Land und Meer löst jahreszeitlich gebundene Niederschläge aus, z. B. die gewaltigen Regenfälle in Indien im Gefolge des Südwest-Monsuns im Sommer.
Je mehr sich die Temperaturen der 0-Grad-Grenze nähern, um so häufiger geht die Niederschlagsform Regen in Schnee über. Nahe dem Gefrierpunkt ist der Schneefall sehr großflockig. Weite Teile Kanadas, Grönlands und Sibiriens sind bekannt für ihre Schneestürme.
Gebiete mit geringsten Niederschlägen sind diejenigen, in denen die Luftströmung große Strecken über aufgeheizten Landflächen (Wüste, wie z. B. die Sahara) zurücklegt oder die Luftströmung von vorgelagerten Gebirgen abgeschirmt wird. Das durch das Gebirge vom Wind abgeschirmte Gebiet befindet sich in einem sogenannten Niederschlagsschatten. Beispiele: das mittlere und östliche Norwegen, Alpentäler, die nordchilenische Wüste am Fuß der Anden, der Westen der USA unter dem Einfluß der Rocky Mountains.

Seltene Niederschläge
Sehr seltene Niederschläge

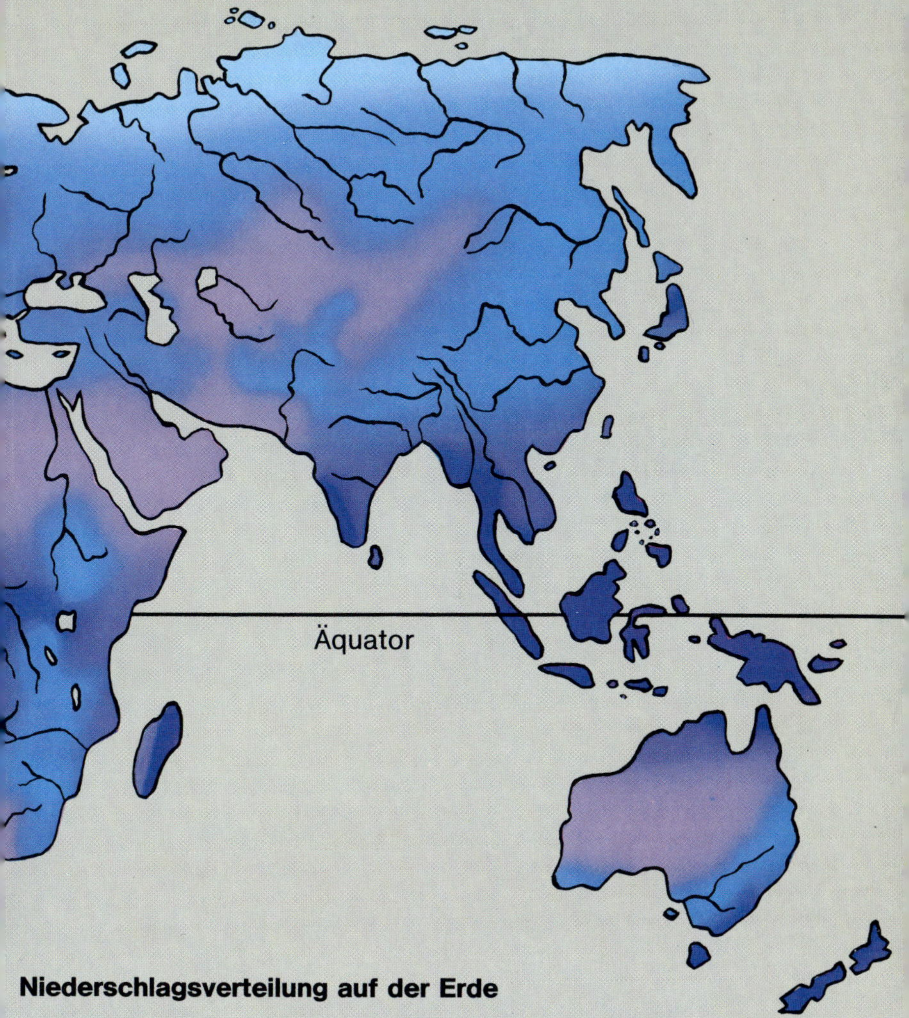

Niederschlagsverteilung auf der Erde

Mäßige Niederschläge	Niederschläge	Ergiebige Niederschläge
jahreszeitlich bedingt	das ganze Jahr über	jahreszeitlich bedingt

Die Natur wird zum Erlebnis

Volker Albrecht/Matthias Jaeneke/
Gerd Sommerhoff/Walter Kellermann
Alpin-Lehrplan 9:
Wetter – Lawinen
Wetter- und Lawinenkunde für Bergwanderer, Bergsteiger, Skifahrer und Skitouristen.

Walter Sönning/Claus G. Keidel
Wolkenbilder,
Wettervorhersage
Wetterelemente und -geschehen, Wolkenbilder und Wettererscheinungen; Interpretation von Wetterkarten, Satellitenfotos und Wetterzeichen; Tips für Wanderer, Segler und Flieger.

Alois Machalek
Bio-Wetter
Wie Wetter, Klima und Umweltreize Gesundheit und Wohlbefinden beeinflussen können: die häufigsten Beschwerdebilder, geeignete Behandlungsmöglichkeiten und Anleitungen zur Selbsthilfe.

Günter D. Roth
Sterne
und Planeten
Der gesamte mit freiem Auge sichtbare nördliche und südliche Sternenhimmel, Einzelobjekte für Feldstecher und Fernrohr, Instrumentenkunde, Geschichte der Astronomie.

Günter D. Roth
Sterne und Sternbilder
Himmelskarten für alle Jahreszeiten und Breitengrade, alle wichtigen Himmelserscheinungen, Hinweise für Feldstecher-Beobachtung.

Im BLV Verlag finden Sie Bücher zu folgenden Themen: Garten und Zimmerpflanzen • Natur • Heimtiere • Jagd • Angeln • Pferde und Reiten • Sport und Fitneß • Tauchen • Reise • Wandern, Bergsteigen, Alpinismus • Essen und Trinken • Gesundheit, Wohlbefinden, Medizin

BLV

Wenn Sie ausführliche Informationen wünschen, schreiben Sie bitte an:
BLV Verlagsgesellschaft mbH • Postfach 40 03 20 • 80703 München
Telefon 089/12705-0 • Telefax 089/12705-543